高等职业教育系列教材

物联网通信技术及应用

主　编　肖　佳　胡国胜

参　编　张立焕　鲁家皓　王　飞

主　审　彭张节

机械工业出版社

通信技术能使物联网将采集到的数据在不同的终端之间进行高效传输和交换，并能让分处不同物理空间的智能物体协同工作。

本书共7章，分为三大部分：第一部分讲述物联网通信技术的基础知识，包括第1章电磁波的传播和第2章通信技术基础；第二部分以家校通系统为例介绍物联网通信技术，包括第3章RFID通信技术应用、第4章计算机网络技术应用、第5章移动通信技术应用；第三部分以环境监控系统为例介绍物联网通信技术，包括第6章ZigBee通信技术应用和第7章移动终端通信技术应用。

本书对物联网涉及的各种通信技术没有进行面面俱到的介绍，而是汲取了企业物联网系统实施的工程经验，突出了物联网工程现场实施技术，只介绍了主流的物联网通信技术。本书为对物联网通信技术及应用感兴趣的读者，特别是想从事物联网行业的高职高专学生提供了较实用的教材，也可供物联网工程实施人员参考。

本书配有授课电子课件，需要的教师可登录www.cmpedu.com免费注册、审核通过后下载，或联系编辑索取（QQ：1239258369，电话：010-88379739）。

图书在版编目（CIP）数据

物联网通信技术及应用 / 肖佳，胡国胜主编. —北京：
机械工业出版社，2018.5（2024.8重印）
高等职业教育系列教材
ISBN 978-7-111-60598-0

Ⅰ. ①物…　Ⅱ. ①肖…　②胡…　Ⅲ. ①互联网络－应用－高等职业教育－教材②智能技术－应用－高等职业教育－教材
Ⅳ. ①TP393.4②TP18

中国版本图书馆CIP数据核字（2018）第174764号

机械工业出版社（北京市百万庄大街22号　邮政编码100037）
策划编辑：鹿　征　责任编辑：鹿　征
责任校对：张艳霞　责任印制：张　博
北京雁林吉兆印刷有限公司印刷

2024年8月第1版・第7次印刷
184mm×260mm・12.75印张・306千字
标准书号：ISBN 978-7-111-60598-0
定价：49.00元

凡购本书，如有缺页、倒页、脱页，由本社发行部调换

电话服务
服务咨询热线：（010）88379833
读者购书热线：（010）88379649

网络服务
机 工 官 网：www.cmpbook.com
机 工 官 博：weibo.com/cmp1952
教育服务网：www.cmpedu.com
金 书 网：www.golden-book.com

高等职业教育系列教材
计算机专业编委会成员名单

出版说明

党的二十大报告首次提出“加强教材建设和管理”，表明了教材建设国家事权的重要属性，凸显了教材工作在党和国家事业发展全局中的重要地位，体现了以习近平同志为核心的党中央对教材工作的高度重视和对“尺寸课本、国之大者”的殷切期望。教材作为教育目标、理念、内容、方法、规律的集中体现，是教育教学的基本载体和关键支撑，是教育核心竞争力的重要体现。建设高质量教材体系，对于建设高质量教育体系而言，既是应有之义，也是重要基础和保障。为落实立德树人根本任务，发挥铸魂育人实效，机械工业出版社组织国内多所职业院校（其中大部分院校入选“双高”计划）的院校领导和骨干教师展开专业和课程建设研讨，以适应新时代职业教育发展要求和教学需求为目标，规划并出版了“高等职业教育系列教材”丛书。

该系列教材以岗位需求为导向，涵盖计算机、电子信息、自动化和机电类等专业，由院校和企业合作开发，由具有丰富教学经验和实践经验的“双师型”教师编写，并邀请专家审定大纲和审读书稿，致力于打造充分适应新时代职业教育教学模式、满足职业院校教学改革和专业建设需求、体现工学结合特点的精品化教材。

归纳起来，本系列教材具有以下特点：

1）充分体现规划性和系统性。系列教材由机械工业出版社发起，定期组织相关领域专家、院校领导、骨干教师和企业代表开展编委会年会和专业研讨会，在研究专业和课程建设的基础上，规划教材选题，审定教材大纲，组织人员编写，并经专家审核后出版。整个教材开发过程以质量为先，严谨高效，为建立高质量、高水平的专业教材体系奠定了基础。

2）工学结合，围绕学生职业技能设计教材内容和编写形式。基础课程教材在保持扎实理论基础的同时，增加实训、习题、知识拓展以及立体化配套资源；专业课程教材突出理论和实践相统一，注重以企业真实生产项目、典型工作任务、案例等为载体组织教学单元，采用项目导向、任务驱动等编写模式，强调实践性。

3）教材内容科学先进，教材编排展现力强。系列教材紧随技术和经济的发展而更新，及时将新知识、新技术、新工艺和新案例等引入教材；同时注重吸收最新的教学理念，并积极支持新专业的教材建设。教材编排注重图、文、表并茂，生动活泼，形式新颖；名称、名词、术语等均符合国家有关技术质量标准和规范。

4）注重立体化资源建设。系列教材针对部分课程特点，力求通过随书二维码等形式，将教学视频、仿真动画、案例拓展、习题试卷及解答等教学资源融入到教材中，使学生学习课上课下相结合，为高素质技能型人才的培养提供更多的教学手段。

由于我国高等职业教育改革和发展的速度很快，加之我们的水平和经验有限，因此在教材的编写和出版过程中难免出现疏漏。恳请使用本系列教材的师生及时向我们反馈相关信息，以利于我们今后不断提高教材的出版质量，为广大师生提供更多、更适用的教材。

机械工业出版社

前　言

科技兴则民族兴，科技强则国家强。党的二十大报告指出："必须坚持科技是第一生产力、人才是第一资源、创新是第一动力，深入实施科教兴国战略、人才强国战略、创新驱动发展战略，开辟发展新领域新赛道，不断塑造发展新动能新优势。"

物联网技术目前正处于市场推广应用阶段，作为高职高专物联网专业和计算机应用专业的学生，应该了解常见物联网通信技术的概念、特点，理解基本的通信原理，掌握物联网通信系统的组成并能够进行实际设备的安装调试，从而满足蓬勃发展的物联网产业对应用型工程技术人员的需求。

本书以培养物联网工程应用型、技术技能型或操作型的高技能人才为目的，在物联网通信技术的原理方面，对一些高职高专学生难以理解的通信原理部分进行了取舍，在物联网通信技术的应用方面，对通信技术的应用特性、现场测试、工程实施等内容进行了较详细的介绍。对物联网涉及的通信技术，本书并没有面面俱到，只介绍了主流的一些通信技术，如：RFID 技术、计算机网络技术、移动通信技术、ZigBee 通信技术及移动终端通信技术。

全书共分为 7 章，在文字编排上，大量使用图表和数据，并在原理性知识点及工程技术技能环节配备了大量的实训，做到融"教、学、做"为一体，符合高职学生的学习需要。

本书由上海电子信息职业技术学院组织编写，肖佳、胡国胜担任主编，张立焕、鲁家皓、王飞参与编写。其中第 3、5、6 章由肖佳编写，第 1、2 章由胡国胜、鲁家皓编写，第 4、7 章由张立焕编写，第 5 章由王飞编写，最后由肖佳统稿并审校。

在本书的编写过程中，上海思萌特物联网科技有限公司提供了物联网实训设备，也得到了很多老师、同仁和亲友的帮助与支持，在此深表感谢！另外在编写过程中参考了很多书籍和资料，在此对书籍和资料的作者一并表示感谢！

由于作者水平有限，书中难免有疏漏和不足之处，敬请广大读者批评指正。

编　者

目　录

第1章　电磁波的传播

导学

在本章中，读者将通过电磁场电磁波数字智能实训平台学习：

- 电磁波相关理论；
- 电磁波的传播特性。

实训中能够通过电磁场电磁波数字智能实训平台，掌握电磁波的频率功率测试方法、天线方向图的测试方法等内容。

1.1　波动

波动是物质运动的一种基本形式。在自然界和日常生活中经常可以看到波动现象。例如赶车的人扬鞭时鞭绳的运动、风吹过麦田时产生的麦浪、船在水上航行时激起的波浪、声音在空气中传播等都是波动。如进行远距离通信，则要利用电磁波。

波动可以通过两种运动形式传递能量。以水的运动为例，如果在流水上放一个小木块，木块将随水流而下，这是第一种运动方式。但是在静水中投入石头，会产生圆形水波向四面扩散。波在前进，但是漂浮在水上的小木块之类的东西并不随波前进，而只是当波经过时在其原处上下波动，这是第二种运动形式。因此，水流和水波是不同的运动形式。与此相类似，风产生的气流和爆炸产生的气浪（是波动）也是不同的运行形式。

总之，波动是一种在物体中传播的扰动，它携带着能量前进，并不引起传播物体作整体运动。

最基本的波动形式有两种：纵波与横波。

1.1.1　纵波

将弹簧的一端固定，在另一端加力压缩，然后放开。由于使一部分弹簧得到了能量，压力去掉后，被压的一部分弹簧向邻近的弹簧释放，又使其受到压缩，这种过程得到弹簧之间距离变化的疏密波。在这种波中，弹簧的运动方向与波的传播同向，称为纵波，如图 1-1 所示。对这种波，弹簧是传播介质。外力引起质点纵向运动，通过它以波的形式把能量传下去。

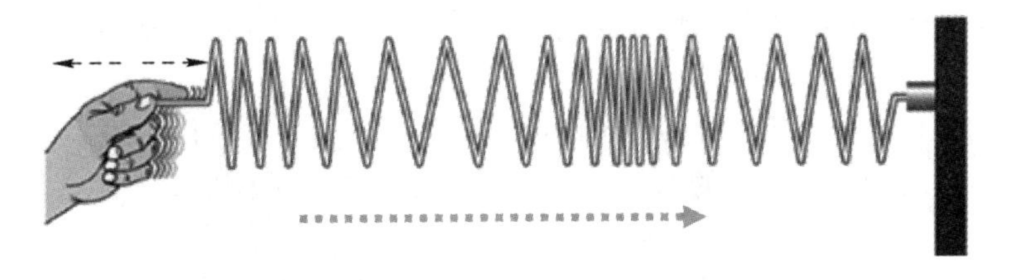

图 1-1　纵波

空气中的声波和弹簧上的纵波相似。人的声带或收音机中喇叭纸盆的运动相当于上图对弹簧的压缩和放松，由此造成空气密度变化的疏密波。

1.1.2 横波

将绳子一端固定，手握另一端抖动，就有一个波向固定端运动，如图 1-2 所示。绳子上的质点相继做有规则的上、下运动，使波前进。质点运动的方向和波的传播方向垂直，称为横波。

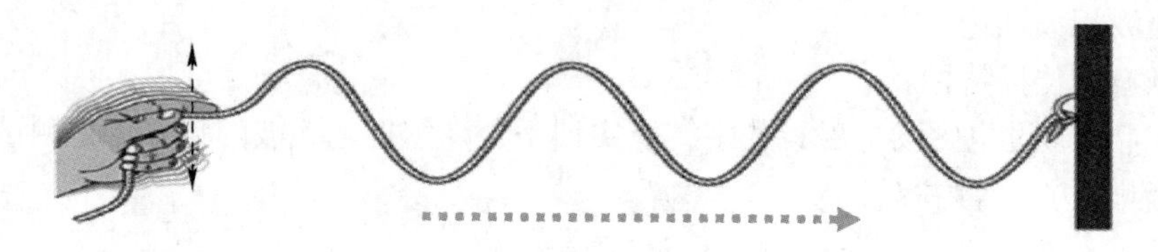

图 1-2　横波

以上所述都是机械波。这种波的传播必须以某些物体作为介质，这些物体可以是气体、液体或固体。光波和机械波有许多共同特征，但也有不同，比如，光波是电磁波的一种，而电磁波本身是以波动形式存在的电磁场，在真空中也能传播。也正是由于电磁波在真空中存在，太阳与地球之间的星际空间真空程序很高，太阳发出的大量辐射能仍能到达地球。

1864 年，英国科学家麦克斯韦发现了电磁波的存在。1887 年，德国人赫兹设计出了世界上第一副无线电天线，并通过实验证实了电磁波的存在。这一理论的研究和应用使人类通信发生了革命性的突破，无线通信的应用彻底改变了人类的通信方式。

无线通信技术实际上就是研究电磁波传输的技术，而无线通信技术又是移动通信技术的技术基石。所以，对将来从事网络技术和物联网通信技术的学生来说，了解一些简单的电磁波基本知识和应用是非常有必要的。

1.2　电磁波的基本概念

1.2.1 认识电磁波

从科学角度来说，凡是能够释放出能量的物体都会释放出电磁辐射。正像人们时刻呼吸着空气却看不见空气一样，也看不见无处不在的电磁波。

电磁波在传播中携带有能量，因此可以作为传播信息的载体，这就为无线电通信技术开辟了道路。

电磁波不需要依靠介质传送，各种电磁波在真空中都是以光速传输的。

无线电波也具有和光波同样的波粒二象性，例如当它通过不同介质时，会发生折射、散射、反射和吸收等现象。

电磁波是一种横波，电磁波的磁场、电场及其行进方向三者互相垂直，如图 1-3 所示。

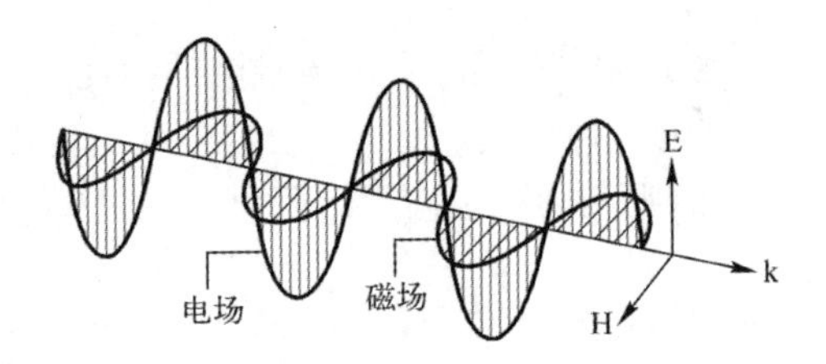

图 1-3 电场、磁场示意图

1.2.2 认识磁场

中国是世界上最早认识地球磁场的存在并发明指南针的国家。我国古代指南针的研究最早可追溯到战国时期河北磁山，如《鬼谷子·谋篇》中记载："故郑人之取玉也，载司南之车，为其不惑也。"另外，战国末期《管子》及《吕氏春秋》记载有"慈石"。东汉的王充在《论衡·是应篇》中作了进一步说明："司南之杓，投之以地，其柢指南。"司南如图 1-4 所示。唐·韦肇的《瓢赋》中有"挹酒浆则仰惟北而有别，充玩好则较司南以为可"之语。到了宋代，这种勺状司南演变成为鱼形或针状的指南针。"司"即为"指"的意思。《梦溪笔谈》记载："......水浮多荡摇，指爪及碗唇上皆可为之，运转尤速，然坚滑易坠，不若缕悬为最善。其法取新纱独茧缕，以芥子许蜡缀于针腰，无风之处悬之，则针常指南。"

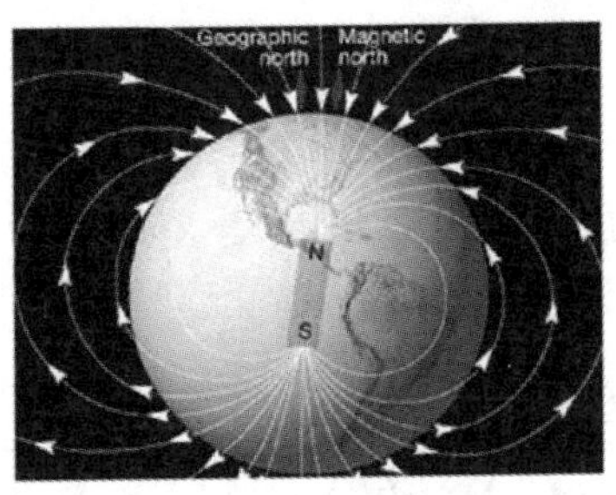

图 1-4 指南针"鼻祖"——司南

电与磁是一对孪生姐妹。1820 年，丹麦科学家奥斯特（Hans Christian Oersted）发现当移动一根通电流的电线靠近罗盘磁针时，磁针转动。之后，法拉第（Michael Faraday）、亨利（Joseph Henry）、麦克斯韦（James Clerk Maxwell）等做了详细的研究（见图 1-5）。

奥斯特
1777-1861

法拉第
1791-1867

亨利
1797-1878

麦克斯韦
1831-1879

图 1-5 发现电与磁关系的先驱

麦克斯韦于 1855 年开始研究电磁学，发明了经典电动力学的基础——麦克斯韦方程，是电磁学研究最伟大的成果。他于 1985 年预言了电磁波的存在，并推算出电磁波的传播速度等于光速，揭示了光是电磁波的一种形式。

1886 年，德国科学家赫兹发现了由电火花产生无线电波。19 世纪 90 年代，其他科学家重复和发展了赫兹的实验。

电磁场与电磁波无论何时、何地都存在，人类社会、人们生活离不开电磁场与电磁波，信息时代更离不开。网络上的信息都是通过电磁波这个载体传播的。电磁波动现象如图 1-6 所示。

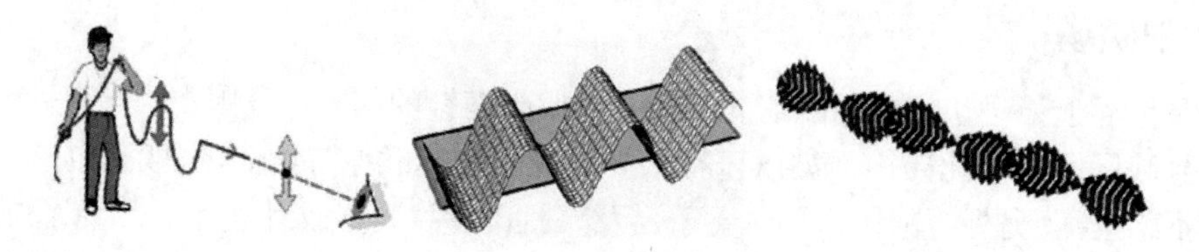

图 1-6　电磁场波动示意图

1.2.3　电磁波的数学表示

电磁波用余弦函数表示：$A(z,t)=A_0\cos(\omega t+kz+\varphi_0)$，其中 A_0 称为波的振幅，ω 称为角频率，k 称为波的传播常数。

$$k=\frac{2\pi}{\lambda}=\frac{2\pi f}{c}=\frac{\omega}{c}$$

$(\omega t+kz+\varphi_0)$ 称为波的相位，φ_0 称为波的初相，参数 c 、λ 、ω 分别为速度、波长和频率（见图 1-7、图 1-8）。

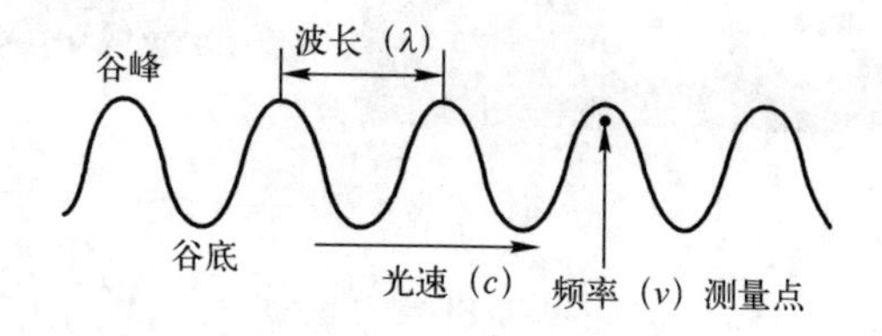

图 1-7　电磁波的波形

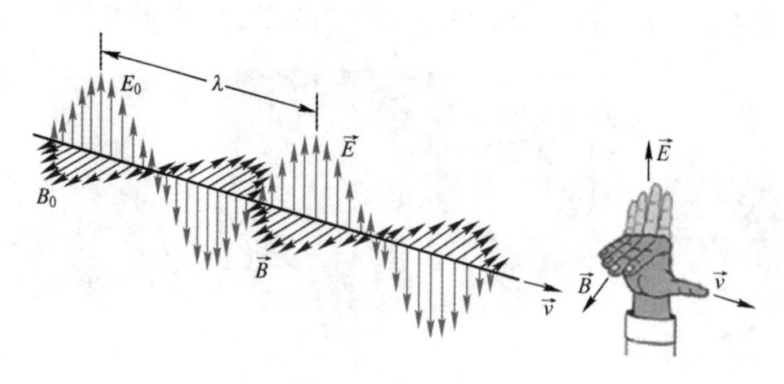

图 1-8　波的方向

波长影响波的传播距离。图 1-9 显示了波的波长、频率和速度的关系。

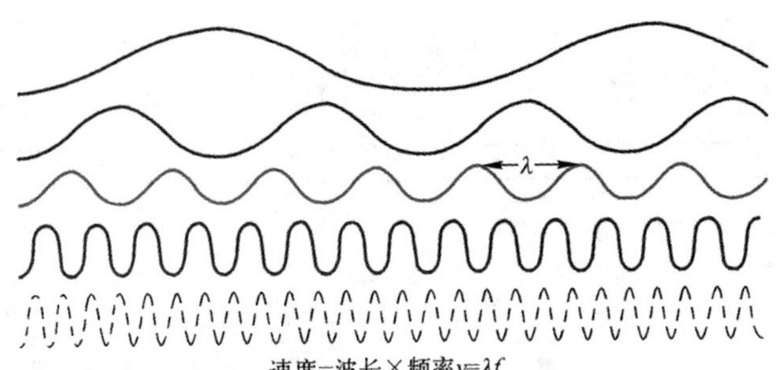

图 1-9　波长、频率和速度的关系

1.2.4　电磁波的波长与频率

在 1864 年英国科学家麦克斯韦建立的完整的电磁波理论和 1887 年德国物理学家赫兹实验证实了电磁波存在的基础上，1898 年，意大利的马可尼又进行了许多实验，不仅证明光是一种电磁波，电磁波的传播速度与光速相同，而且发现了更多形式的电磁波，它们的本质完全相同，只是波长和频率有很大的差别。

电磁波波长与频率的关系可用公式$v=\lambda f$ 表示，如图 1-9 所示。当波在真空中传播时，速度v为固定光速c。所以在真空环境下，波长λ与频率f成反比。

电磁波可用波长或频率区分，波长与频率的常用单位见表 1-1、表 1-2。

表 1-1　频率常用单位

名　称	简　写	与 Hz 的关系
千赫（kilohertz）	kHz	10^3
兆赫（megahertz）	MHz	10^6
吉赫（gigahertz）	GHz	10^9
太赫（Terahertz）	THz	10^{12}
皮赫（Petahertz）	PHz	10^{15}

表 1-2　波长常用单位

名　称	简　写	与 m 的关系
千米（kilometre）	km	10^3
毫米（millimetre）	mm	10^{-3}
微米（micrometre）	um	10^{-6}
纳米（nanometre）	nm	10^{-9}

图 1-10 详细显示了电磁波谱图，描述了波长、频率对应关系，以及不同波长、频率电磁波的应用领域。

无线电波包括甚低频（超长波）、低频（长波）、中频（中波）、高频（短波）、甚高频（超短波）。

微波的频率范围为 300 MHz～300 GHz，波长范围为 1 mm～1 m，分米波（特高频）、厘米波（超高频）、毫米波（极高频）。

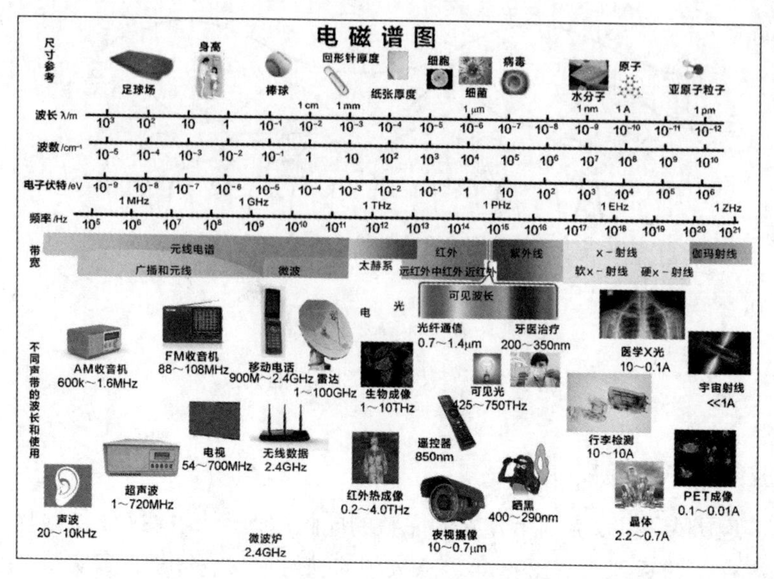

图 1-10　电磁波谱图

如果把每个波段的频率由低至高依次排列，它们是工频电磁波、无线电波、微波、红外线、可见光、紫外线、X 射线及γ射线。表 1-3 是国际电气和电子工程师协会（IEEE）所给出的频谱分段。

表 1-3　IEEE 频谱分段

<table>
<tr><th>频段类型</th><th>频率范围</th><th colspan="2">波段类型</th><th>波长</th></tr>
<tr><td>极低频（SLF）</td><td>30～300 Hz</td><td colspan="2">极长波</td><td>10000～1000 km</td></tr>
<tr><td>特低频（ULF，音频）</td><td>300～3000 Hz</td><td colspan="2">特长波</td><td>1000～100 km</td></tr>
<tr><td>甚低频（VLF）</td><td>3～30 kHz</td><td colspan="2">甚长波</td><td>100～10 km</td></tr>
<tr><td>低频（LF）</td><td>30～300 kHz</td><td colspan="2">长波</td><td>10～1 km</td></tr>
<tr><td>中频（MF）</td><td>300～3000 kHz</td><td colspan="2">中波</td><td>1～0.1 km</td></tr>
<tr><td>高频（HF）</td><td>3～30 MHz</td><td colspan="2">短波</td><td>100～10 m</td></tr>
<tr><td>甚高频（VHF）</td><td>30～300 MHz</td><td colspan="2">超短波（米波）</td><td>10～1 m</td></tr>
<tr><td>特高频（UHF）</td><td>300～3000 MHz</td><td rowspan="4">微波</td><td>分米波</td><td>100～10 cm</td></tr>
<tr><td>超高频（SHF）</td><td>3～30 GHz</td><td>厘米波</td><td>10～1 cm</td></tr>
<tr><td>极高频（EHF）</td><td>30～300 GHz</td><td>毫米波</td><td>1～0.1 cm</td></tr>
<tr><td rowspan="2">至高频（THF）</td><td>300～3000 GHz</td><td>亚毫米波</td><td>1～0.1 mm</td></tr>
<tr><td>100～10000 THz</td><td colspan="2">光波</td><td>3×10^{-5}～3×10^{-3} mm</td></tr>
<tr><td>P 波段</td><td>0.23～1 GHz</td><td colspan="2" rowspan="8">微波</td><td>130～30 cm</td></tr>
<tr><td>L 波段</td><td>1～2 GHz</td><td>30～15 cm</td></tr>
<tr><td>S 波段</td><td>2～4 GHz</td><td>15～7.5 cm</td></tr>
<tr><td>C 波段</td><td>4～8 GHz</td><td>7.5～3.75 cm</td></tr>
<tr><td>X 波段</td><td>8～12.5 GHz</td><td>3.75～2.4 cm</td></tr>
<tr><td>Ku 波段</td><td>12.5～18 GHz</td><td>2.4～1.67 cm</td></tr>
<tr><td>K 波段</td><td>18～26.5 GHz</td><td>1.67～1.13 cm</td></tr>
<tr><td>Ka 波段</td><td>26.5～40 GHz</td><td>1.13～0.75 cm</td></tr>
</table>

1.3 电磁波的传播特性

无线通信中经常会提到“射频”，射频就是射频电流，简称 RF，它是一种高频交流变化电磁波的简称。

在电磁波频率低于 100 kHz 时，电磁波会被地表吸收，不能形成有效的传输。但电磁波频率低于 100 kHz 时，电磁波可以在空气中传播，形成远距离传输能力，无线通信就是采用射频传输方式。

有时也把具有远距离传能力的高频电磁波称为射频信号。电磁波的传播主要有趋肤效应、自由空间损耗、吸收与反射等特性，这些特性与无线通信密切相关。

1.3.1 趋肤效应

射频信号不是存在于导体中就是以波的形式存在于自由空间中。当射频信号存在于导体中时，它只是存在于导体的表面。如果将射频信号放在一个球形的实心导体上，那么它只出现在该导体的表面，不会进入里面，如果将一个检测器（如手机）装在球里面，它将检测不到射频信号的存在。射频信号所呈现的这种现象称为**趋肤效应**，如图 1-11 所示。

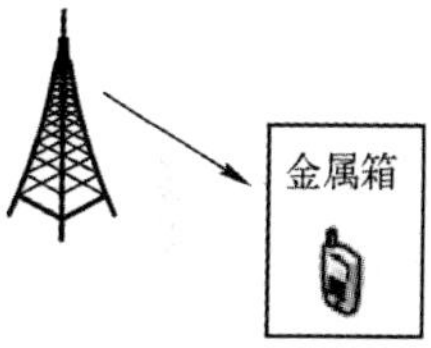

金属箱

图 1-11　趋肤效应

1.3.2 自由空间损耗

一旦射频信号逃离导体边界向外传播时，就会在自由空间中形成电磁波，并出现所谓的自由空间损耗现象。

电磁波的损耗与电路损耗是不同的。以光为例，打开一个手电筒的电源开关后，光从手电筒射出后开始发散。如果将食指和拇指形成一个圆圈贴在手电筒前，几乎所有的光线都可以从圆圈中通过。当这个圆圈离开手电筒一定距离后，部分光线就不会从圆圈中通过了。把这个圆圈想象成一个接收机，离得越远，所接收的光（信号）就越少。所以对于接收机来说，类似于要接收从手电筒（发射机）发射出的光，距离远的接收机接收的信号功率仅仅是发射机辐射功率的一小部分，大部分能量都向其他方向扩散了，这就是**自由空间损耗**，如图 1-12 所示。

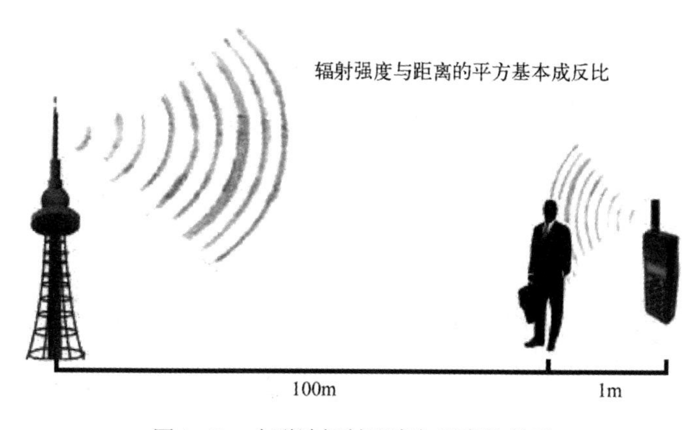

图 1-12　电磁波辐射强度与距离的关系

1.3.3 吸收

除了自由空间损耗以外，射频信号在空间传播所遇到的任何东西都会使射频信号发生一定形式的变化。这些变化归为两种：信号变弱（吸收）或者改变电磁波（信号）传播方向（反射）。

射频所遇到的很多物体都会使射频信号变得更弱，如空气、雨雪、建筑物等。可以把这些物体看成具有一定吸收能量的某种类型的无源器件，这些物体所表现出来的效应称为**吸收**，因为它们吸收了射频信号。

射频信号穿过物体损失的能量到哪里去了？它们被物体吸收并变成热量了，物体会变暖，当然它的温度变化很小，我们很难测量得到。

日常生活使用的微波炉恰恰是利用了射频信号的吸收来工作的。如图 1-13 显示出微波炉使白炽灯发光。

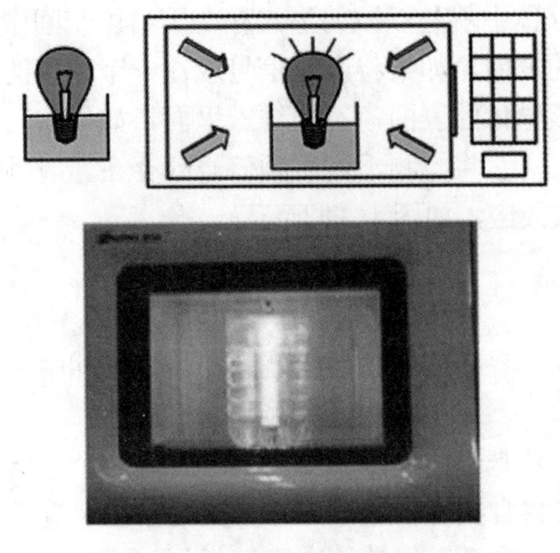

图 1-13　微波炉使白炽灯发光

1.3.4 反射

然而，并非所有物体遇到电磁波后都要吸收射频能量。

有的物体遇到射频后会改变射频信号的传播方向，这种现象称作**反射**，就像光在镜子表面的反射一样。射频信号反射可广泛应用于雷达侦测飞行器、汽车雷达测距等。

反射与两个因素有关：射频频率和物体的材质。有些物体只是以一定程度反射射频信号（还有一部分被吸收），如冰、雪、混凝土；而有些物体会发生完全反射，如金属导体等。

1.4 频谱共享

无线电频谱是一种特殊的自然资源，具有一般资源的共同特性，像土地、水、矿山、森林、太空、航道一样属国家所有。但从全球来说，它又属于人类共有、共享的。此外，它还具有一般自然资源所没有的如下特性：

1）无线电频谱资源是有限的。包括红外线、可见光、X 射线在内的电磁波的频谱是相当宽的，而无线电通信使用的频谱资源有限，最低可为 3 kHz，最高达 3000 GHz。更高的电磁频谱当然不是以 3000 GHz 为限的，3000 GHz 以上电磁频谱的电信系统正在研究探索中，但它最大不能超过可见光的范围。由于受到技术上和可使用的无线电设备方面的限制，国际电信联盟（International Telecommunications Union，ITU）当前只划分了 9 kHz～400 GHz 范围，而且目前实用的较高的频段只是在几十 GHz。尽管人们可以通过频率、时间、空间这三维相互关联的要素进行频率的多次复用指配来提高频率利用率，但就某一频率或频段而言，在一定的区域、一定的时间、一定的条件下之下，它是有限的。

2）无线电频谱可以被利用但不会被消耗掉。它不同于土地、水、矿山、森林等可以再生或非再生的资源，如果得不到充分利用，则是一种资源浪费。

3）无线电波有固有的传播特性，它不受行政区域、国家边界的限制。因此，任何一个国家、一个地区、一个部门甚至个人都不能随意使用，否则会造成相互干扰而不能确保正常通信。

4）无线电频谱资源极易受到污染。它最容易受到人为噪声和自然噪声的干扰，从而无法正常操作和准确而有效地传输各类信息。

鉴于上述原因，为了加强对无线电频谱这种宝贵资源的管理和有效利用，通常对无线电频谱按业务进行频段和频率的划分、分配和指配。ITU 专门制定了相关规则，建立了国际频率划分表，把世界划分为 3 个区域，第一区域包括欧洲、非洲和部分亚洲国家，第二区包括南、北美洲，第三区包括大部分亚洲国家和大洋洲。我国为第三区。各个国家根据要求制定了无线电法或相关管理规定，同时为各类无线电业务划分了频率或频段。

1.5 信号的传播特性

1.5.1 室内环境下的传播特性

电磁波在建筑物内传播的类型有以下两种：

- 由室外向建筑物内的穿透传播；
- 电磁波只在建筑物内传播。

室内无线环境特点：

- 覆盖范围小；
- 传播距离短；
- 传播时延要小得多；
- 室内环境中用户多处于静止和慢速移动状态，可忽略多普勒频移。

室内环境变化很复杂，电磁波传播受建筑类型、室内布局、建筑材料影响较大。即使在同一个建筑物内的不同位置，其传播环境也不尽相同，甚至差别很大。

1.5.2 自由空间中的传播特性

移动通信系统的无线传播主要是利用了电磁波的直达波和反射波。

在设计移动通信系统或对移动通信系统的覆盖进行分析时，研究电磁波的传播非常重要，这主要有以下两个原因：①用于计算不同覆盖小区的信号强度。在大多数情况下，每个覆盖区域从几百米到几公里；②用于计算相同和相邻信道之间的干扰。移动通信系统由于采用频率复用技术，同频和邻频干扰是必须解决的问题。

1.5.3 噪声与干扰

电磁波传播除了损耗和衰落之外，另一个重要的限制因素是噪声与干扰。

噪声又可分为内部噪声和外部噪声，外部噪声包括自然噪声和人为噪声。

干扰包括同频干扰、邻频干扰、互调干扰以及由于远-近效应引起的近端对远端信号的干扰等。

因此，进行移动信道设计时，必须研究噪声和干扰的特征以及它们对信号传输的影响，并采取必要措施以减小它们对通信质量的影响。

1.6 多普勒频移

当火车鸣笛由远而近时，汽笛声会越来越尖，这就是多普勒频移现象。快速运动的移动物体会发生多普勒频移现象，这是因为如果移动物体在高速运动时接收和发送信号，将导致信号频率发生偏移而影响通信，当移动物体远离基站时，多普勒频移的公式：

$$f_I = f_o - f_D\cos\theta = f_o - (v/\lambda)\cos\theta$$

相反，当移动物体驶向基站时，公式：

$$f_I = f_o - f_D\cos\theta = f_o + (v/\lambda)\cos\theta$$

其中，f_I 为合成后的频率，f_o 为工作频率，f_D 为最大多普勒频移，θ 为多径信号合成的传播方向与移动台行进方向的夹角，v 为移动台的运动速度，λ 为波长。如图 1-14 所示。

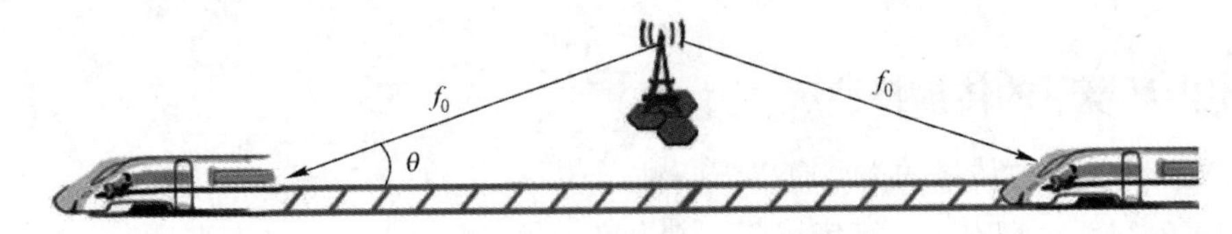

图 1-14　多普勒现象产生示意图

当运动速度 v 很快时，多普勒频移的影响必须考虑，而且工作频率越高多普勒频移越大。

1.7 天线

天线是无线通信不可缺少的设备之一，其基本功能是辐射和接收无线电波。其作用是将馈电设备送来的发射机产生的高频能量（连续波或脉冲波）转变为相同频率的电磁波能量向周围空间辐射，另一方面把从空中接收到来自一定方向发射来的或自目标反射来的电磁波转变成同频率的高频震荡信号传输给接收机。因此，天线可以看作是一个换能器。

实际使用的天线形状和结构各异，但从最基本的辐射器来说，都可看成是传输线终端开放的结果，如图 1-15 所示。平行双导线打开后成为最基本的线天线，波导开口处张开之后则成为最基本的面天线。面天线主要用于微波频段，线天线则主要用于微波以下的频率。

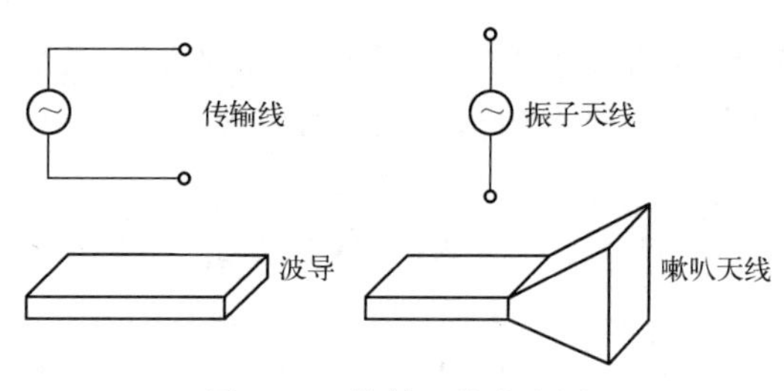

图 1-15　简单天线生成图

天线就其大小来说，最长的线天线有用于极低频通信的长达一两百千米的天线；面天线有用于射电望远镜的直径达 100 m 的抛物面天线；短的有用于微波系统的探针和小环，其尺寸数量级只有 1 cm 左右。但不论其尺寸如何，都是对应于一定频率的天线。

影响天线性能的基本参数包括辐射方向图、方向系数、天线效率、极化特性、频带宽度和输入阻抗等。

1.7.1　天线基本参数

（1）辐射方向图与方向性系数

天线方向图是指离天线一定距离处，辐射场的相对场强（归一化模值）随方向变化的曲线图。天线的辐射方向图通常是三维的立体图形，体现了电磁场强度随两个角度坐标变量的变化情况。为简单起见，人们采用 E 平面和 H 平面这两个主平面上的方向图来描述天线的辐射情况。E 平面是指电场矢量所在的平面，而 H 平面是指磁场矢量所在的平面。如图 1-16 所示为电流元 E 面方向图的示意图，其函数表达式：$E = 2E_0 \cos\left(\dfrac{\pi}{2}\sin\theta\right)$。

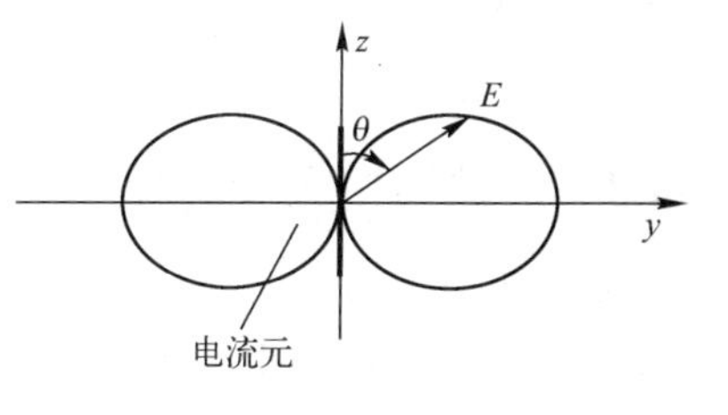

图 1-16　电流元的 E 面方向图

一般而言，天线的 E 面或 H 面方向图呈花瓣状，所以方向图又称波瓣图，它通常有一个主要的极大值和一些次要的更低的极大值。主瓣就是包含最大辐射方向的波瓣，除主瓣外的其他波瓣都统称为旁瓣，位于主瓣正后方的波瓣称为后瓣。

天线在最大辐射方向上远区某点的辐射功率密度与辐射功率相同的理想无方向性天线（点源）在同一点所产生的辐射功率密度之比，称为天线的方向性系数，用符号 D 表示。对于理想的无方向性天线，其方向性系数 $D=1$，若天线的旁瓣变窄，其辐射的电磁波能量将分布在更窄的角度范围，方向性系数将变大，所以方向性系数 $D \geqslant 1$。

（2）辐射效率与增益系数

辐射效率是描述天线能量转换效率的参数，定义为天线的辐射功率与输入到天线上的功率之比：

$$\eta_R = \frac{P_R}{P_R + P_L}$$

式中，P_R 为天线的辐射功率，P_L 为天线上的欧姆损耗功率，它一般由构成天线的导体、介质材料和加载元件的损耗等构成。

天线的增益系数是指在输入功率相同时，天线在其最大辐射方向上某点的辐射功率密度与理想无方向性天线在同一点产生的辐射功率密度之比，它是一个综合度量天线能量转换以及方向特性的参数，等于天线方向性系数与天线辐射效率之积：

$$G = \eta_R D$$

由此可见，只有当天线的 D 值大，辐射效率也高时，天线的增益才较高。通常用分贝来表示增益系数：

$$G(\mathrm{dB}) = 10\log G$$

1.7.2 天线的分类

天线的类型多样，可从不同角度分类，见表 1-4。

表 1-4 天线分类

分类方式	类 型	备 注
使用目的	通信天线、广播电视天线、雷达天线等	
工作性质	接收天线、发射天线	不少无线电设备中天线兼有发射和接收两种功能
辐射方向	全向天线、定向天线	定向天线可以增加辐射功率的有效利用、增加保密性和增强抗干扰能力
使用波长	长波天线、中波天线、短波天线、超短波天线、微波天线	许多天线可以同时应用于不同波段，只是由于电气性能或结构装置限制，在某些波段不能使用，所以按波长划分天线种类不合理
辐射元	线天线、面天线	此分类较合理，两种天线的基本辐射原理是相同的，分析方法有所不同

1.7.3 其他类型天线简介

（1）八木天线

八木天线又称为引向天线，如图 1-17 所示。

八木天线具有结构简单、轻便坚固、馈电方便、增益高、易于制作等优点，常用于米波、分米波波段的雷达、通信及其他无线电系统中。主要缺点是频带较窄、抗干扰性差。

（2）螺旋天线

螺旋天线是将导线绕成螺旋状而构成的天线，如图 1-18 所示，其主要特点是沿轴线有最大辐射、辐射场是圆极化、输入阻抗近似为纯电阻、有较宽的频带。

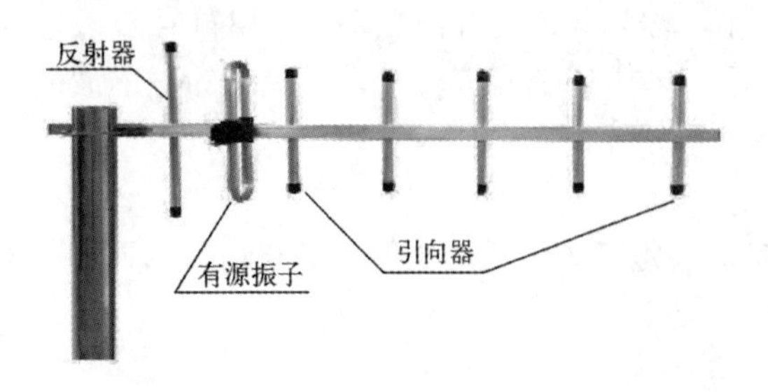

图 1-17 八木天线实物图

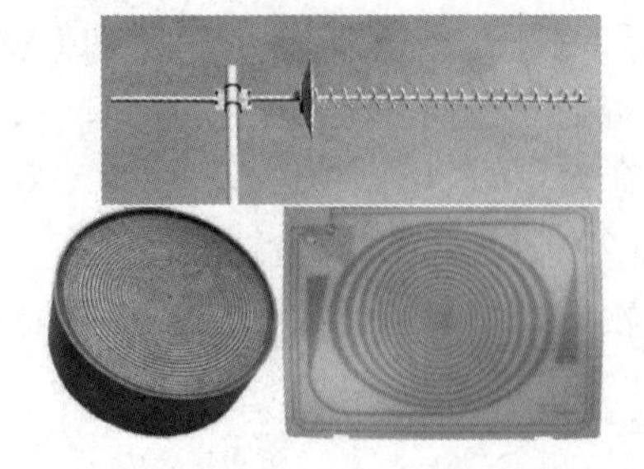

图 1-18 螺旋天线实物图

（3）开槽天线

在一块大的金属板上开一个或几个狭窄的槽，用同轴线或波导馈电，这样构成的天线叫开槽天线。为了得到单向辐射，金属板的后面制成空腔，开槽直接由波导馈电。开槽天线结构简单，没有凸出部分，特别适合在高速飞机上使用，缺点是调谐困难。

（4）抛物面天线

抛物面天线由辐射器（也称馈源）和抛物反射面构成，如图 1-19 所示。抛物面天线具有良好的辐射特性，具有结构简单、方向性强、工作频带较宽等优点，广泛应用于卫星地面接收、微波中继通信、遥控、遥测、雷达等领域。由于辐射器位于抛物面反射器的电场中，因而反射器对辐射器的反作用大，天线与馈线很难得到良好匹配，背面辐射较大，防护度较差，制作精度要求高。

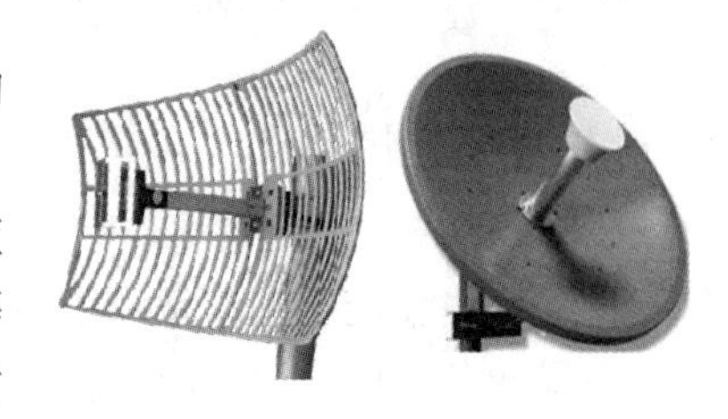

图 1-19　抛物面天线实物图

天线种类繁多，如用于电视发射的旋转场天线、垂直天线、微带天线、智能天线、卫星天线和移动天线等，在此不再赘述。

1.8　电波传输新技术

1.8.1　微波通信技术

微波是指频率为 300 MHz～300 GHz 的电磁波（波长在 0.1 mm～1 m）。

微波通信系统由发射机（功率约 1 W）、定向高增益微波天线、接收设备组成，其传送与接收信号为数字信号。

微波传播分为以下两类：

1）短距离自由空间传播。在发收两地间没有任何阻隔，也没有任何如反射、折射、散射或吸收等因素影响。

2）远距离超视距传播。因受大气层折射与地面物反射等因素影响，与短距离自由空间传播差别很大，尽管在理想情况下两者并无差别。在超远距离传输时需要使用一个或多个微波中继器。

理想的微波传播假设微波传输的两点之间没有物体阻挡，即直线传输。尽管天线具有良好的指向性，但要真正实现直线传输是不可能的。这是因为天线发射的波面逐渐扩大，散逸的电波遇到物体时，就会经由反射路径到达接收点，形成干扰。另外，由于地球表面是个曲面，直线传播的微波不可能传很远的距离，一般需要每隔 40～50 km 设一个微波站（称为中继站或接力站），放大信号再转发到下一站，这种通信方式也称为微波接力通信。

数字微波通信系统由一个室内单元（IDU）和一个可直接连接天线的室外单元（ODU）组成，两者之间用同轴电缆连接，如图 1-20 所示。

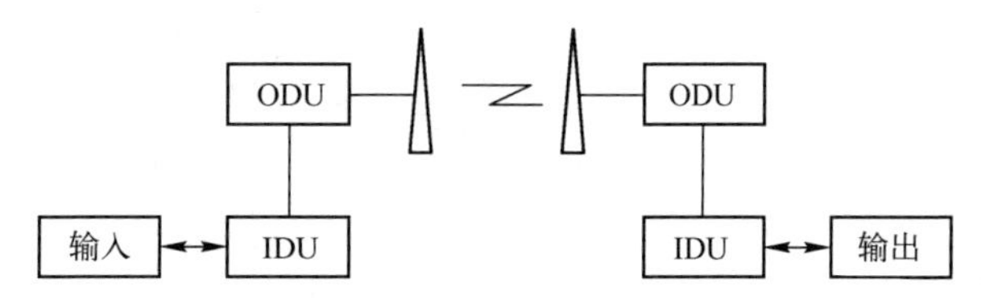

图 1-20　数字微波通信系统组成

数字微波通信系统主要应用在农村、海岛等边远地区和专用通信网；城市内的短距离支线连接，如移动通信基站之间、基站控制器与基站之间的互连、局域网之间的无线联网等；军事应用，数字微波频带宽，窃听侵入不易，保密性高，架设简单。

1.8.2 卫星通信技术

卫星通信是现代通信技术与航天技术相结合，并用计算机实现控制的先进通信方式。传统卫星通信主要应用在广播和语音业务，近年来，通过通信技术、互联网技术发展和业务需要，卫星业务由传统业务向语音、数据、文本、图像、视频、动画等多媒体业务发展。

卫星通信利用卫星中的转发器作为中继站，转发无线电波，实现两个或多个地球站之间的通信。

卫星通信具有无缝覆盖、覆盖面广、通信距离长、通信线路稳定、通信频带宽、通信容量大等特点，缺点是时延较长。静止轨道卫星传输时延可达 271 ms，中、低轨道卫星传输时延较小，不超过 100 ms。

卫星通信按卫星的种类和卫星的运动方式分为同步卫星通信与非同步卫星通信两种。

1）同步卫星通信系统。卫星绕地球的运行周期与地球自转同步，因而相对于地球是静止的，所以又称为静止轨道卫星系统（GEO）。卫星距地约 36000 km，通常约 3 颗卫星即可覆盖全球。

2）非同步卫星通信系统。分为中轨道卫星系统（距地球 101000 km 左右）、椭圆轨道卫星系统（离地球最远点为 39500～50600 km，最近点为 1000～21000 km）及低轨道卫星系统（700～1500 km），适用于以个人移动终端为主的移动通信。

卫星通信的应用包括：①电视广播上的应用；②陆地移动通信的延伸、补充和备用，适用于边远地区、农村、山区、海岛、灾区、远洋舰队和远航飞机等，还可应用于跨国企业的内部连网、卫星无线电、卫星遥感等；③卫星导航。卫星导航是确定地球上位置、速率和精确时间的有效工具，是无线电导航的一种形式。北斗导航系统（BeiDou Navigation Satellite System，BDS）由我国自主开发，目前已在东海渔船定位广泛使用。

1.8.3 宽带传输技术

与传统的最大传输速率为 56 kbit/s 的“窄带”相比，一般把用户接口上的最大接入速率超过 2 Mbit/s 的信息通道称为宽带。宽带互联网可分为宽带骨干网和接入网两部分。

骨干网又称为核心网络，它由所有用户共享，负责传输骨干数据流。骨干网通常是基于光纤的，能实现大范围（城市之间和国家之间）的数据传输。

宽带按传输分类，分为 3 个不同需求的传输系统：①基于大容量国际、省际之间的传输网；②基于本地交换机与用户端各种设备之间的宽带接入网；③基于连接宽带网络节点的宽带传输交换系统。

宽带按传输介质分类，分为有线宽带传输和无线宽带传输两种。有线宽带传输又分为双绞线宽带传输、光纤宽带传输和混合光纤同轴电缆宽带传输 3 种。无线宽带传输又分为固定无线宽带传输和移动无线宽带传输。固定宽带接入网可以是微波固定接入网和卫星固定接入网。移动无线接入网主要有蜂窝方式、数字无绳方式、个人通信方式和卫星方式等。

按业务类型分类，宽带业务可分为交互型和分配型两大类，如图 1-21 所示。

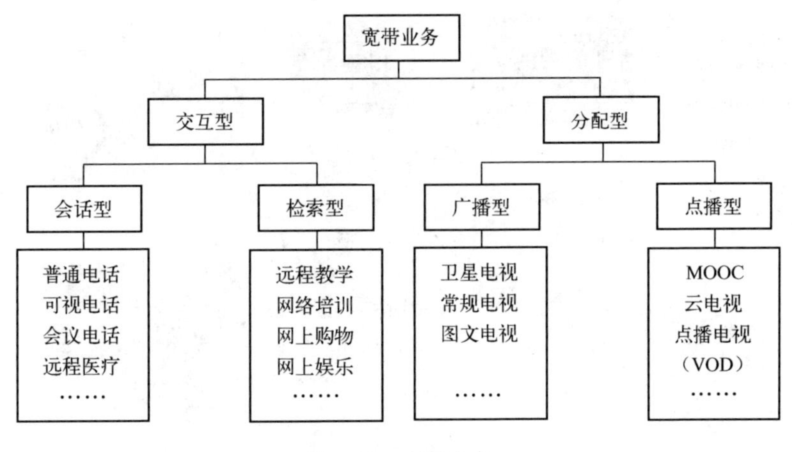

图 1-21　宽带业务

1.8.4　光纤传输技术

光纤通信系统由数据源、光发射端机、光学信道和光接收机组成，如图 1-22 所示。

数据源包括所有的信号源，如语音、图像、数据等业务经过信源编码所得到的信号。光发射端机由光发送机和调制器组成，如图 1-23 所示，它负责通过实现 PCM 编码和多路复用将信号转变成适合于在光纤上传输的光信号，光波窗口有 0.85 μm、1.31 μm、1.55 μm。

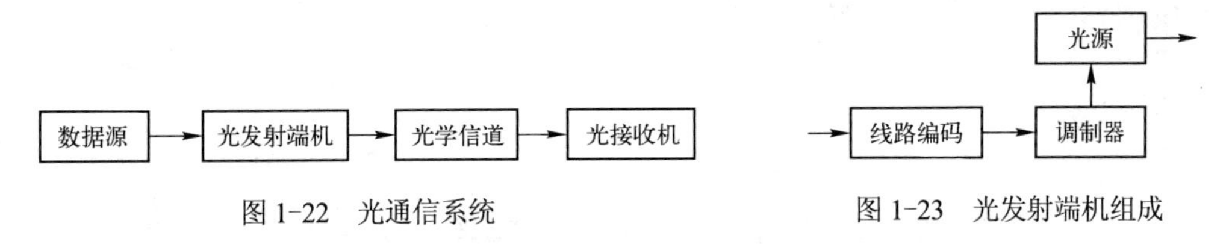

图 1-22　光通信系统　　图 1-23　光发射端机组成

光信道包括光纤、中继放大器 EDFA 等。而光学接收机则接收光信号，并从中提取信息，然后转变成电信号，最后得到对应的语音、图像、数据等信息。

光纤传输系统是数字通信的理想通道。因数字通信具有灵敏度高、传输质量好等优点，大容量长距离的光纤通信系统大多采用数字传输方式。

1.9　电磁波应用

人们像离不开空气、水一样离不开电磁波，如收听广播、收看电视、使用手机等。图 1-24 显示了部分电磁波的应用案例。

上海东方明珠移动电视视频信息发布系统是基于 AVS 编码技术的视频信息发布系统，是供研究、演示、教学与信息发布的多用途系统。该系统采用最新国标——AVS 编码技术，AVS 编码是我国具备自主知识产权的第二代信源编码标准，在全国 20 多个省、市、自治区使用，可实现信号的编码，多媒体信息的发布、调制、发射、接收，它的系统架构如图 1-25 所示。

图 1-24　电磁波应用示图

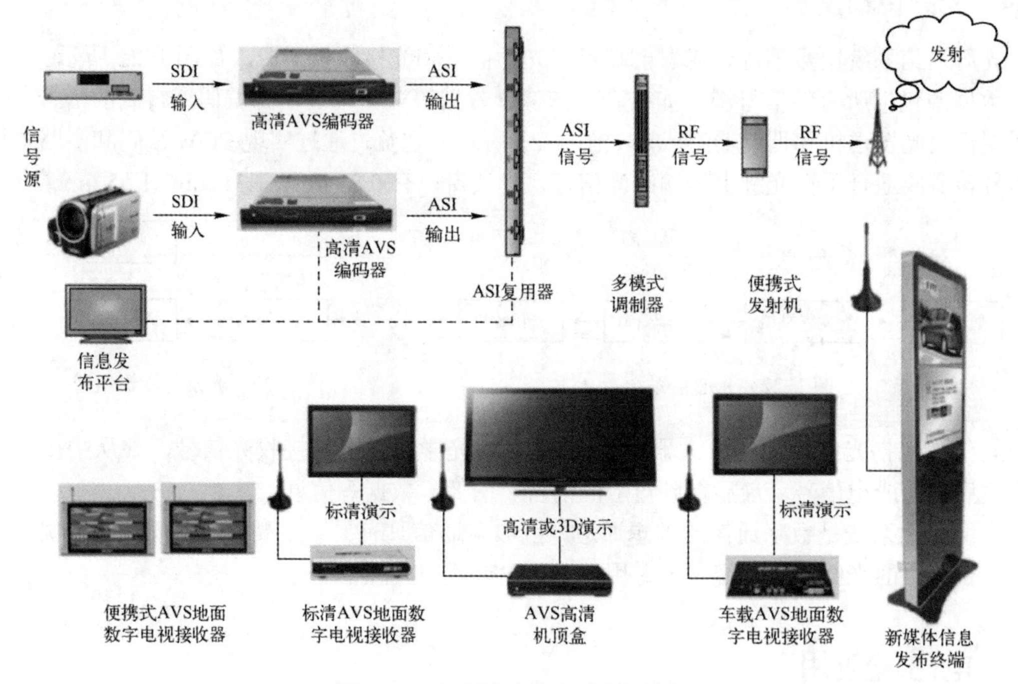

图 1-25　视频信息发布系统架构图

1.10　实训

1.10.1　实训 1：电磁波的频率功率测试

● 实训目的

1）了解电磁波概念和频率分类。

2）掌握电磁波功率的单位、转换关系及测试方法。

● 实训设备

HD-CB-IV 电磁场电磁波数字智能实训平台

● 实训步骤

1）将“输出口 1”通过 N 型电缆连接至“功率频率检测”。

2）读出功率值 dbm，参照表 1-5，试转换成 mW 值。

3）读出频率，计算出电磁波的波长。

表 1-5　功率比对表

功率	dBm	电压(有效值)	电压(峰值)
1000000 W=1 MW	90	7.07 kV	20 kV
100000 W=100 kW	80	2.236 kV	6.325 kV
10000 W=10 kW	70	0.707 kV	2 kV
1000 W=1 kW	60	223.6 V	632.5 V
100 W	50	70.7 V	200 V
10 W	40	22.36 V	63.25 V
1 W	30	7.07 V	20 V
100 mW=10^{-1} W	20	2.236 V	6.325 V
10 mW=10^{-2} W	10	0.707 V	2 V
1 mW=10^{-3} W	0	223.6 mV	632.46 MV
100 μW=10^{-4} W	-10	70.7 mV	200 MV
10 μW=10^{-5} W	-20	22.36 mV	63.25 MV
1 μW=10^{-6} W	-30	7.07 mV	20 mV
100 nW=10^{-7} W	-40	2.236 mV	6.325 mV
10 nW=10^{-8} W	-50	0.707 mV	2 mV
1 nW=10^{-9} W	-60	223.6 μV	632.46 μV
100 pW=10^{-10} W	-70	70.7 μV	200 μV
10 pW=10^{-11} W	-80	22.36 μV	63.25 μV
1 pW=10^{-12} W	-90	7.07 μV	20 μV
100 fW=10^{-13} W	-100	2.236 μV	6.325 μV
10 fW=10^{-14} W	-110	0.707 μV	2 μV
1 fW=10^{-15} W	-120	223.6 nV	632.46 nV
100 aW=10^{-16} W	-130	70.7 nV	200 nV
10 aW=10^{-17} W	-140	22.36 nV	70.7 nV
1 aW=10^{-18} W	-150	7.07 nV	20 nV

1.10.2　实训 2：天线方向图的测试（功率测试法）

● 实训目的

1）了解八木天线的基本原理。

2）了解天线方向图的基本原理，理解其方向性能。

3）用功率测量法测试天线方向图，以了解天线的辐射特性和测方向、远距离通信优点。

● 实训设备

HD-CB-IV 电磁场电磁波数字智能实训平台：2 套；

八木天线：2 副；

电磁波传输电缆：2 根。

● **实训步骤**

实训设备连接示意图如图 1-26 所示。

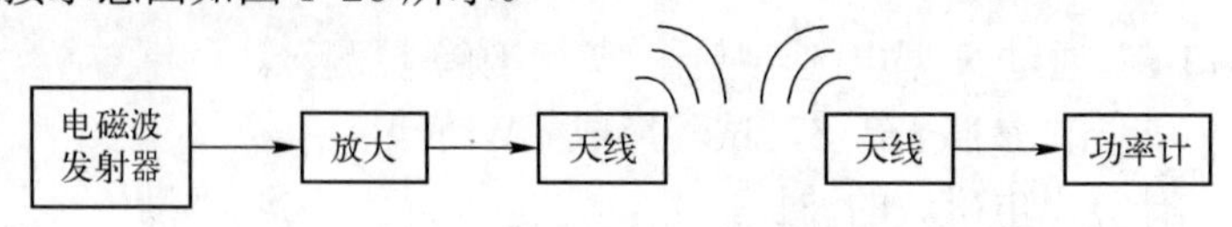

图 1-26　实训设备连接示意图

首先将八木天线分别固定到支架上，平放至标尺上，距离保持在 1 m 以上。

（一）发射端

1）将八木天线固定在发射支架上。

2）将“输出口 1”连接至发射的八木天线。

3）电磁波经定向八木天线向空间发射。

（二）接收端

1）接收端天线连接至“频率功率检测”，测量接收功率。

2）调节发射与接收天线距离，使其满足远场条件。

3）将两根天线正对保持 0°。

4）记录天线的接收功率值。

5）转动接收天线，变换接收天线角度，记录天线接收功率值。

6）旋转 360° 后，记录转动角度值及相应角度下接收天线功率值。

7）填写表 1-6。

表 1-6　功率与方向对应表

天线转动角度	接收天线功率值	天线转动角度	接收天线功率值
0°		-0°	
10°		-10°	
20°		-20°	
30°		-30°	
40°		-40°	
50°		-50°	
60°		-60°	
70°		-70°	
80°		-80°	
90°		-90°	
100°		-100°	
110°		-110°	
120°		-120°	
130°		-130°	
140°		-140°	
150°		-150°	
160°		-160°	
170°		-170°	
180°			

8）取点法。根据表 1-6 所填数值，在图 1-27 中描点，绘制测试天线方向图。

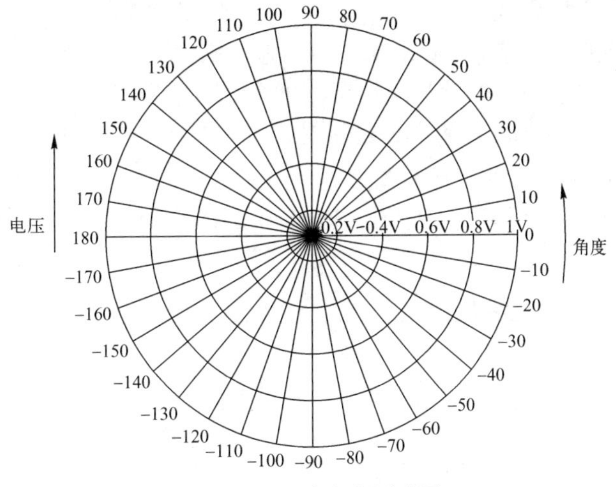

图 1-27　天线方向测试图

注：1）功率最大圈 0 dBm，-3 dBm，-6 dBm，-9 dBm，依次递减。

2）连接每个点，画出天线的主瓣及旁瓣。

（三）注意事项

1）设置好方向后，无需按发射开关（此时选择小功率发射）。

2）发射时避免人员走动，减少实验误差。

3）天线之间距离保持在 1 m 以上。

1.10.3　实训 3：天线方向图的测试（电磁波法）

● **实验目的**

1）了解天线方向图的基本原理。

2）用电磁场电磁波测量了解天线的特性。

● **实训设备**

HD-CB-Ⅳ 电磁场电磁波数字智能实训平台：2 套；

微波天线：1 副；

PIN 调制器：1 只；

电磁波传输电缆：若干。

● **实训步骤**

（一）发射端

1）准备好一对八木天线或抛物面天线、PIN 调制器、测试接头、连接线。

2）“输出口 1”端为输出载波信号，“1 kHz 方波”为调制信号，将两路信号接入 PIN 调制器输入端（如条件允许，可在 RF 信号输入端加隔离器）。

3）隔离器参数：正向插损小于 0.5 dB；

隔离度：大于 20 dB；

频段：750 MHz～1 GHz；

输入输出端驻波比：小于 1.1。

（二）接收端

1）输出端连接至发射天线 1。

2）另一端连接接收天线 2，接收下来的信号为调制信号（待检波）。

3）连接检波器，检波下来的信号连接至测试系统“信号输入端”。

4）此时表针发生偏转，设置两个天线相对，方向为 0°，调节“放大 DB 数”和“增益”旋钮，使其刻度满偏，记录下实验数值。

5）转动刻度为 10°、-10°、20°、-20°……依次记录数值，直至 180°和-170°，并填写表 1-7。

表 1-7　功率与方向对应表

天线转动角度	接收天线检波电压值	天线转动角度	接收天线检波电压值
0°		-0°	
10°		-10°	
20°		-20°	
30°		-30°	
40°		-40°	
50°		-50°	
60°		-60°	
70°		-70°	
80°		-80°	
90°		-90°	
100°		-100°	
110°		-110°	
120°		-120°	
130°		-130°	
140°		-140°	
150°		-150°	
160°		-160°	
170°		-170°	
180°			

6）取点法。根据表 1-7 所填数值，在图 1-28 中描点，绘制测试天线方向图。

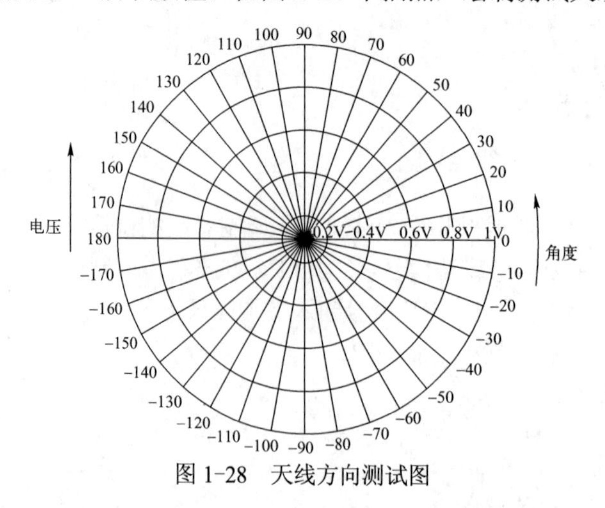

图 1-28　天线方向测试图

（三）注意事项

1）理论上讲，天线的测试应在密闭的暗室里测试才能达到最佳效果，测试期间应防止外界信号的干扰，尤其当天线频段在手机频段附近时，手机的使用会对测试结果产生较大影响。测试时，应避免人员的来回走动。

2）两测试天线距离应保持在 1～3 m。

3）两测试天线应首先设置好 0°，因为此时的辐射是最强的，调节选频放大器“调谐”旋钮，使刻度尽量满偏。

4）转动天线角度，记录角度，同时记录选频放大器的放大示数。

5）绘制表格，参照数据，画出方向图并填写表 1-8。

表 1-8　功率与方向对应表

天线转动角度	接收天线检波电压值	天线转动角度	接收天线检波电压值
0°		-0°	
10°		-10°	
20°		-20°	
30°		-30°	
40°		-40°	
50°		-50°	
60°		-60°	
70°		-70°	
80°		-80°	
90°		-90°	
100°		-100°	
110°		-110°	
120°		-120°	
130°		-130°	
140°		-140°	
150°		-150°	
160°		-160°	
170°		-170°	
180°			

第 2 章 通信技术基础

导学

在本章中，读者将通过通信原理实验平台学习：

- 通信系统组成；
- 通信系统主要性能指标；
- 数字基带信号及其常见编码。

实训中能够通过通信原理实验平台，掌握抽样定理、编码与调制解调等通信原理内容。

2.1 通信系统

在信息技术、互联网技术、云计算技术和大数据技术及应用飞速发展的信息社会，信息和通信已成为经济、社会发展的动力。信息是一种资源，通过传播与交流产生经济效益和社会价值；通信作为传输信息的手段或方式，实现信息的价值。

2.1.1 通信系统的基本概念

与通信（communication）直接相关的 4 个最基本概念是消息、信息、通信、电信。

通信的目的是传递消息中所包含的信息。

消息是物质或精神状态的一种反映，在不同时期具有不同的表现形式，如语音、文字、数字、图片、视频等都是消息（message）。

通信则是进行信息的时空转移，即把消息从一方传送到另一方。基于此，“通信”也可理解为“信息传送”“信息传输”或“消息传输”。

实现通信的方式和手段很多，如信鸽、书信、手势、话语、旗语、快递、烽火台和击鼓传令，以及现代社会的电报、电话、传呼机、广播、电视、遥控、遥测、因特网、电子邮件、计算机通信以及实时的通信工具，如 QQ 语音、微信语音等。

电信（telecommunication）是指利用电磁信息传送信息，是通信组成部分，也称为“电通信”，如历史上先后出现的电报、电话、传真、商业电视广播、海底电话电缆、同步卫星、光纤等。因为光也是一种电磁波，所以光通信也属于电通信。

2.1.2 通信系统一般模型

通信的目的是传送信息。通信系统的作用就是将信息从信源地发送到一个或多个目的地（信宿地）。系统涉及以下几个问题：

- 传递什么信息？
- 信息如何转化为设备可以发送的电信号？
- 信息以什么格式传送给对方？

● 如何找到对方并通过什么路径传送给对方？
● 如何抗干扰，保证传送有效性？
上述过程如图 2-1 所示。

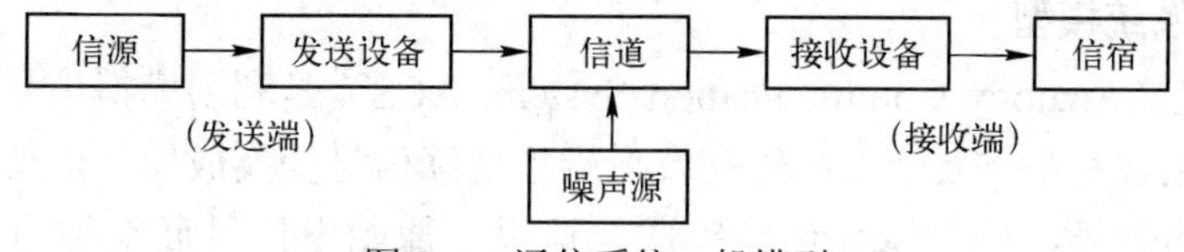

图 2-1　通信系统一般模型

各模块部分功能描述如下。

1．信源

信源是把各种信息转换成电信号，分为模拟信源和数字信源。

模拟信源输出连续的模拟信号，如音频信号、视频信号。

数字信源输出离散的数字信号，如模拟信号数字化处理后计算机能处理的信号。

2．发送设备

发送设备作用是产生适合于在信道中传送的信号，使发送信号的特性和信道特性相匹配，具有抗信道干扰的能力，并且具有足够的功率以满足远距离传送的需要。发送设备可能包含变换、放大、滤波、编码、调制等过程。

3．信道

信道是一种传送介质，包括无线与有线。无线通信中信道可以是自由空间；有线通信中信道可以是电缆、光纤。信道既给信号提供传送通道，也会对信号产生各种干扰和噪声，这主要与信道物理特性、周边干扰和噪声有关。

4．接收设备

接收设备的作用是将信号放大和反变换（如解调、译码等），其目的是从受到减损的接收信号中正确恢复电信号，并尽可能减小在传送过程中噪声与干扰的影响。

5．信宿

信宿是传送信息的目的地，其功能与信源相反，把电信号还原成相应的信息，如手机、广播等。

2.1.3　模拟通信系统模型与数字通信系统模型

多种形式表达的消息分为两大类：连续消息（如语音、视频）和离散消息（如数字、文字）。

消息的传递是通过其物理载体——电信号来实现的，即通过电信号的某个参量（如连续波的幅度、频率或相位；脉冲波的幅度、宽度或位置）来表示消息。因而信号也分为两类：模拟信号（取值连续）和数字信号或离散信号（抽样信号），如图 2-2 所示。

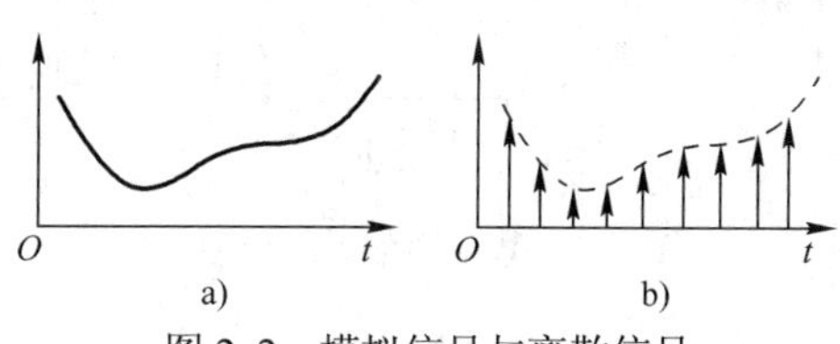

图 2-2　模拟信号与离散信号

a) 连续信号　b) 抽样信号

这里，离散是指信号的某一参量是离散变化的，而不一定在时间上也离散。

按照信道中传送的是模拟信号还是数字信号，相应地把通信系统分为模拟通信系统和数字通信系统。

1．模拟通信系统模型

模拟通信系统（Analogy Communication System, ACS）是利用模拟信号来传送信息，如图 2-3 所示，其包含两个重要变换：①在发送端把连续信号变换成原始电信号；②在接收端逆变换还原成连续信号，由信源和信宿完成。这里，原始电信号通常称为基带信号，基带（Baseband）是指信源（信息源、发射端）发出的没有经过调制（频谱搬移和变换）的原始电信号的固有频带（频率带宽），称为基本频带，简称基带，如图 2-4 所示（0～ω_c）。

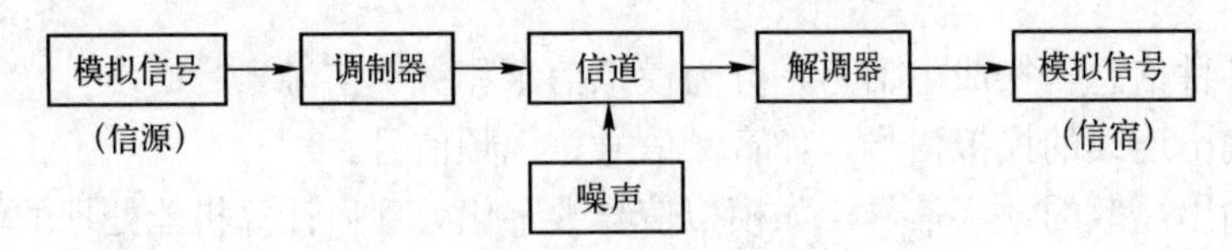

图 2-3　模拟通信系统

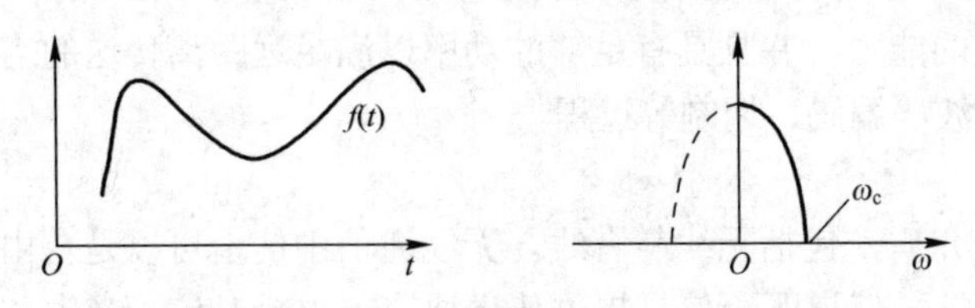

图 2-4　信号与基带

有些信道可以直接传送基带信号，而以自由空间作为信道的无线电传送却无法直接传送。因此，模拟通信系统中常需进行第 2 种变换：把基带信号变换成适合在信道中传送的信号，并在接收端进行反变换。完成第 2 种变换通常由调制器和解调器完成（见 2.2.2～2.2.4 节），由于调制后信号的频谱具有带通形式，因而已调信号又称为带通信号或频带信号。

当然，实际系统除了上述功能外，还可能有滤波、放大、天线辐射等过程，由于这些过程不会使信号发生质的变化，只会改善信号特性和通信质量，因此本章只讨论调制、编码对传输的影响（见 2.4 节）。

2．数字通信系统模型

数字通信系统（Digital Communication System，DCS）是利用数字信号来传输信息的系统，如图 2-5 所示。

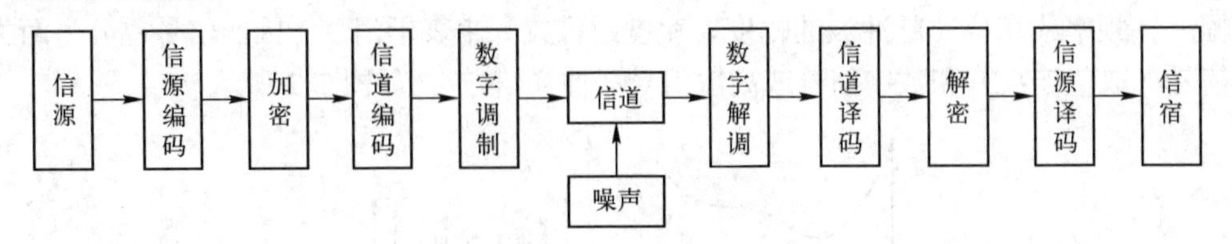

图 2-5　数字通信系统模型

系统主要包含信源编码与译码、信息加密与解密、信道编码与译码、数字调制与解调、同步等。

（1）信源编码与解码

编码具有两项功能：一是通过压缩技术减少码元数目并降低码元速率，以提高信息传输的有效性；二是实现模-数（A-D）转换。解码是编码的逆过程。

（2）信道编码与解码

编码的目的是通过对传输的信息码元按一定的规则加入监督元（即抗干扰编码）增强数字信号的抗干扰能力。信息接收方信道解码器按相应的逆规则进行解码，从中发现错误或纠正错误，提高系统传输可靠性。

（3）加密与解密

加密与解密过程主要是保护信息的安全性。

（4）数字调制与解调

调制是把数字基带信号的频谱搬移到高频处，形成适合在信道中传输的带通信号。基本调制方法有振幅键控（ASK）、频移键控（FSK）、相移键控（PSK）、差分相移键控（DPSK）。接收端采用相干解调或非相干解调还原数字基带信号。

（5）同步

同步使发收两端的信号在时间上保持步调一致，是保证数字通信系统有序、准确、可靠工作的前提条件。按功用划分，可分为载波同步、位同步、群（帧）同步和网同步。

2.1.4　通信系统分类

通信系统可根据信号特征、传输介质、调制方式、工作波段、信号复用、通信业务等进行分类。

根据传输的是模拟信号还是数字信号，通信系统可分成模拟通信系统和数字通信系统。

根据传输介质，通信系统可分为有线通信系统和无线通信系统。有线通信介质指架空明线、同轴电缆、光导纤维、波导等。无线通信指依靠电磁波在空中传播，如短波电离层传播、微波视距传播、卫星中继等。

根据通信业务不同，通信系统可分为电报通信系统、电话通信系统、数据通信系统、图像通信系统等。

根据信号复用方式，多路信号通信系统分为频分复用、时分复用和码分复用。

根据信道传输的信号是否需要调制，通信系统可分为基带传输系统（市内电话、有线广播）和带通（频带或调制）传输系统。频带通信传输是对各种信号调制后传输的总称。表 2-1 列出了一些常见的调制方式及应用。

表 2-1　常见调制方式及典型应用

调制方式			典型应用
连续波调制	线性调制	常规双边带调幅 AM	广播
		双边带调幅 DSB	立体声广播
		单边带调幅 SSB	载波通信、无线电台、数据传输
		残边带调幅 VSB	电视广播、数据传输、传真
	非线性调制	频率调制 FM	载波中继、卫星通信、广播
		相位调制 PM	中间调制方式
	数字调制	振幅键控 ASK	数据传输

（续）

<table>
<tr><th colspan="3">调制方式</th><th>典型应用</th></tr>
<tr><td rowspan="3">连续波调制</td><td rowspan="3">数字调制</td><td>频移键控 FSK</td><td>数据传输</td></tr>
<tr><td>相位键控 PSK、DPSK、QPSK</td><td>数据传输、数字微波、空间通信</td></tr>
<tr><td>其他 QAM、MSK</td><td>数字微波、空间通信</td></tr>
<tr><td rowspan="7">脉冲调制</td><td rowspan="3">脉冲模拟调制</td><td>脉幅调制 PAM</td><td>中间调制方式、遥测</td></tr>
<tr><td>脉宽调制 PDM（PWM）</td><td>中间调制方式</td></tr>
<tr><td>脉位调制 PPM</td><td>遥测、光纤传输</td></tr>
<tr><td rowspan="4">脉冲数字调制</td><td>脉码调制 PCM</td><td>市话、卫星、空间通信</td></tr>
<tr><td>增量调制 DM（ΔM）</td><td>军用、民用数字电话</td></tr>
<tr><td>差分脉码调制 DPCM</td><td>电视电话、图像编码</td></tr>
<tr><td>话音编码方式 ADPCM</td><td>中速数字电话</td></tr>
</table>

2.1.5 通信方式

通信方式按双方工作方式可分为单工、半双工和全双工；按传输方式可分为并行传输和串行传输。

1．单工、半双工和全双工

1）单工通信是指消息只能单方向传输的工作方式，如图 2-6 所示。通信双方只有一个可以进行发送，另一个只能接收，如广播、电视、遥测、遥控等。

2）半双工通信是指通信双方都能收发信息，但不能同时进行收和发的工作方式，如图 2-7 所示，如同一载频的普通对讲机。

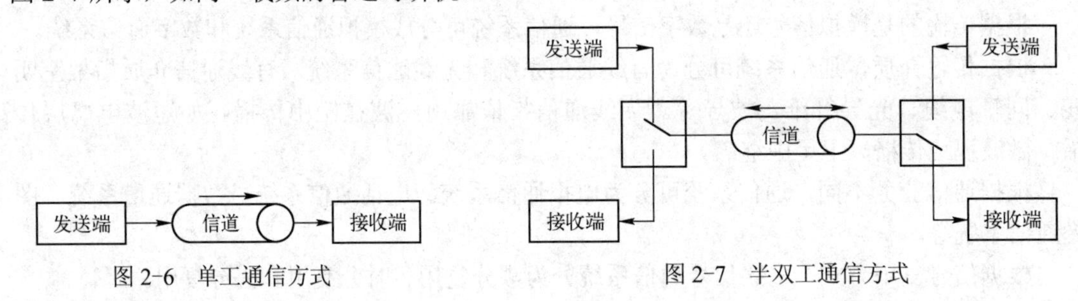

图 2-6 单工通信方式　　图 2-7 半双工通信方式

3）全双工通信是指通信双方可同时进行收发消息的工作方式，如图 2-8 所示，如电话、微信视频、计算机通信等。

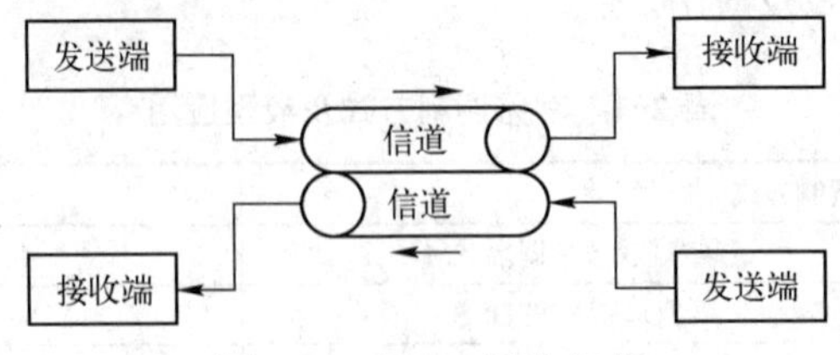

图 2-8 全双工通信方式

2．并行传输和串行传输

在计算机或其他数字终端设备之间的数据通信中，按数据编码排列的方式不同，可分为并行传输和串行传输。

1）并行传输，是指将代表信息的数字信号码元序列以成组的方式在两条或两条以上的并行信道上同时传输。如图 2-9 表示 8 比特代码字符用 8 条信道并行传输。

并行传输具有传输速度快、传输效率高等优点，不足之处是需要通信线路多、成本高，一般只用于设备之间的近距离通信，如计算机和打印机之间的数据传输。

2）串行传输，是指将数字信号码元序列以串行方式一个码元接一个码元地在一条信道上传输，如图 2-10 所示。RFID 读写器通信、远距离数字传输常采用该方式。

串行传输只需一条通信信道，其线路铺设费用为并行的 1/*n*，不足之处是速度慢，需要外加同步措施以解决收、发双方码组或字符的同步问题。

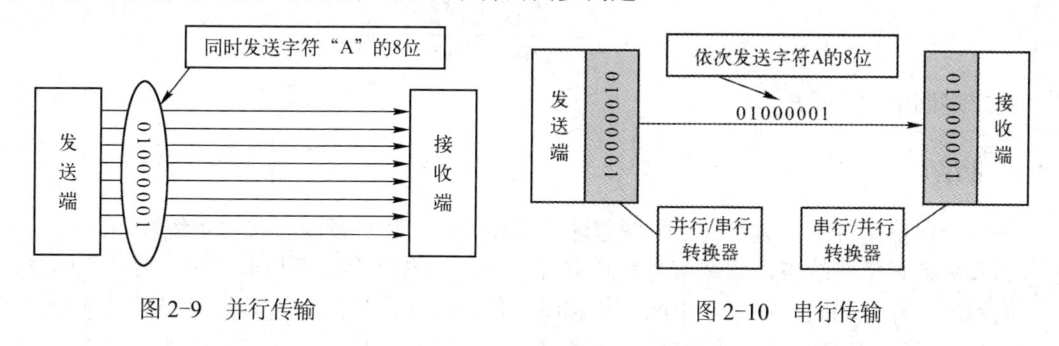

图 2-9　并行传输　　图 2-10　串行传输

2.1.6　通信系统主要性能指标

通信系统的主要性能指标有系统有效性、可靠性、适应性、经济性、标准性和可维护性等。尽管不同系统对上述性能的要求不同，但有效性和可靠性是通信系统设计需要考虑的最主要的性能指标。

有效性是指传输一定信息量时所占用的频带宽度和时间间隔的信道资源，即传输的“速度”问题；而可靠性则是指接收信息的准确程序，即传输的“质量”问题。这两个问题是对立统一的矛盾体，并且可以进行互换。模拟通信系统和数字通信系统对有效性和可靠性的度量方法不同。

模拟通信系统的有效性用有效传输频带来度量，同样的消息用不同的调制方式，需要不同的频带宽度。一般来说，调频信号的抗干扰能力比调幅好（即解调后的输出信噪比高），但调频信号所需要的传输频带却宽于调幅的（即调频有效性低）。

数字通信系统的有效性可用传输速率和频带利用率来度量。

1）码元传输速率 R_B。码元传输速率也称为传码率或码元速率，是指单位时间（秒）传送码元的个数，单位为波特（Baud），简记为 B。例如，某系统每秒传送 9600 个码元，则该系统的传码率为 9600 B。

2）信息传输速率 R_b，也称为传信率或比特率。它定义为单位时间内传递的平均信息量或比特数，单位为 bit/s。R_B 与 R_b 的关系：

$$R_b = R_B \log_2 M \quad \text{(bit/s)}$$

其中，M 为进制。例如八进制（M=8），码元速率为 512 B，则信息速率为 1536 bit/s。

3）频带利用率。比较两个不同通信系统的有效性时，不仅要看传输速率，还应看占用的频带宽度，真正衡量数据通信系统的有效性指标是频带利用率，定义为单位带宽（每赫）

内的传输速率，即

$$\eta = \frac{R_B}{B}\ \text{(B/Hz)}$$

数字通信系统的可靠性可用差错率来衡量，差错率常用误码率 P_e 和误信率 P_b 来表示。

$$P_e = \frac{\text{错误码元数}}{\text{传输总码元数}}$$

和

$$P_b = \frac{\text{错误比特数}}{\text{传输总比特数}}$$

在二进制中，$P_e = P_b$。

2.1.7 眼图

在整个通信系统中，通常利用眼图方法估计和改善（通过调整）传输系统性能。

在实际的通信系统中，数字信号经过非理想的传输系统因噪声和干扰必定要产生畸变，即不同程度上存在码间串扰。在码间串扰和噪声同时存在的情况下，系统性能很难进行定量分析，甚至得不到近似结果。为了便于简单评价实际系统的性能，直观、定性地评价系统的码间干扰和噪声的影响，常用眼图进行分析。

所谓“眼图”，是指由解调后经过接收滤波器输出的基带信号，以码元时钟作为同步信号，基带信号一个或少数码元周期反复扫描在示波器屏幕上显示的波形。可以通过眼图来估计系统性能。具体做法：用一个示波器跨接在抽样判决器的输入端，然后调整示波器水平扫描周期，使其与接收码元的周期同步。此时可以从示波器显示的图形上，观察码间干扰和信道噪声等因素的影响，估计系统性能的优劣程度。干扰和失真所产生的传输畸变，可以在眼图上清楚地显示出来。因为对于二进制信号波形，它很像人的眼睛，故称眼图。

图 2-11 显示了两个无噪声的波形和相应的“眼图”，一个无失真，另一个有失真（码间串扰）。

从图 2-11 中可以看出，眼图是由虚线分段的接收码元波形叠加组成的，眼图中央的垂直线表示取样时刻。当波形没有失真时，眼图是一只“完全张开”的眼睛。“眼睛”张开的大小就表明失真的严重程度。

为便于说明眼图和系统性能的关系，这里将眼图简化成如图 2-12 所示的形状。

由此图可以看出：①最佳取样时刻应选择在眼睛张开最大的时刻；②眼睛闭合的速率，即眼图斜边的斜率，表示系统对定时误差灵敏的程度，斜边愈陡，对定位误差愈敏感；③在取样时刻上，阴影区的垂直宽度表示最大信号失真量；④在取样时刻上，上下两阴影区的间隔垂直距离之半是最小噪声容限，噪声瞬时值超过它就有可能发生错误判决；⑤阴影区与横轴相交的区间表示零点位置变动范围，它对于从信号平均零点位置提取定时信息的解调器有重要影响。理想状态下的眼图如图 2-13 所示。

衡量眼图质量的几个重要参数有以下几个。

1）眼图开启度(U−2ΔU)/U，指在最佳抽样点处眼图幅度“张开”的程度。无畸变眼图的开启度应为 100%。

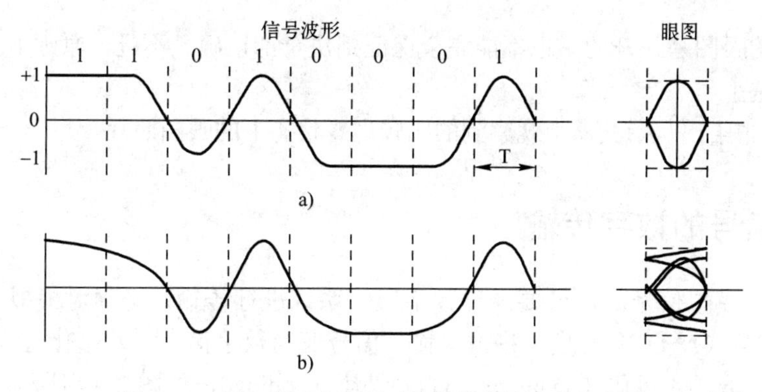

图 2-11　无失真及有失真时的基带信号波形及眼图

a) 无码间串扰时波形；无码间串扰眼图　b) 有码间串扰时波形；有码间串扰眼图

其中 $U=U_{+}+U_{-}$。

2）“眼皮”厚度 $2\Delta U/U$，指在最佳抽样点处眼图幅度的闭合部分与最大幅度之比，无畸变眼图的“眼皮”厚度应等于 0。

3）交叉点发散度 $\Delta T/T$，指眼图过零点交叉线的发散程度。无畸变眼图的交叉点发散度应为 0。

4）正负极性不对称度，指在最佳抽样点处眼图正、负幅度的不对称程度。无畸变眼图的极性不对称度应为 0。

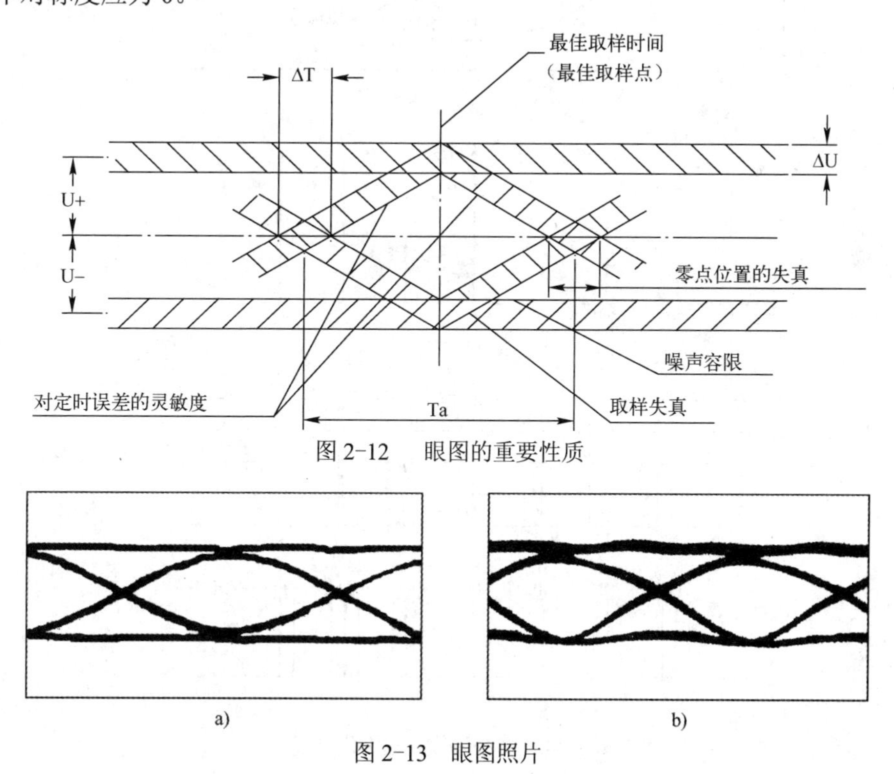

图 2-12　眼图的重要性质

图 2-13　眼图照片

a) 二进制系统　b) 随机数据输入后的二进制系统

需要说明的是，由于噪声瞬时电平的影响无法在眼图中得到完整的反映，因此，即使在示波器上显示的眼图是张开的，也不能完全保证判决全部正确。不过，原则上总是眼睛张开得越大，误判越小。

在图 2-13 中给出从示波器上观察到的比较理想状态下的眼图照片。

2.2 模拟信号的数字传输

在传送端为模拟信号时，若要经过数字通信系统进行传输，必须对模拟信号进行数字化，称为“模-数（A-D）”转换，将模拟输入信号变为数字信号。数字化过程包括 3 个步骤：抽样（sampling）、量化（quantization）和编码（coding），如图 2-14 所示。

如图 2-14a 所示的模拟信号，经图 2-14b 等时间间隔 T（频率 $f_s = 1/T$）抽样后，模拟信号成为抽样信号：它在时间上是离散的，但其取值仍然是连续的，称为离散模拟信号。经过图 2-14c 量化后，其取值是离散的，模拟信号成为数字信号，它可以看成是多进制的数字脉冲信号。图 2-14d 将量化的数字信号进行编码，最常用的编码方法是脉冲编码调制（Pulse Code Modulation，PCM），它将量化后的信号变成二进制码元。由于编码方法直接影响系统传输效率，而差分脉冲编码调制是其中较为简单的压缩编码方法，因此在系统中传输效率高。

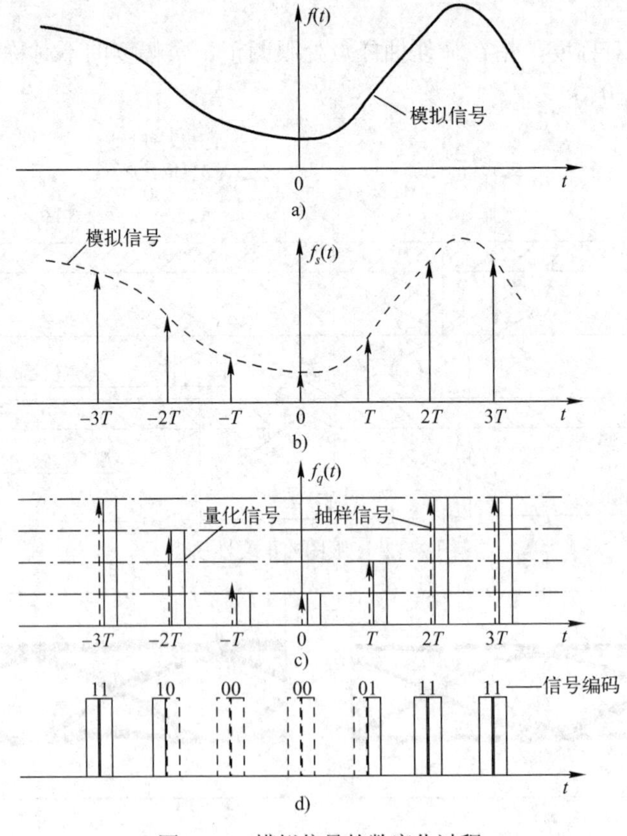

图 2-14　模拟信号的数字化过程

a) 带限模拟信号波形　b) 抽样信号波形　c) 量化信号波形　d) 编码信号波形

2.2.1 模拟信号抽样

图 2-15a 为模拟信号 $f(t)$，对应的频谱如图 2-15b 所示，其中 ω_c 为模拟信号 $f(t)$ 的最大频率。图 2-15c 为周期为 T 的冲激函数 $\delta_T(t)$，其对应的频谱如图 2-15d 所示。

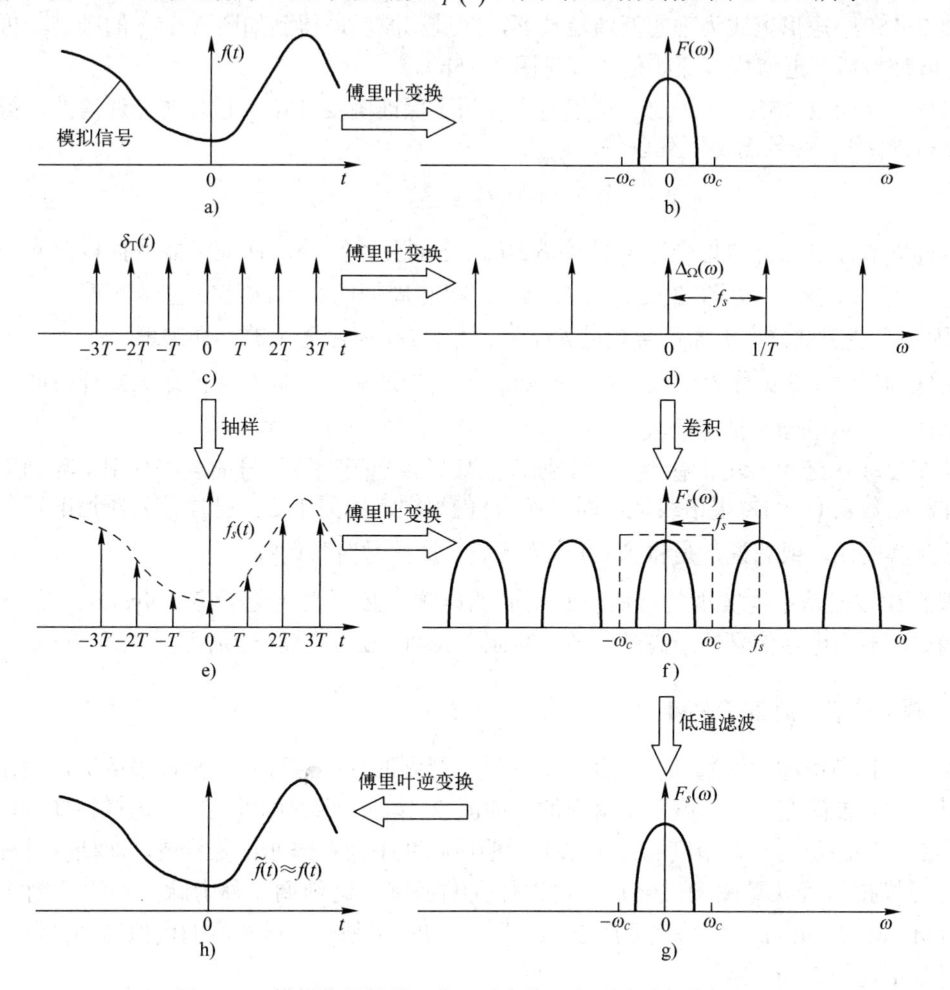

图 2-15 模拟信号抽样、傅里叶变换、低通滤波与信号复原

模拟信号 $f(t)$ 的抽样信号记为 $f_s(t)$（如图 2-15e 所示），它由 $f(t)$ 和 $\delta_T(t)$ 乘积得到，即：

$$f_s(t)=f(t)\delta_T(t)$$

图 2-15f 为抽样信号 $f_s(t)$ 的频谱图，根据时域相乘的两个函数后的傅里叶变换结果是两个函数各自傅里叶变换结果的卷积，即：

$$F_s(\omega)=F(\omega)*\Delta_\Omega(\omega)$$

经过较为复杂的运算，得到如下重要的公式：

$$F_s(\omega)=\frac{1}{T}\sum_{n=\infty}^{+\infty}F(\omega-nf_s)$$

其中，f_s为抽样频率，其值为$f_s=1/T$，即抽样周期的倒数。上式表明，$F(\omega-nf_s)$是信号频谱$F(\omega)$在频率轴上平移了nf_s的结果，所以抽样信号的频谱$F_s(\omega)$是无数间隔频率为f_s的原信号频谱$F(\omega)$相叠加而成。

图 2-15f 中矩形虚线为理想低通滤波器，经过滤波后，得到如图 2-15g 的频谱，再经过逆傅里叶变换后，近似恢复原始信号（见图 2-15h）。

另外，从图 2-15f、图 2-15g 可以看出，为了保证图 2-15f 经过理想低通滤波后得到完整的频谱$F(\omega)$，必须满足下列条件：

$$f_s \geqslant 2\omega_c$$

这样$F_s(\omega)$中包含的每个原信号频谱$F(\omega)$之间互不重叠，保证了能从抽样信号中恢复原信号。若$f_s<2\omega_c$，由图 2-15f 可以看出，相邻周期的频谱间将发生频谱重叠（又称混叠），因而不能正确分离出原信号频谱$F(\omega)$。$f_s \geqslant 2\omega_c$就是著名的抽样定理。

最低抽样速率$2\omega_c$称为奈奎斯特（Nyquist）抽样速率，与此对应的最大抽样时间间隔称为奈奎斯特（Nyquist）抽样间隔。

从图 2-15f 还可看出，在频域上，抽样的效果相当于把原信号的频谱分别平移到周期性抽样冲激函数$\delta_T(t)$的每根谱线上，即以$\delta_T(t)$的每根谱线为中心，把原信号频谱的正负两部分平移到其两侧。或者说，是将$\delta_T(t)$作为载波，原信号对其调幅。

理想滤波器是不能实现的，所以实用的抽样频率必须比奈奎斯特（Nyquist）抽样速率大。例如，典型电话信号的最高频率通常限制在 3400 Hz，而抽样频率通常采取 8000 Hz。

2.2.2 模拟信号调制 PAM

第 2.2.1 节用冲激函数抽样以及在此基础上得到的抽样定理是一种理想情况，但在实际抽样过程中脉冲的宽度和高度都是有限的，如图 2-16c 所示。可以证明，这样抽样时，抽样定理仍然正确。从另一个角度看，可以把周期性脉冲序列看作非正弦载波，而抽样过程可以看作是用模拟信号（见图 2-16a）对它进行振幅调制。这种调制称为脉冲振幅调制（Pulse Amplitude Modulation, PAM），如图 2-16e 所示。PAM 是一种最基本的模拟脉冲调制，是模拟信号数字化的必经之路。

基带模拟信号$f(t)$（见图 2-16a）的频谱为$F(\omega)$，如图 2-16b 所示。用这个信号对一个脉冲载波$r(t)$调幅，$r(t)$的周期为 T，其频谱为$R(\omega)$（见图 2-16d）。脉冲宽度为τ，幅度为A。

同 2.2.1 节，抽样信号$f_s(t)$是$f(t)$和$r(t)$的乘积，抽样信号的频谱就是两者频谱的卷积：

$$F_s(\omega)=F(\omega)*R(\omega)=\frac{A\tau}{T}\sum_{n=-\infty}^{+\infty}Sa(\pi n\tau f_s)F(\omega-2nf_s)$$

其中，抽样函数$Sa(x)=\dfrac{\sin x}{x}$，形状如图 2-17 所示。

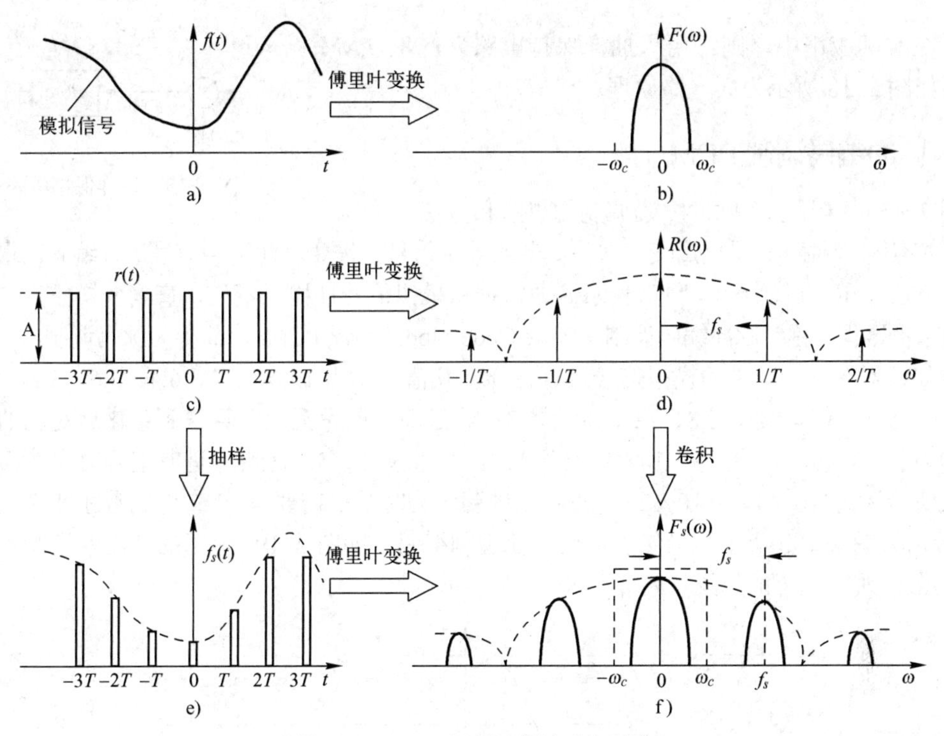

图 2-16　PAM 调制过程波形和频谱

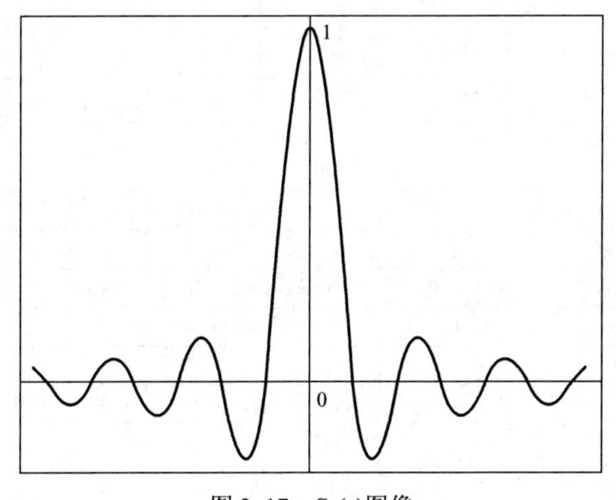

图 2-17　$Sa(x)$图像

图 2-16 中显示 PAM 调制过程的波形变化和频谱。与图 2-15 抽样过程不同的是，现在的周期性矩形脉冲 $r(t)$ 的频谱 $R(\omega)$ 的包络为 $\left|\dfrac{\sin x}{x}\right|$ 形（见图 2-16d），而不是一条水平直线。并且 PAM 信号 $f_s(t)$ 的频谱 $F_s(\omega)$ 的包络也为 $\left|\dfrac{\sin x}{x}\right|$ 形（见图 2-16f）。若抽样频率 $f_s \geqslant 2\omega_c$，或 $r(t)$ 的周期 $T \leqslant (1/2\omega_c)$，则采用一个截止频率为 ω_c 的低通滤波器仍可分离出原模拟信号，如图 2-16f 所示。

在上述 PAM 调制中，$f_s(t)$ 的脉冲顶部和原模拟信号波形相同，这种 PAM 常称为自然抽样。在实际应用中，则常用“抽样保持电路”产生 PAM 信号，如图 2-18 所示为其电路原理。

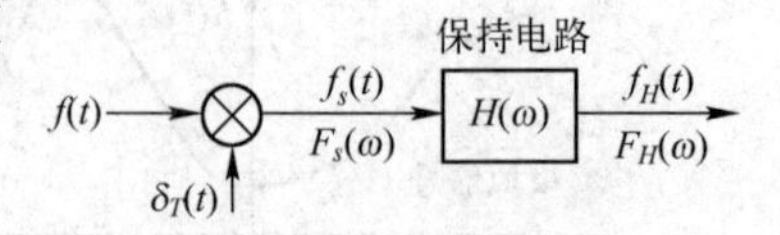

图 2-18 抽样保持电路

2.2.3 脉冲编码调制 PCM

图 2-15a～d 显示了脉冲编码调制的思路和方法。

模拟信号经抽样、量化后变成取值离散的数字信号，需要将此数字信号进行编码。最常用的编码方法是用二进制“0”“1”表示。通常把从模拟信号抽样、量化，直到变换成为二进制符号的基本过程，称为脉冲编码调制（Pulse Code Modulation, PCM），简称为脉码调制。

例如，对图 2-19a 中的模拟信号进行抽样，其值分别为 1.86、5.2、6.4、3.6、3.2、6.0、9.5、8.6、5.4、3.1、1.3、0.8、1.2、3.0、5.3；经过简单四舍五入运算得到量化后对应的离散值分别为 2、5、6、4、3、6、10、9、5、3、1、1、1、3、5。运用二进制编码时，考虑量化后离散值最大为 10 和 $2^3 < 10 < 2^4$，在用二进制编码时至少需要 4 位二进制数才能完全表示 15 个数，如图 2-19b 所示，当然也可用其他进制编码，如图 2-19c 显示的是用四进制对上述 15 个离散值进行编码的结果。

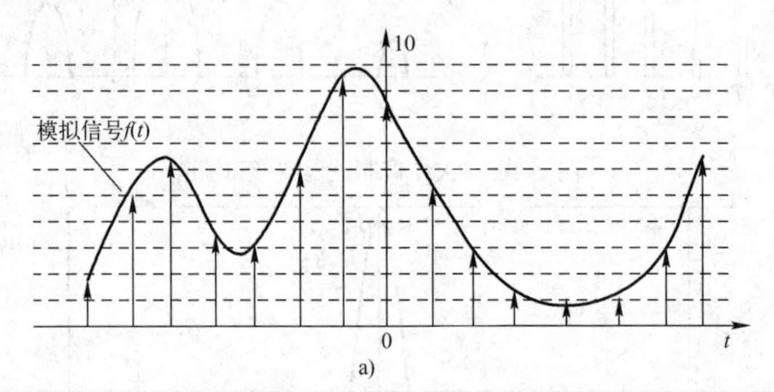

a)

抽样值	1.86	5.2	6.4	3.6	3.2	6.0	9.5	8.6
量化值	2	5	6	4	4	6	10	9
编码（二进制）	0010	0101	0110	0100	0011	0110	1010	1001
抽样值	5.4	3.1	1.3	0.8	1.2	3.0	5.3	/
量化值	5	3	1	1	1	3	5	/
编码（二进制）	0101	0011	0001	0001	0001	0011	0101	/

b)

抽样值	1.86	5.2	6.4	3.6	3.2	6.0	9.5	8.6
量化值	2	5	6	4	3	6	10	9
编码（四进制）	002	011	012	010	003	012	022	021
抽样值	5.4	3.1	1.3	0.8	1.2	3.0	5.3	/
量化值	5	3	1	1	1	3	5	/
编码（四进制）	011	003	001	001	001	003	011	/

c)

图 2-19 抽样、量化与 PCM 编码

a) 模拟信号抽样 b) 量化及二进制编码 c) 量化及四进制编码

运用二进制对模拟信号编码的方法在 20 世纪 40 年代的通信领域就已经实现，当时从信号调制的观点出发研究该技术，所以称为脉码调制，它与现代所谓的“模拟-数字（A-D）

变换”的原理是一样的，目前应用已不局限于通信领域，广泛应用于计算机、信号处理、遥控遥测、仪器仪表、广播电视等诸多领域。

PCM 系统的原理框图如图 2-20 所示。

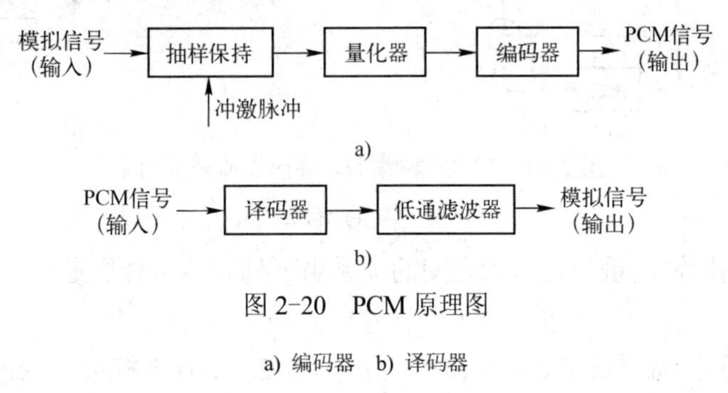

图 2-20　PCM 原理图

a) 编码器　b) 译码器

在编码器（见图 2-20a）中由冲激脉冲对模拟信号进行抽样，得到在抽样时刻上的信号抽样值，这个抽样值仍是模拟量。在它量化之初，通常用保持电路（holding circuit）将其作短暂保存，以便电路有时间对其进行量化。在实际电路中，常把抽样和保持电路做在一起，称为抽样保持电路。图中的量化器把模拟抽样信号变成离散的数字量，然后在编码器中进行二进制编码。这样每个二进制码组就代表一个量化后的信号抽样值。图 2-20b 中译码器的原理和编码器过程相反。

2.2.4　差分脉冲编码调制 DPCM

传统的 PCM 编码信号占用较大的带宽。事实上模拟信号是一个连续信号，后一个抽样值与前面一个或多个抽样值有关联，因此人们考虑到 PCM 的一个改进编码方法，叫预测编码（prediction coding）方法。本小节介绍的差分脉冲编码调制（Differential PCM，DPCM），简称差分脉码调制，是广泛应用的一种预测编码方法。

在预测编码中，每个抽样值不是独立编码，而是先根据前几个抽样值计算出一个预测值，再取当前抽样值和预测值之差，将此差值编码并传输，此差值称为预测误差。话音信号连续变化，其相邻抽样值之间有较强的相关性，即抽样值和其预测值非常接近，因此预测误差的可能取值范围比抽样值的变化范围小。所以，可以少用几位编码比特来对预测误差编码，从而降低其比特率。此预测误差的变化范围较小，降低了编码比特率。

若利用前面的几个抽样值的线性组合（linear combination）来预测当前的抽样值，则称为线性预测（linear prediction）。若仅用前面的一个抽样值预测当前的抽样值，则就是本小节讨论的 DPCM。

图 2-21 显示了线性预测编码、译码原理框图。编码器的输入为原始模拟信号 $f(t)$，它在时刻 kT 被抽样，抽样信号 $f(kT)$ 记为 f_k。此抽样信号和预测器输出的预测值 f_k' 之差为预测误差 e_k。此预测误差经过量化后得到量化预测误差 I_k，I_k 除了送到编码器编码并输出外，还用于更新预测值。它和原预测值 f_k' 相加，构成预测器新的输入 f_k^*。为了说明这个 f_k^* 的意义，这里暂时假定量化器的量化误差为零，即 $e_k = I_k$。

$$f_k^* = I_k + f_k' = e_k + f_k' = (f_k - f_k') + f_k' = f_k$$

故可以把 f_k^* 看作是带有量化误差的抽样信号 f_k。

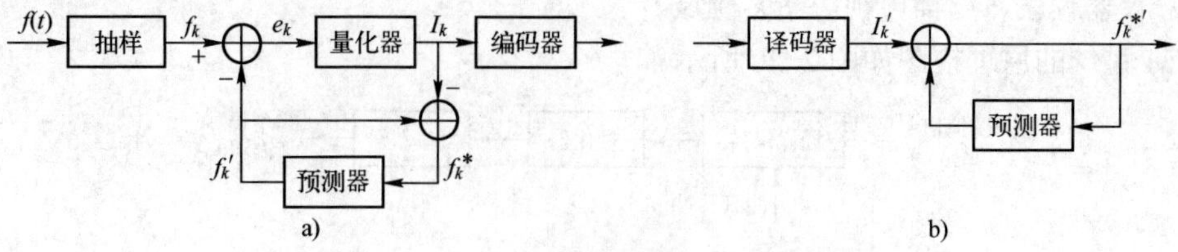

图 2-21 线性预测编码、译码器原理框图

a) 编码器 b) 译码器

图 2-21 中预测器输出量与输入量之间的关系由下列线性组合决定：

$$f_k' = a_1 f_{k-1}^{\ *} + a_2 f_{k-2}^{\ *} + \cdots + a_p f_{k-p}^{\ *}$$

其中，p 为预测阶数（prediction order），$a_i\left(i=1,2,\cdots,p\right)$ 为权重（weights）。

2.3 数字基带信号及其常见编码

数字信息可直接用数字代码序列表示和传送，但在实际传输中要考虑系统的要求和信道情况，一般需要进行不同形式的编码，并选用一组取值有限的离散波形来表示。这些波形可以是未经调制的数字信号，也可以是调制后的数字信号。未经调制的数字信号所占据的频谱是从零频或很低频率开始，称为数字基带信号（Digital Baseband Signal）。在低通有线信道中，特别是在传输距离不太远的情况下，基带信号可以不通过载波调制而直接进行传输。例如，在计算机局域网中直接传输基带脉冲。

2.3.1 数字基带信号波形

计算机中的信息是以一串“0”和“1”组成的数字代码表示，在实际传输中，为了匹配信道的特性以获得令人满意的传输效果，需要选择不同的传输波形来表示“0”和“1”，基本的基带信号波形如图 2-22 所示。

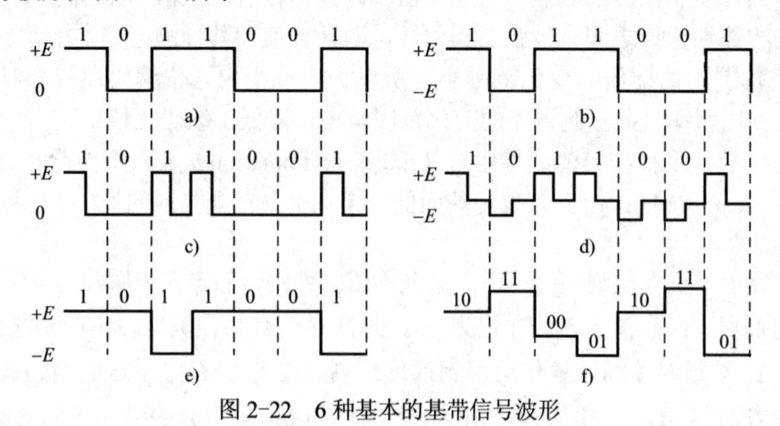

图 2-22 6 种基本的基带信号波形

a) 单极性波形 b) 双极性波形 c) 单极性归零波形 d) 双极性归零波形 e) 差分波形 f) 多电平波形

1. 单极性波形

单极性波形是一种最简单的基带信号波形。它用正电平和零电平分别表示“1”和

“0”，如图 2-22a 所示。该波形不适合有交流耦合的远距离传输，只适合计算机内部或极近距离的传输。

2. 双极性波形

双极性波形采用正、负脉冲分别表示“1”和“0”，如图 2-22b 所示。该波形不受信道特性变化的影响，抗干扰能力较强，EIA 制定的 RS-232C 接口标准均采用该波形。

3. 单极性归零波形

该波形的有电脉冲（如“1”）的宽度小于码元宽度 T_s，即信号电压在任一码元终止时刻前总要回到零，如图 2-22c 所示。从单极性归零波形可以直接提取定时信息，它是其他码型提取位同步信息时常采用的一种过渡波形。上面的单极性波形和双极性波形属于非归零（Nonreturn- To-Zero, NRZ）波形。

4. 双极性归零波形

双极性归零波形如图 2-22d 所示，兼有双极性和归零波形的特点。“1”从正电平回到零电平，“0”从负电平回到零电平。由于其相邻脉冲之间存在零电位的间隔，使得接收端很容易识别每个码元的终止时刻，从而使收发双方保持正确的位同步。

5. 差分波形

差分波形用相邻码元的电平的跳变和不变来表示信息代码，而与码元本身的电位或极性无关，以电平跳变表示“1”，以电平不变表示“0”，如图 2-22e 所示。用差分波形传送代码可以消除设备初始状态的影响，特别是在相位调制系统中（见 2.4.3 和 2.4.4 节）可用于解决载波相位模糊问题。

6. 多电平波形

前面 5 种波形的电平取值只有两种“0”或“1”，或一个码对应于一个脉冲。为了提高频带利用率，可以采用多电平波形或多值波形。如图 2-22f 给出了一个四级电平波形 2B1Q（两个比特用四级电平中一组表示），其中“11”对应+3E，“10”对应+E，“01”对应-E，“01”对应-3E。由于多电平波形的一个脉冲对应多个二进制码，在波特率相同（传输带宽相同）的条件下，多电平波形在频带受限的高速数据传输系统中得到广泛应用。

2.3.2 基带传输常用码型

1. AMI 码

AMI 码的全称是传号交替反转码（Alternative Mark Inversion），其编码规则是将消息码的“1”（传号）交替地变换为“+1”和“-1”，而“0”（空号）保持不变。

消息码：　1　　1　0　0　1　0　　1…

AMI 码：-1　　+1　0　0　-1　0　+1…

AMI 码对应的波形是具有正、负、零 3 种电平的脉冲序列。它可以看成是单极性波形的变形，即“0”仍对应零电平，而“1”交替对应正、负电平。其波形如图 2-23b 所示。AMI 码没有直流成分，高、低频分量少，能量集中在频率为 1/2 码速处，利用传号极性交替这一规律观察误码情况，这些优点使 AMI 码成为较常用的传输码型之一。

2. 曼彻斯特（Manchester）码

曼彻斯特码也称为双相码。它用一个周期的正负对称方波表示“0”，而用其反相波形表示“1”。编码规则之一是“0”码用“01”两位码表示，“1”码用“10”两位码表示。

消息码：　　　1　　1　　0　　0　　1　　0　　1

曼彻斯特码：　10　　10　　01　　01　　10　　01　　10

曼彻斯特码是种双极性 NRZ 波形，只有极性相反的两个电平。它在每个码元间隔的中心点都存在电平跳变，所以含有丰富的位定时信息，且没有直流分量，编码过程简单。缺点是占用带宽加倍，使频带利用率降低。

曼彻斯特码适用于数据终端设备近距离传输，局域网常采用该码作为传输码型。

3. 差分双相码

为了解决曼彻斯特码因极性反转而引起的译码错误，可以采用差分码的概念。曼彻斯特是利用每个码元持续时间中间的电平跳变进行同步和信码表示（由负到正的跳变表示“0”，由正到负的跳变表示“1”）。而在差分双相码编码中，每个码元中间的电平跳变用于同步，而每个码元的开始处用额外的跳变用来确定信码。有跳变则表示“1”，无跳变则表示“0”。该码常用于局域网中通信中。

4. 密勒（Miller）码

密勒码也称为延迟调制码，它是曼彻斯特码的一种变形。它的编码规则如下：“1”码用码元中心点出现跃变来表示，即用“10”或“01”表示。“0”码有两种情况：单个“0”时，在码元持续时间内不出现电平跳变，且与相邻码元的边界处也不跃变；连续“0”时，在两个“0”码的边界处出现电平跃变，即“00”与“11”交替。

如图 2-23c 和图 2-23d 所示为代码序列为 11010010 时，曼彻斯特码和密勒码的波形。由图 2-23b 可见，若两个“1”码中间有一个“0”码时，密勒码流中出现最大宽度为 $2T_s$ 的波形，即两个码元周期，该性质可用于宏观检错。密勒码最初用于气象卫星和磁记录，现在也用于低速基带数传机中。

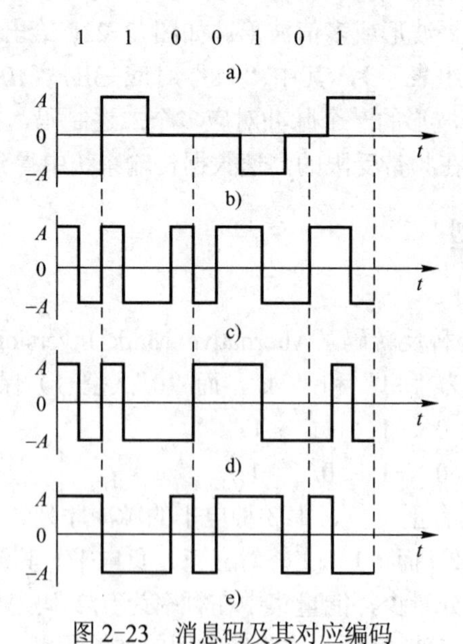

图 2-23　消息码及其对应编码

a) 消息码　b) AMI 码　c) 曼彻斯特码　d) 密勒码　e) CMI 码

5. CMI 码

CMI（Coded Mark Inversion）码是传号反转码的简称，与曼彻斯特码类似，它也是一种双极性二电平码。其编码规则："1"码交替用"11"和"00"两位码表示；"0"码固定地用"01"表示，其波形如图 2-23e 所示。CMI 码已被 ITU-T 推荐为 PCM 四次群的接口码型，也用于速率低于 8.448 Mbit/s 的光缆传输系统中。

2.4 二进制数字调制方法

考虑到数字基带信号含有丰富的低频分量，因此对包括无线信道在内的大多数信道而言，因它们具有带通特性而不能直接传送基带信号。为此，需要用数字基带信号对载波进行调制，以便信号与信道的特性相匹配。把基带信号转换成带通信号（调制后的信号）的过程称为数字调制（Digital Modulation）。反之，接收端通过解调器把带通信号还原成基带信号的过程称为数字解调（Digital Demodulation）。

利用数字信号的离散取值特点通过开关键控载波，从而实现数字调制的方法称为键控法，按对载波的振幅、频率和相位进行键控，相应获得振幅键控（Amplitude Shift Keying, ASK）、频移键控（Frequency Shift Keying, FSK）和相移键控（Phase Shift Keying, PSK）3 种方式，如图 2-24 所示。

若调制信号是二进制数字基带信号，这种调制称为二进制数字调制，因载波的幅度、频率和相位只有两种变化，相应的调制方式有二进振幅键控（2ASK）、二进频移键控（2FSK）和二进相移键控（2PSK）。

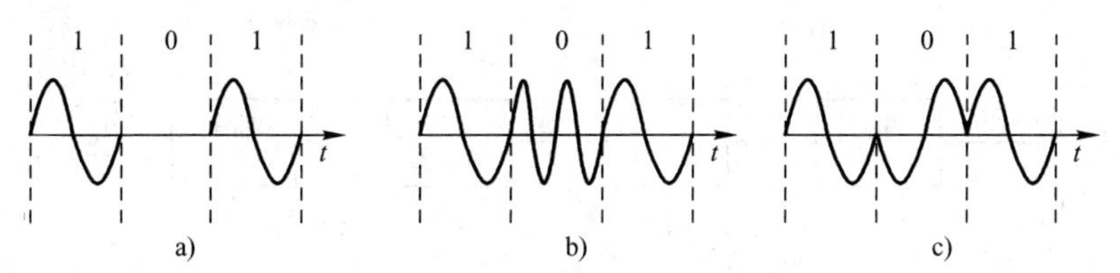

图 2-24 正弦载波的三种键控波形

a) 振幅键控（ASK） b) 频移键控（FSK） c) 相移键控（PSK）

2.4.1 振幅键控调制 ASK

振幅键控是利用载波的幅度变化来传递数字信息，而其频率和初始相位保持不变。在 2ASK 中，载波的幅度只有两种状态："0"或"1"。设载波信号为 $A\cos\omega_c t$，数字信号为 $s(t)$，其表达式为

$$s(t)=\sum_n a_n g(t-nT_s)$$

其中，T_s 为码元持续时间；$g(t)$ 为宽度为 T_s、高度为 1 的基带矩形脉冲波形；a_n 为 0 或 1。则 2ASK 信号表达式为

$$m_{2ASK}(t)=s(t)\cos\omega_c t$$

其波形如图 2-25 所示。

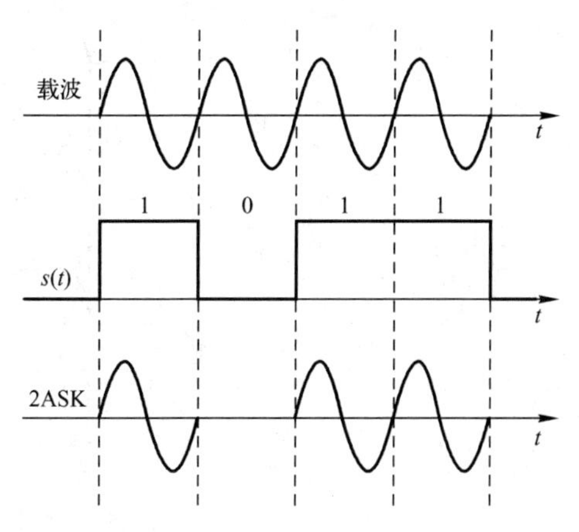

图 2-25 2ASK 信号时间波型

2ASK 信号的产生方法有两种：模拟调制法（相乘器法）和键控法，如图 2-26 所示。如图 2-26a 所示是模拟幅度调制方法，用乘法器实现；如图 2-26b 所示是一种数字键控法，其中开关电路受 $s(t)$ 控制。

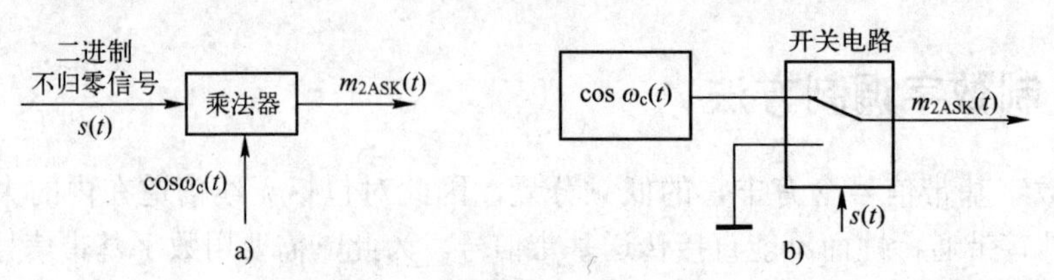

图 2-26　2ASK 信号调制原理图

a) 模拟调制法　b) 数字键控法

2ASK 信号有两种基本解调方法：非相干（noncoherent）解调（包络检波法）和相干（coherent）解调（同步检测法），相应系统组成如图 2-27 所示。2ASK 信号的非相干解调过程的时间波形如图 2-28 所示。

2ASK 不足之处是容易受到噪声影响，因为在传输过程中噪声电压容易由“0”改变为“1”，由“1”改变为“0”。现已较少使用。

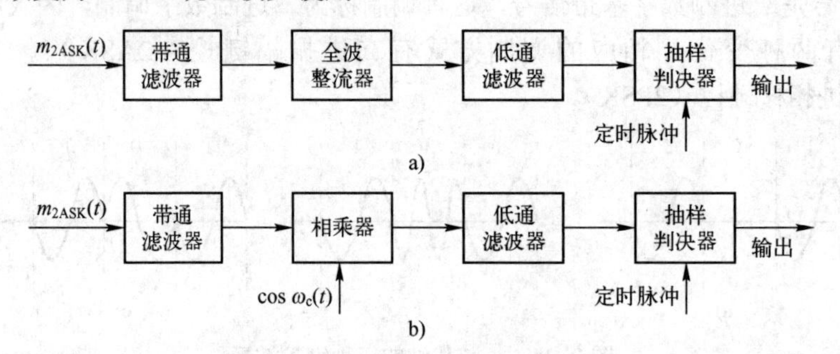

图 2-27　2ASK 信号的系统组成图

a) 非相干解调模型　b) 相干解调模型

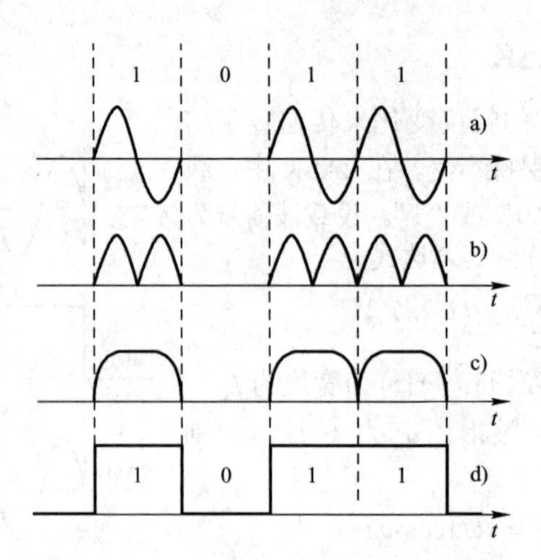

图 2-28　2ASK 信号非相干解调过程的时间波形

2.4.2 频移键控调制 2FSK

在 2FSK 调制方式中，载波的频率随二进制基带信号在两个频率间变化：发送“1”时，载波信号为 $A_1\cos(\omega_1 t+\theta_1)$；发送“0”时，载波信号为 $A_2\cos(\omega_2 t+\theta_2)$。因为在 FSK 中，幅值和相位不携带信息，故可令 $A_1=A_2=1$，$\theta_1=\theta_2=0$。

2FSK 信号的时域表达式为

$$m_{2FSK}(t)=\sum_n a_n g(t\ \ nT_n)\cos\omega_1 t+\sum_n(1-a_n)g(t-nT_n)\cos\omega_2 t$$

$$=s_1(t)\cos\omega_1 t+s_2(t)\cos\omega_2 t$$

式中，$g(t)$ 为宽度为 T_s、高度为 1 的矩形脉冲，a_n 取值“0”或“1”。

$$s_1(t)=\sum_n a_n g(t-nT_n)$$

$$s_2(t)=\sum_n(1-a_n)g(t-nT_n)$$

2FSK 典型波形如图 2-29 所示。

2FSK 在数字通信中应用广泛。国际电信联盟（ITU）建议在数据率低于 1200 bit/s 时采用 2FSK。该方式特别适合应用于衰落信道/随参信道（如短波无线电信道）的场合。

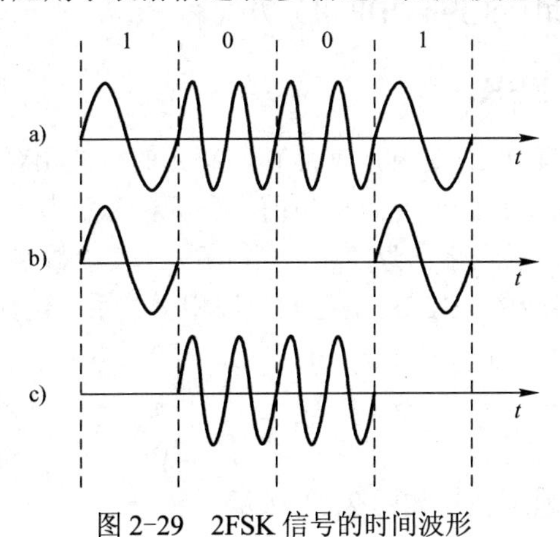

图 2-29 2FSK 信号的时间波形

a) 2FSK 信息 b) s_1(t)cos$\omega_1 t$ c) s_2(t)cos$\omega_2 t$

2.4.3 相移键控调制 2PSK

相移键控调制方式利用载波的相位变化来传递信息，而振幅和频率不带信息。在 2PSK 中，通常用初始相位 0 和 π 来表示二进制“1”和“0”。因此，2PSK 信号的时域表达式为

$$m_{2PSK}=A\cos(\omega t+\theta_n)$$

其中，θ_n 表示第 n 个符号的绝对相位：发送“0”时，$\theta_n=0$，发送“1”时，$\theta_n=\pi$。因此，当发送“0”时，上式改写为 $m_{2PSK}=\cos\omega t$；当发送“1”时，$m_{2PSK}=-\cos\omega t$。波形如图 2-30 所示。

由于表示信号的两种码元的波形相同，极性相反，故 2PSK 信号一般可以表述为一个双极性（biopolarity）全占空（100% duty ratio）矩形脉冲序列与一个正弦载波的乘积，即

$$m_{2PSK}(t)=s(t)\cos\omega t$$

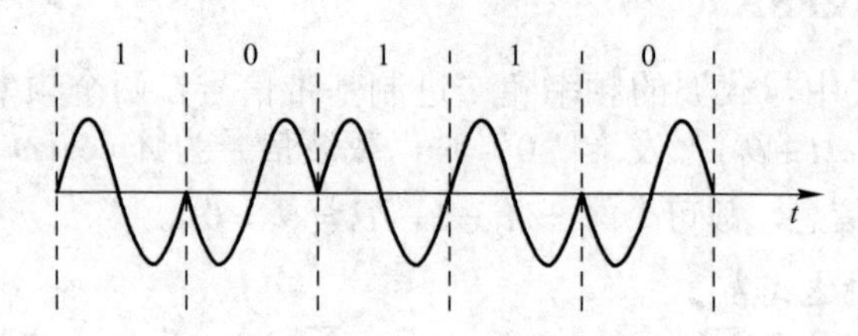

图 2-30　2PSK 信号的时间波形

$$s(t)=\sum_{n}a_{n}g(t-nT_{n})$$

其中，$g(t)$ 同前，$a_n=1$，发送“0”时；$a_n=-1$，发送“1”时。

由于在 2PSK 信号的载波恢复过程中存在着 180° 的相位模糊（phase ambiguity），即恢复的本地载波与所需的相干载波可能同相，也可能反相，这种相位关系的不确定性将会造成解调出的数字基带信号与发送的数字基带信号正好相反，即“1”变成“0”，“0”变成“1”，判决器输出数字信号全部出错，这种现象称为“倒”现象或“反相工作”。解决方法可以采用 2.4.4 节介绍的差分相移键控（2DPSK）方式。

2.4.4　差分相移键控 2DPSK

二进制差分相移键控 2DPSK 是利用前后相邻码元的载波相对相位变化传递数字信息，所以又称相对相移键控。令 $\Delta\theta$ 为当前码元与前一码元的载波相位差，数字信息与 $\Delta\theta$ 之间的关系定义为：用 $\Delta\theta=0$ 表示数字信息“0”；用 $\Delta\theta=\pi$ 表示数字信息“1”。于是，可以将一组二进制数字信息与其对应的 2DPSK 信号的载波相位关系示例如下。

二进制数字信息：		1	1	0	1	0	0	1	1	0
2DPSK 信号相位：	（0）	π	0	0	π	π	π	0	π	π
或	（π）	0	π	π	0	0	0	π	0	0

相应的 2DPSK 信号的典型波形如图 2-31 所示。

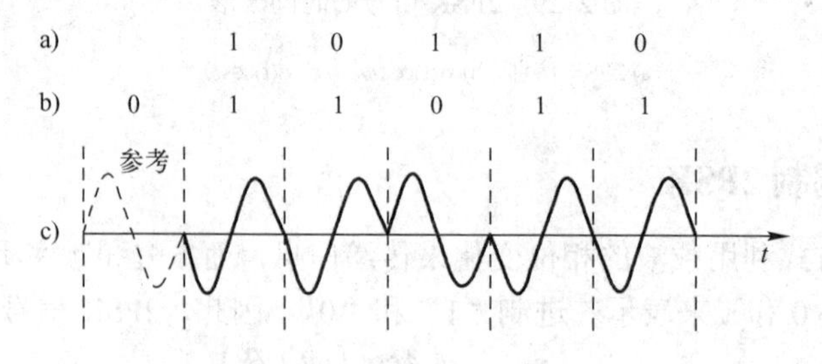

图 2-31　2DPSK 信号调制过程波形图

a) 绝对码　b) 相对码　c) 2DPSK

由此可知，对于相同的基带数字信息序列，由于序列初始码元的参考相位不同，2DPSK 信号的相位可以不同。或者说，2DPSK 信号的相位并不直接代表基带信号，而前后码元相对相位的差才是唯一决定信息的符号。

2.5 纠错编码

假设要传递 8 个信息{a, b, c, d, e, f, g, h}，用 3 位二进制表示如下：

a =（000），b =（001），c =（010），d =（011）

e =（100），f =（101），g =（110），h =（111）

如果要把"b =（001）"传送出去，若信道中出错，如第一位的 0 变成 1，接收方收到了（101）。这时接收方认为发送方发送的是"f"，而对出错毫无察觉。因此编码时需要考虑如何发现传送错误，甚至纠正错误。

在此先介绍两个简单编码方法：奇偶校验码、重复码。

1. 奇偶校验码

前面把"a, b, c, d, e, f, g, h"8 个信息编成 3 位二进制位，现在把每个编码后面增加 1 位，变成 4 位，使得每个编码中 1 的个数是偶数（也可以是奇数），即重新编码如下：

a =（0000），b =（0011），c =（0101），d =（0110）

e =（1001），f =（1010），g =（1100），h =（1111）

前 3 位是信息位，后 1 位是校验位，记为 H（4，1）。

于是，长为 4 的二元编码共有 2^4=16 个，其中，1 的个数为偶数的编码占一半，是有意义的信息，而另一半，即 1 的个数为奇数的 8 个编码（1000）、（0100）、…、（1011）是没有意义的，不代表任何信息。

这样编码可以发现 1 位出错，如发送 b =（0011）时，任何 1 位出错，接收方收到信息含 1 的个数都是奇数，如第 1 位出错，收到的信息是（1011）。但是接收方只知道出错，但不能确定是哪位出错，因为（0011）、（1111）、（1001）、（1010）有 1 位出错都可能收到（1011），当然接收方知道信息出错后可以要求对方重发。经过简单分析，大家可以知道这种简单编码不能发现两位出错。

2. 重复编码

在上述编码的基础上，让每个编码重复 3 次，如下所示。

a =（000|000|000），b =（001|001|001），c =（010|010|010），d =（011|011|011）

e =（100|100|100），f =（101|101|101），g =（110|110|110），h =（111|111|111）

重复编码方式可以发现 1 位或两位出错，但只能纠正 1 位出错。如，接收方收到信息（111110110），就会很快发现第 3 位出错，并很快确定发送方发送的信息是（110110110）。

长度为 9 的重复码效率很低，例如长度为 9 的编码信息为 512 个，但只有 8 个编码是有意义的，其余 504 个编码没有意义。本来传送 8 个信息只用 3 位即可，现在为了纠错，将它们重新进行纠错编码，每个信息要用 9 位，传送一个信息所花的开销为原来的 3 倍。

上述两种是较为简单的编码方法，说明了编码在通信纠错中的重要性。下面介绍两种稍为复杂的纠错编码方法。

2.5.1 汉明编码

这里以（7，4）汉明码为例，其信息位数 $k=4$，校验位数 $r=n-k=3$，可以纠一位错码，生成矩阵$G=\begin{bmatrix}1&0&0&0&1&1&1\\0&1&0&0&1&1&0\\0&0&1&0&1&0&1\\0&0&0&1&0&1&1\end{bmatrix}$（生成矩阵是由所有编码空间中一组基组成），编码情况见表2-2。

表2-2 （7，4） 汉明编码表

信息位	校验位	信息位	校验位
$a_6a_5a_4a_3$	$a_2a_1a_0$	$a_6a_5a_4a_3$	$a_2a_1a_0$
0000	000	1000	111
0001	011	1001	100
0010	101	1010	010
0011	110	1011	001
0100	110	1100	001
0101	101	1101	010
0110	011	1110	100
0111	000	1111	111

计算校验子$S=[S_1,S_2,S_3]$,其中

$$S_1=a_6\oplus a_5\oplus a_4\oplus a_2$$
$$S_2=a_6\oplus a_5\oplus a_3\oplus a_1$$
$$S_3=a_6\oplus a_4\oplus a_3\oplus a_0$$

S的值决定了接收码元中是否有错码，并且指出错码的位置，见表2-3。

表2-3 错码位置

$S_1S_2S_3$	错码位置	$S_1S_2S_3$	错码位置
001	a_0	101	a_4
010	a_1	110	a_5
100	a_2	111	a_6
011	a_3	000	无错

信息位$a_6a_5a_4a_3=1001$，根据表 2-2 汉明编码表，编码为1001100，如果在信道传输的过程中产生一位误码，编码接收时变为1101100，此时计算校验子:

$$S_1=a_6\oplus a_5\oplus a_4\oplus a_2=1$$
$$S_2=a_6\oplus a_5\oplus a_3\oplus a_1=1$$
$$S_3=a_6\oplus a_4\oplus a_3\oplus a_0=0$$

根据校验子$S=110$，对应表2-3确定a_5产生误码，则译码输出信息位1001。

2.5.2 循环码

循环码检、纠错能力较强，编码、解码设备简单。因其任一码组循环一位（将最右端的一个码元移至左端，或反之）以后，仍为该码中的一个码组而得名，如表 2-4 给出一种

（7，3）循环码的全部码组。在表中，第 4 码组向右移一位后即得第 6 码组；第 6 码组向右移一位后即得第 3 码组。

表 2-4　一种（7，3）循环码的全部码组

码组编号	信息位	校验位	码组编号	信息位	校验位
	$a_6a_5a_4$	$a_3a_2a_1a_0$		$a_6a_5a_4$	$a_3a_2a_1a_0$
1	000	000	5	100	1011
2	001	0111	6	101	1100
3	010	1110	7	110	0101
4	011	1001	8	111	0010

为了便于计算，考虑把码组中各码元当作一个多项式的系数，如把一个长度为 n 的码组表示成

$$T(x)=a_{n-1}x^{n-1}+a_{n-2}x^{n-2}+\cdots+a_1x+a_0$$

对（7，3）编码来说，任意一个码组可以表示为

$$T(x)=a_6x^6+a_5x^5+\cdots+a_1x+a_0$$

例如，表 2-4 中第 3 个码组可以表示为

$$T(x)=x^5+x^3+x^2+x$$

对这类多项式，这里不关心 x 的取值，其指数仅是码元位置的标记。例如上式表示第 3 码组中 a_5、a_3、a_2、a_1 为“1”，其余为“0”，这类多项式称为码多项式。

1. 编码方法

在编码时，首先要根据给定的 (n,k) 值选定生成多项式 $g(x)$，它是 x^n+1 的因子，且次数为 $n-k$。如对 $n=7$，取 $g(x)=x^4+x^2+x+1$。

根据“所有码多项式 $T(x)$ 均可以被 $g(x)$ 整除”的原则，我们可以对给定信息位进行编码：设 $m(x)$ 为信息码多项式，其次数小于 k；用 x^{n-k} 乘 $m(x)$，得到多项式次数必定小于 n；用 $g(x)$ 除 $x^{n-k}\ m(x)$，得到余式 $r(x)$，$r(x)$ 的次数必定小于 $g(x)$ 的次数，即小于 $n-k$；将此余式 $r(x)$ 加于信息位之后作为校验位，即将 $r(x)$ 和 $x^{n-k}\ m(x)$ 相加，得到的多项式必定是一个码多项式。因此，它必定能被 $g(x)$ 整除，且商的次数不大于 $k-1$。

根据以上分析，编码步骤分解如下：

1）用 x^{n-k} 乘 $m(x)$。相乘本质是在信息码后附加 $n-k$ 个“0”。如信息码 011，它相当于 $m(x)=x+1$。当 $n-k=7-3=4$ 时，$x^{n-k}m(x)=x^4(x+1)=x^5+x^4$，相当于 0110000。

2）用 $g(x)$ 除 $x^{n-k}\ m(x)$，得商 $q(x)$ 和余式 $r(x)$，即

$$\frac{x^{n-k}m(x)}{g(x)}=q(x)+\frac{r(x)}{g(x)}$$

对上述信息码 011 来说，

$$\frac{x^{n-k}m(x)}{g(x)}=\frac{x^5+x^4}{x^4+x^2+x+1}=x+1+\frac{x^3+1}{g(x)}$$

相当于

$$\frac{0110000}{10111} = 011 + \frac{1001}{10111}$$

3）码组 $T(x) = x^{n-k}m(x) + r(x)$ 在本例中为 $T(x)$ =0110000+1001=0111001，对应表 2-4 中的第 4 码组。

2. 解码方法

接收方解码的要求有两个：检错和纠错。达到检错目的的解码原理十分简单。由于任意一个码组多项式 $T(x)$ 都应该能被生成多项式 $g(x)$ 整除，所以接收方可以将接收码组 $G(x)$ 用 $g(x)$ 去除。当传输中未发生错误时，接收码组与发送码组相同，即 $G(x) = T(x)$，故接收码组 $G(x)$ 必定能被 $g(x)$ 整除；否则肯定码组在传输中发生错误。

需要指出的是，有错误的接收码组也可能被 $g(x)$ 整除，这类错误称为不可检错误。同时纠错比检错编码要复杂、困难得多。

2.6 实训项目

2.6.1 实训 1：抽样定理及其应用

● **实训目的**

1）通过对模拟信号抽样的实验，加深对抽样定理（抽样速率）的理解；

2）通过 PAM 调制实验，加深理解脉冲幅度调制的特点；

3）学习 PAM 调制硬件实现电路，掌握调整测试方法。

● **实训设备**

1）PAM 脉冲调幅模块，位号：H；

2）时钟与基带数据发生模块，位号：G；

3）20M 双踪示波器 1 台；

4）频率计 1 台；

5）小平口螺钉旋具 1 只；

6）信号连接线 3 根。

● **实训步骤**

1. 连接

1）插入有关实训模块。在关闭系统电源的条件下，将“时钟与基带数据发生模块”“PAM 脉冲幅度调制模块”，插到底板“G、H”号的位置插座上（具体位置可见底板右下角的“实验模块位置分布表”）。注意模块插头与底板插座的防呆口一致，模块位号与底板位号的一致。

2）信号线连接。用专用铆孔导线连接 P04、32P01，P05/P24、32P02，32P03、P14（注意连接铆孔的箭头指向，将输出铆孔连接输入铆孔）。

3）加电。打开系统电源开关，底板的电源指示灯正常显示。若电源指示灯显示不正常，应立即关闭电源，查找异常原因。

2．观察结果

1）输入模拟信号观察。模拟信号发生器产生的模拟信号送入抽样模块的 32P01 点，用示波器在 32P01 处观察，调节同步正弦波电位器 W04，使该点正弦信号幅度约 2V（峰-峰值）。

2）取样脉冲观察。示波器接在 32P02 上，当抽样脉冲选择 P05 测试点时，示波器显示 8 kHz 同步的抽样脉冲；当抽样脉冲选择 P24 测试点时，示波器显示非同步的抽样脉冲，其频率通过 W05 连续可调，脉宽通过 W07 连续可调。

3）取样信号观察。示波器接在 32TP01 上，可观察 PAM 取样信号，示波器接在 32P03 上，调节“PAM 脉冲幅度调制”上的 32W01 可改变 PAM 信号传输信道的特性，PAM 取样信号波形会发生改变。

4）取样恢复信号观察。PAM 解调用的低通滤波器电路（接收端滤波放大模块，信号从 P14 输入）共设有两组参数，其截止频率分别为 3 kHz、6 kHz。根据被抽样的信号频率，通过滑动开关 K04 选择，开关拨上面档位，选择截止频率为 6 kHz 的低通滤波器，否则为 3 kHz 的低通滤波器。

根据下面建议设计实验步骤，进行取样恢复信号观察实验。

① 选择同步正弦波为被抽样信号，选择 3 kHz 截止频率的低通滤波器，选择 8 kHz 的同步抽样时钟，用示波器观测各点波形，验证抽样定理，并做详细记录、绘图。注意，PAM 传输模块的 32TP01、32P03 测试点波形调节近似，即以不失真为准。

② 选择同步正弦波为被抽样信号，选择 3 kHz 截止频率的低通滤波器，选择频率可调的非同步抽样时钟。分别保持抽样时钟与模拟信号间的 $f_s<2f$，$f_s=2f$，$f_s>2f$ 频率关系，用示波器观测各点波形，验证 PAM 通信系统的性能，分析实验结果并做详细记录、绘图。

③ 通过喇叭从听觉上，对比原被抽样信号与 $f_s<2f$，$f_s=2f$，$f_s>2f$ 频率关系恢复的信号的差别，什么情况下最接近原声。

5）关机拆线。实验结束，关闭电源，拆除信号连线，并按要求放置好实验模块。

注：非同步函数信号在抽样时的波形在示波器上不容易形成稳定的波形，需耐心调节；若要观测稳定的波形可使用同步正弦波信号和同步抽样脉冲。

3．注意事项

最后强调说明：实际应用的抽样脉冲和信号恢复与理想情况有一定区别。实际应用中使信号恢复的滤波器不可能是理想的，所以实验时要求抽样脉冲的频率高于被抽样信号最高频率的 2 倍，同时脉冲要有一定的宽度（窄脉冲仅用于抽样观测，需要滤波恢复实验时脉冲的理想宽度为接近 50%）。否则，恢复出来的信号波形会有失真，幅度衰减严重。

由于 PAM 通信系统的抗干扰能力差，目前很少使用，它已被性能良好的脉冲编码调制（PCM）所取代。

2.6.2 实训 2：PCM 编码

● 实训目的

1）掌握 PCM 编译码原理与系统性能测试；

2）熟悉 PCM 编译码专用集成芯片的功能和使用方法；

3）学习 PCM 编译码器的硬件实现电路，掌握它的调整测试方法。

● **实训设备**

1）PCM/ADPCM 编译码模块，位号：H；

2）时钟与基带数据产生器模块，位号：G；

3）20M 双踪示波器 1 台；

4）低频信号源 1 台（选用）；

5）频率计 1 台（选用）；

6）信号连接线 3 根；

7）小平口螺钉旋具 1 只。

● **实训步骤**

1．准备阶段

1）插入有关实验模块。在关闭系统电源的条件下，将“时钟与基带数据发生模块”“PCM/ADPCM 编译码模块”插到底板“G、H”号的位置插座上（具体位置可见底板右下角的“实验模块位置分布表”）。注意模块插头与底板插座的防呆口一致，模块位号与底板位号的一致。

2）加电。打开系统电源开关，底板的电源指示灯正常显示。若电源指示灯显示不正常，应立即关闭电源，查找异常原因。

3）PCM 的编码时钟设定。“时钟与基带数据产生器模块”上的拨码器 4SW02 设置“01000”，则 PCM 的编码时钟为 64 kHz（后面将简写为拨码器 4SW02）。拨码器 4SW02 设置“01001”，则 PCM 的编码时钟为 128 kHz。

2．观察结果

1）时钟为 64 kHz，模拟信号为同步正弦波的 PCM 编码数据观察。

① 用专用铆孔导线将 P04、34P01，34P02、34P03 相连。

② 拨码器 4SW02 设置“01000”，则 PCM 的编码时钟为 64 kHz。

③ 双踪示波器探头分别接在测量点 34TP01 和 34P02，观察抽样脉冲及 PCM 编码数据。调节 W04 电位器，改变同步正弦波幅度，并仔细观察 PCM 编码数据的变化。特别注意观察，当无信号输入时或信号幅度为 0 时，PCM 编码器编码为 11010101 或为 01010101，并不是一般教材所讲授的编全 0 码。因为无信号输入时，或信号幅度为 0 经常出现，编全 0 码容易使系统失步。此时时钟为 64 kHz，一帧中只能容纳 1 路信号。

④ 双踪示波器探头分别接在 34P01 和 34P04，观察译码后的信号与输入模拟信号是否一致。

2）时钟为 128 kHz，模拟信号为同步正弦波的 PCM 编码数据观察。

上述信号连接不变，将拨码器 4SW02 设置“01001”，则 PCM 的编码时钟为 128 kHz。

双踪示波器探头分别接在测量点 34TP01 和 34P02，观察抽样脉冲及 PCM 编码数据。调节 W04 电位器，改变同步正弦波幅度，并仔细观察 PCM 编码数据的变化。注意，此时时钟为 128 kHz，一帧中能容纳两路信号。本 PCM 编码仅一路信号，故仅占用一帧中的一半时隙。用示波器观察 34P01 和 34P04 两点波形，比较译码后的信号与输入信号是否一致。

3）模拟信号为非同步正弦波的 PCM 编码数据观察。

改用非同步函数信号输入，分别改变输入模拟信号的幅度和频率，重复上述 1、2 步骤，观察非同步正弦波及 PCM 编码数据波形。注意，频率范围不能超过 4 kHz。此处由于非同步正弦波频率与抽样、编码时钟不同步，需仔细调节非同步正弦波频率才能在普通示波器上看到稳定的编码数据波形。

4）语音信号 PCM 编码、译码试听：将拨码器 4SW02 设置为“01111”，此时 PCM 编码时钟为 64 kHz；接收滤波器截止频率选择 3 kHz。

用专用导线将 P08（麦克风语音信号发送输出）与 34P05（模拟信号的输入）连接；34P04（译码输出的模拟信号）与 P14 连接，34P02（编码输出）与 34P03（译码输入）相连，并对着麦克风讲话，用扬声器试听，直观感受 PCM 编码译码的效果。

5）关机拆线。实验结束，关闭电源，拆除信号连线，并按要求放置好实验模块。

3. 注意事项

一路数字编码输出波形为 8 比特编码（一般为 7 个半码元波形，最后半个码元波形被芯片内部移位寄存器在装载下一路数据前复位时丢掉，可视为一个完整的码元），数据的速率由编译时钟决定，其中第一位为语音信号编码后的符号位，后 7 位为语音信号编码后的电平值。

2.6.3 实训 3：FSK（ASK）调制解调

● **实训目的**

1）掌握 FSK（ASK）调制器的工作原理及性能测试；

2）掌握 FSK（ASK）锁相解调器工作原理及性能测试；

3）学习 FSK（ASK）调制、解调硬件实现，掌握电路调整测试方法。

● **实训设备**

1）时钟与基带数据发生模块，位号：G；

2）FSK 调制模块，位号 A；

3）FSK 解调模块，位号 C；

4）噪声模块，位号 B；

5）20M 双踪示波器 1 台；

6）小平口螺钉旋具 1 只；

7）频率计 1 台（选用）；

8）信号连接线 3 根。

● **实训步骤**

1. 准备阶段

1）插入有关实验模块。在关闭系统电源的条件下，将“时钟与基带数据发生模块”“FSK 调制模块”“噪声模块”“FSK 解调模块”插到底板“G、A、B、C”号的位置插座上（具体位置可见底板右下角的“实验模块位置分布表”）。注意模块插头与底板插座的防呆口一致，模块位号与底板位号的一致。

2）信号线连接。用专用导线连接 4P01、16P01，16P02、3P01，3P02、17P01（注意连接铆孔的箭头指向，将输出铆孔连接输入铆孔）。

3）加电。打开系统电源开关，底板的电源指示灯正常显示。若电源指示灯显示不正常，请立即关闭电源，查找异常原因。

4）设置好跳线及开关。用短路块将 16K02 的 1-2、3-4 相连。拨码器 4SW02 设置为“00000”，4P01 产生 2 kHz 的 15 位 m 序列输出。

5）载波幅度调节。16W01：调节 32 kHz 载波幅度大小，调节峰-峰值 4 V。16W02：调节 16 kHz 载波幅度大小，调节峰-峰值 4 V。用示波器对比测量 16TP03、16TP04 两波形。

2. 观察结果

1）FSK 调制信号和已调信号波形观察。双踪示波器触发测量探头接 16P01，另一测量探头接 16P02，调节示波器使两波形同步，观察 FSK 调制信号和已调信号波形，记录实验数据。

2）噪声模块调节。调节 3W01，将 3TP01 噪声电平调为 0；调节 3W02，调整 3P02 信号幅度为 4 V。

3）FSK 解调参数调节。调节 17W01 电位器，使压控振荡器锁定在 32 kHz（16 kHz 行不行？），同时可用频率计监测 17TP02 信号频率。

4）无噪声 FSK 解调输出波形观察。调节 3W01，将 3TP01 噪声电平调为 0；双踪示波器触发测量探头接 16P01，另一测量探头接 17P02。同时观察 FSK 调制和解调输出信号波形，并作记录，并比较两者波形，正常情况，两者波形一致。如果不一致，可微调 17W01 电位器，使之达到一致。

5）加噪声 FSK 解调输出波形观察。调节 3W01 逐步增加调制信号的噪声电平大小，看是否还能正确解调出基带信号。

6）关机拆线。实验结束，关闭电源，拆除信号连线，并按要求放置好实验模块。

3. 注意事项

由于本实验中载波频率为 16 kHz、32 kHz，所以被调制基带信号的码元速率不要超过 4 kHz。

2.6.4 实训 4：PSK（DPSK）调制解调

● **实训目的**

1）掌握二相绝对码与相对码的码变换方法；

2）掌握二相相位键控调制解调的工作原理及性能测试；

3）学习二相相位调制、解调硬件实现，掌握电路调整测试方法。

● **实训设备**

1）时钟与基带数据发生模块，位号：G；

2）PSK 调制模块，位号 A；

3）PSK 解调模块，位号 C；

4）噪声模块，位号 B；

5）复接/解复接、同步技术模块，位号 I；

6）20M 双踪示波器 1 台；

7）小平口螺钉旋具 1 只；

8）频率计 1 台（选用）；

9）信号连接线 4 根。

● **实训步骤**

1. 准备阶段

1）插入有关实验模块。在关闭系统电源的条件下，将“时钟与基带数据发生模块”

"PSK 调制模块""噪声模块""PSK 解调模块""同步提取模块"，插到底板"G、A、B、C、I"号的位置插座上（具体位置可见底板右下角的"实验模块位置分布表"）。注意模块插头与底板插座的防呆口一致，模块位号与底板位号的一致。

2）PSK、DPSK 信号线连接。绝对码调制时的连接（PSK）：用专用导线连接 4P01、37P01，37P02、3P01，3P02、38P01。

相对码调制时的连接（DPSK）：用专用导线连接 4P03、37P01，37P02、3P01，3P02、38P01，38P02、39P01。

注意连接铆孔的箭头指向，将输出铆孔连接输入铆孔。

3）加电。打开系统电源开关，底板的电源指示灯正常显示。若电源指示灯显示不正常，应立即关闭电源，查找异常原因。

4）带输入信号码型设置。拨码器 4SW02 设置为"00001"，4P01 产生 32 kHz 的 15 位 m 序列输出；4P03 输出为 4P01 波形的相对码。

5）线开关设置。跳线开关 37K02 1 和 2、3 和 4 相连。

6）载波幅度调节。37W01：调节 0 相载波幅度大小，使 37TP02 峰-峰值为 2～4 V（用示波器观测 37TP02 的幅度，载波幅度不宜过大，否则会引起波形失真）；37W02：调节π相载波幅度大小，使 37TP03 峰-峰值为 2～4 V（用示波器观测 37TP03 的幅度）。

2．观察结果

1）相位调制信号观察。

① PSK 调制信号观察：双踪示波器，触发测量探头测试 4P01 点，另一测量探头测试 37P02，调节示波器使两波形同步，观察 BPSK 调制输出波形，记录实验数据。

② DPSK 调制信号观察：双踪示波器，触发测量探头测试 4P03 点，另一测量探头测试 37P02，调节示波器使两波形同步，观察 DPSK 调制输出波形，记录实验数据。

2）噪声模块调节。调节 3W01，将 3TP01 噪声电平调为 0；调节 3W02，使 3P02 信号峰-峰值为 2～4 V。

3）PSK 解调参数调节。调节 38W01 电位器，使压控振荡器工作在 2048 kHz，同时可用频率计监测 38TP01 点。注意观察 38TP02 和 38TP03 两测量点波形的相位关系。

4）相位解调信号观测。

① PSK 调制方式。观察并记录 38P02 点 PSK 解调输出波形，同时观察 PSK 调制端 37P01 的基带信号，以两者波形相近为准（可能反向，如果波形不一致，可微调 38W01）。

② DPSK 调制方式。把"同步提取模块"的拨码器 39SW01 设置为"0010"。

观察 38P02 和 37P01 两测试点，比较两相对码波形，观察是否存在反向问题；观察 39P07 和 4P01 的两测试点，比较两绝对码波形，观察是否还存在反向问题，并记录。

5）加入噪声相位解调信号观测。调节 3W01 逐步增加调制信号的噪声电平大小，看是否还能正确解调出基带信号。

6）关机拆线。实验结束，关闭电源，拆除信号连线，并按要求放置好实验模块。

2.6.5 实训 5：眼图观察测量

● **实训目的**

学会观察眼图及其分析方法，调整传输滤波器特性。

● **实训设备**

1）时钟与基带数据发生模块，位号：G；

2）PSK 调制模块，位号 A；

3）噪声模块，位号 B；

4）PSK 解调模块，位号 C；

5）复接/解复接、同步技术模块，位号：I；

6）20M 双踪示波器 1 台。

● **实训步骤**

1．准备阶段

1）插入有关实验模块。在关闭系统电源的条件下，将“时钟与基带数据发生模块”“PSK 调制模块”“噪声模块”“PSK 解调模块”，插到底板“G、A、B、C”号的位置插座上（具体位置可见底板右下角的“实验模块位置分布表”）。注意模块插头与底板插座的防呆口一致，模块位号与底板位号一致。

2）BPSK 信号线连接。用专用导线连接 4P01、37P01，37P02、3P01，3P02、38P01，38P02、P16（底板右边“眼图观察电路”）。注意连接铆孔的箭头指向，将输出铆孔连接输入铆孔。

3）加电。打开系统电源开关，底板的电源指示灯正常显示。若电源指示灯显示不正常，应立即关闭电源，查找异常原因。

4）跳线开关设置。“PSK 调制模块”跳线开关 37K02 的 1 和 2、3 和 4 相连。把“时钟与基带数据发生模块”的拨码器 4SW02 设置为“00001 “，4P01 产生 32Kb/s 的 15 位 m 序列输出。

2．观察结果

1）无噪声眼图波形观察。

① 噪声模块调节：调节 3W01，将 3TP01 噪声电平调为 0。

② 调节 3W02，调整 3P02 信号幅度为 4 V。

③ 调整好 PSK 调制解调电路状态，即 37P01 与 38P02 波形一致（可以反相），若不一致，可调整 38W01 电位器。

④ 调整接收滤波器 $H_r(\omega)$（这里可视为整个信道传输滤波器 $H(\omega)$）的特性，使之构成一个等效的理想低通滤波器。

⑤ 用示波器的一根探头 CH1 放在 4P02（码元时钟）上，另一根探头 CH2 放在 P17（数字基带信号的升余弦波）上，选择示波器触发方式为 CH1，调整示波器的扫描旋钮，则可观察到若干个并排的眼图波形。眼图上面的一根水平线由连 1 码引起的持续正电平产生，下面一根水平线由连 0 码引起的持续负电平产生，中间部分过零点波形由 1、0 交替码产生。

观看眼图，调整电位器 W06 直到眼图波形的过零点位置重合、线条细且清晰，此时的眼图为无码间串扰、无噪声时的眼图。在调整电位器 W06 过程中，可发现眼图波形过零点线条有些弥散，此时的眼图为有码间串扰、无噪声时的眼图，并且线条越弥散，表示码间串扰越大；在调整过程中，还可发现 W06 在多个不同位置，眼图波形的过零点都重合，由于 W06 不同位置，对应 $H(\omega)$ 的不同特性，它正好验证了无码间串扰传输特性不是唯一的。

2）有噪声眼图波形观察。调节 3W01，增加噪声电平。因为噪声的影响，PSK 解调输出的基带信号中将出现干扰的毛刺信号（实为电平毛刺，在后续再生信号中容易引起判决错误，出现误码），此时的眼图线条变粗、变模糊并且呈毛刺状。噪声越大，线条越粗，越模糊。

另外，噪声也可直接与基带眼图信号混合，然后观测眼图。此时用专用导线将 4P01 与 P16 及 P17 与 3P01 相连。即将基带眼图信号直接接入“噪声模块”，调节 3W01，增加噪声电平，此时需在 3P02 铆孔观测眼图波形。

3）关机拆线。实验结束，关闭电源，拆除信号连线，并按要求放置好实验模块。

注：本实验电路要求输入的基带信号速率为 32 Kbit/s。

2.6.6 实训 6：汉明码编译码及纠错能力验证

- **实训目的**

1）学习汉明码编译码的基本概念。

2）掌握汉明码的编译码方法。

3）验证汉明码的纠错能力。

- **实训设备**

1）汉明、交织、循环编码模块，位号：D；

2）汉明、交织、循环码传输模块，位号：E；

3）汉明、交织、循环译码模块，位号：F；

4）时钟与基带数据产生器模块，位号 G；

5）20M 双踪示波器 1 台；

6）信号连接线 3 根。

- **实训步骤**

1. 准备阶段

1）插入有关实验模块。在关闭系统电源的条件下，将汉明、交织、循环编码模块，汉明、交织、循环传输模块，汉明、交织、循环译码模块，时钟与基带数据产生器模块，分别插到底板插座上（位号为 D、E、F、G）。（具体位置可见底板右下角的“实验模块位置分布表”）。注意模块插头与底板插座的防呆口一致，模块位号与底板位号的一致。

2）信号线连接。用专用导线连接 23P01、25P02。注意连接铆孔箭头指向，将输出铆孔连接输入铆孔。

3）加电。打开系统电源开关，底板的电源指示灯正常显示。若电源指示灯显示不正常，应立即关闭电源，查找异常原因。

2. 纠错验证

1）编码模块设置。选择汉明码编码功能和拨码器数据，设置 4 位数据（如 0001）。

2）信道误码设置。编码数据为七位数据和插入的 0 码：$a_7a_6a_5a_4a_3a_2a_1a_0$。$(7,4)$ 汉明码，信息位数 $k=4$，监督位数 $r=n-k=3$，可以纠一位错码。实验时，从无误码到两位误码连续设置，记录相关数据和波形，注意最后插入的一位 0 比特数据无效。

3）译码模块设置。选择汉明码译码类型，验证分析汉明码的规则及纠错能力。

4）验证分析汉明码的规则及纠错能力。改变编码端基带数据组合，改变错码位和个数，验证分析汉明码的规则及纠错能力。

5）关机拆线。实验结束，关闭电源，拆除信号连线，并按要求放置好实验模块。

第3章　RFID 通信技术应用

导学

在本章中，读者将通过家校通系统学习：

● RFID 系统的规划、设计与实施；

● RFID 系统的优化。

实训中能够通过安装部署与优化家校通 RFID 实训系统，掌握 RFID 技术的应用特性、现场测试、工程实施等内容。

实施 RFID 系统是一个复杂的过程，这一过程大体上可分为 RFID 系统规划、RFID 系统设计、RFID 系统实施和 RFID 系统优化。本章主要围绕家校通实例来讨论 RFID 系统规划、设计、实施的策略和方法。

3.1　家校通系统介绍

3.1.1　家校通系统应用背景

如何更简便、有效、快捷地加强中小学学校与家长之间的信息沟通，让家长及时、准确了解孩子在学校的各种情况，让学校、班主任及时、准确了解学生回家以后的生活、学习情况，一直是社会、学校、家庭普遍关注和着力解决的问题。

学校和家长均希望了解：

● 孩子安全情况（是否安全到校、离校等）；

● 孩子出勤情况（是否准时到校、离校，有无迟到、早退等）；

● 孩子所处教室的实时环境情况（温湿度、二氧化碳浓度、光照度等）。

为改善以上问题，形成社会、学校、家庭三位一体齐抓共管学生安全教育的局面，采用射频识别系统产品，开发设计了一套具有普遍适用性、符合中国国情的“学生进出校园自动识别管理系统”。

系统把 RFID 射频识别技术、计算机网络技术、无线通信技术和自动控制技术等技术有机结合，能实时记录学生进出校门时间，有效防止学生上课期间随意出校，实现对人员管理的高度自动化和科学性，从而使学校与学生家长之间形成沟通与共管的局面。

3.1.2　家校通系统架构

针对校园人员管理系统的建设要求，实际的家校通系统设计由数据中心、读写器、学生卡、校门内外侧触发器、后台管理系统和短信平台组成。

在校园门口内侧、外侧需要触发标签的区域安装一定数量的触发器，触发器的数量由所需覆盖的范围和定位精度决定。

将读写器通过 485 线缆连接前置机（工控机），前置机通过以太网或者无线网络连接到后台系统服务器。

将学生卡分配给学生，“卡”与“人”之间建立一一对应关系。

学生经过校门时，读写器采集到学生卡信息，上传至前置机，前置机进行数据采集和整理后发送至后台系统服务器，后台服务器连接短信平台发送短信至家长手机。如图 3-1 所示为上海秀派电子科技有限公司的家校通方案示意图。

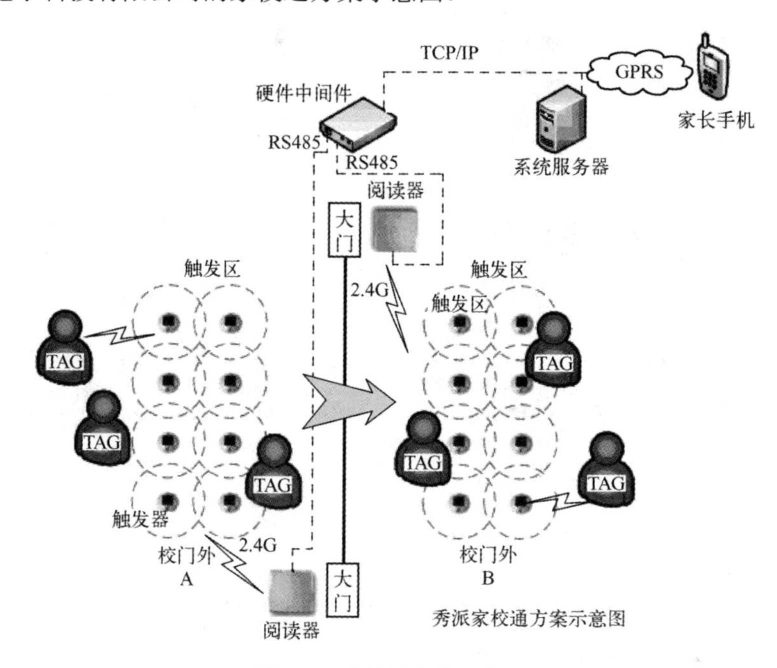

图 3-1　家校通方案示意图

学生进出校门时必须带卡。进校时，首先进入校门外触发区，标签开始工作发出射频，读写器读取到标签信息后上传数据，标签离开校门外触发区时停止工作。当学生通过校门，到达校门内触发区，标签再次工作，又被读写器读取到。

硬件中间件在接收到数据后进行数据处理，判断标签是进校、离校或者是无法判断。然后通过 TCP/IP 方式发送给相应的后台管理系统，由后台管理系统控制的短信平台给该学生家长发送短信。

离校的情况和进校过程类似。

3.1.3　家校通系统工作原理

家校通实训系统对实际的家校通系统进行了一定的改造，以更适应实训的需求，从而帮助读者更深入地了解与学习相关通信技术。

每个学生身上携带一张 UHF 电子标签，每张卡号是唯一的，也是每个学生的身份标识。校门口装有 UHF 读写器，学生出入校门时，卡无需取出，读写器自动读卡，将数据通过不同的通信方式传给本地服务器，也可通过远程传输传至远程服务器。并可将学生到校情况通过路由无线 WiFi 及时推送到家长手机，以便让家长实时知悉学生的情况。对于低年级学生，每位学生家长配一张 HF 电子标签。当家长接、送孩子上下学，均需要在门口保安处刷一下 HF 电子标签，以便校方实时获得当前情况。

3.1.4 家校通实训系统组成

家校通实训系统一共由四大部分组成：信息采集、信息传输、信息处理与信息展示，总体组成如图 3-2 所示。

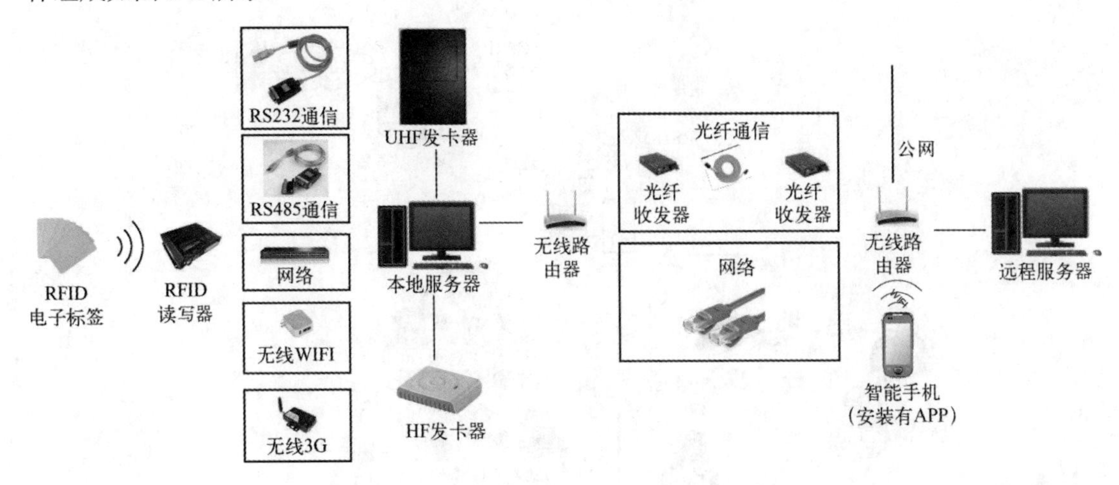

图 3-2　家校通系统组成

1. 信息采集部分

信息采集主要包括两个部分：RFID 信息采集和环境信息采集。

RFID 信息采集主要由 UHF 电子标签、UHF 读写器、TPC 屏、12 V 开关电源、24 V 开关电源、信息采集软件等组成，如图 3-3 所示。环境信息采集将在第 6 章详细介绍。

2. 信息传输部分

信息传输部分，分为本地传输和远程传输，如图 3-4 所示。

本地传输部分主要包括 RS232 串口线、RS485 串口线、交换机、路由器、3G 模块等；远程传输部分主要包括 3G 模块、光纤收发器等。

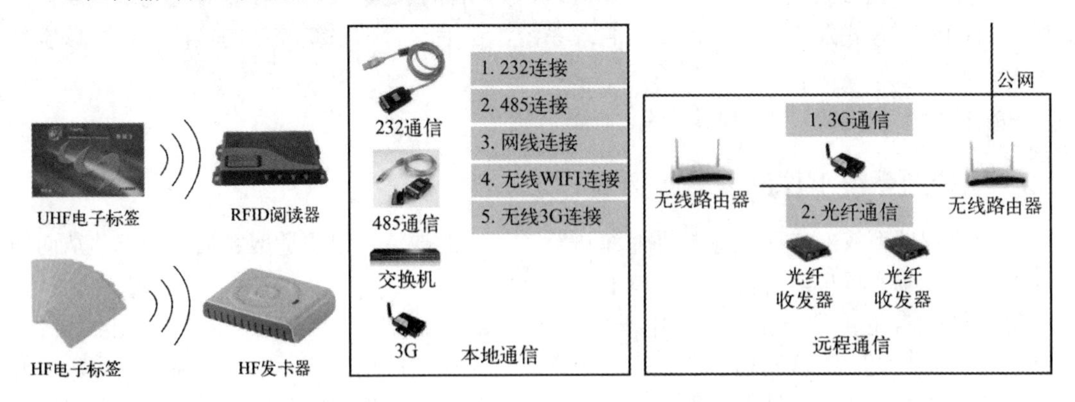

图 3-3　信息采集　　　　图 3-4　信息传输

3. 信息处理部分

信息处理部分主要包括：本地服务器、远程服务器、智能手机等，如图 3-5 所示。

本地服务器可以根据 UHF 读写器的通信方式进行相应的软件选择，界面有相应的通信指示灯显示，以供实时查看通信状态。当选择远程通信时，可以控制本地服务器和远程服务器通信指示灯，根据是光纤通信还是 3G 通信控制不同的指示灯循环点亮，控制遵循 Modbus 协议。

本地服务器对于 UHF 读写器的通信选择，备选项有 RS232 通信、网线通信、WiFi 通信、3G 通信。

- RS232 通信中，用户可以根据需要设置的选项如下。

串口号；

波特率，选项包括 1200、2400、4800、9600、19200、38400、56000、57600、115200；

检验位，选项包括 NONE、ODD、EVEN；

数据位，选项包括 6、7、8；

停止位，选项包括 1、2。

- 网线通信中，用户可以根据需要设置的选项如下。

协议类型： TCP 服务器、TCP 客户端；

IP 地址；

端口号。

其中，IP 地址、端口号可以根据协议的不同自动切换。

当选择 TCP 服务器时，需要输入本地 IP 地址、本地端口号。

当选择 TCP 客户端时，需要输入服务器 IP 地址、服务器端口号。

- WiFi 通信中，用户可以根据需要设置本地 IP 地址、本地端口号；
- 3G 通信中，用户可以根据需要设置本地 IP 地址、本地端口号。

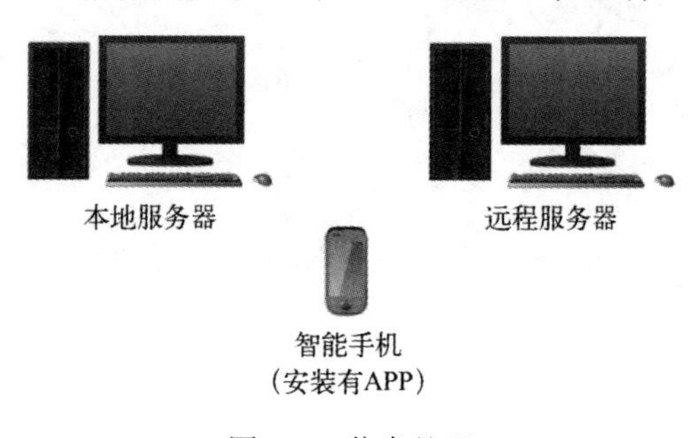

图 3-5　信息处理

系统有两种服务模式，一种是只有本地服务器，另一种是本地和远程服务器同时工作。

（1）系统的服务模式一（只有本地服务器）

- 本地服务器连接各种读标签的读写器，学生使用 UHF 卡：与 UHF 发卡器对接（UHF 发卡器通过 USB 数据线连接）；家长使用 HF 卡：与 HF 发卡器对接（HF 发卡器通过 USB 数据线连接）；
- 学生上学、放学：与 UHF 读写器对接，并可以对读写器传过来的数据进行解析；

- 数据管理：支持学生信息导出记录，支持 EXCEL 格式；
- 统计报表：如某个班级一周的出勤记录；
- 查询：姓名，时间段+班级；
- 手机 APP 信息推送：卡号、卡号对应的学生的姓名，实时显示何时到校；何时离校；查询姓名，时间段+班级；

（2）系统的服务模式二（本地+远程服务器）

- 本地服务器连接各种读标签的读写器，学生使用 UHF 卡：与 UHF 发卡器对接（UHF 发卡器通过 USB 数据线连接）；家长使用 HF 卡：与 HF 发卡器对接（HF 发卡器通过 USB 数据线连接）；学生上学、放学：与 UHF 读写器对接，并可以根据读写器传过来的数据进行解析；
- 远程服务器家校通软件功能：数据管理，支持学生信息导出记录，支持 EXCEL 格式；
- 统计报表：如某个班级一周的出勤记录；
- 查询：姓名，时间段+班级；
- 手机 APP 信息推送：卡号、卡号对应的学生的姓名，实时显示何时到校；何时离校；查询姓名，时间段+班级；

4. 信息展示部分

信息展示部分，主要是通过沙盘展示系统内的信息通信过程，如图 3-6 所示，沙盘供电，指示灯亮起，指示家校通系统内部信息的流向。

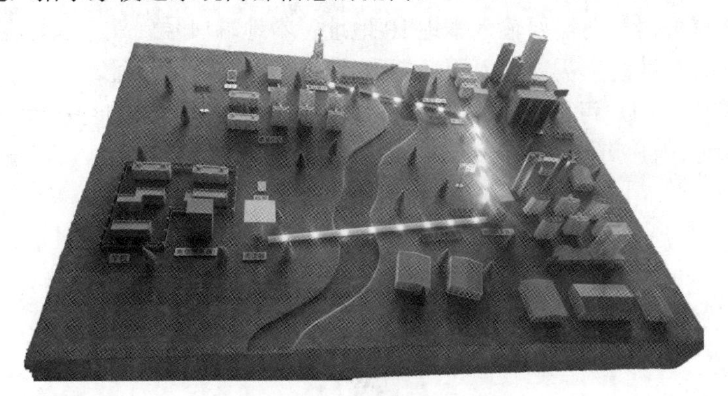

图 3-6　信息展示

3.2 家校通 RFID 实训系统

企业和社会使用 RFID 系统的原因很多，例如提高管理运作效率、优化供应链、商品防伪、交通智能化等。总之，导入 RFID 系统的目的是实现业务的自动化和智能化。

3.2.1 RFID 系统的基本组成

RFID 系统从广义来讲是利用了 RFID 技术的系统，大规模的业务系统的数据采集可能包含多种数据识别采集技术，例如现阶段很多物流系统上条码和 RFID 电子标签并存，这样的只要是部分利用了 RFID 技术的系统都可以称为 RFID 系统。另外，RFID 系统从狭义来讲是专注于处理 RFID 电子标签数据的系统。

RFID 系统的最小硬件系统如下：

内部存有人或物的个体信息或管理 ID 的电子标签；

和电子标签进行通信的读写器和读写器天线；

记录和处理个体信息或管理 ID 的服务器。

在软件层面上，服务器和读写器的接口驱动程序、服务器的操作系统、数据库程序、数据业务处理程序是必不可少的。如图 3-7 所示是 RFID 系统的基本组成。

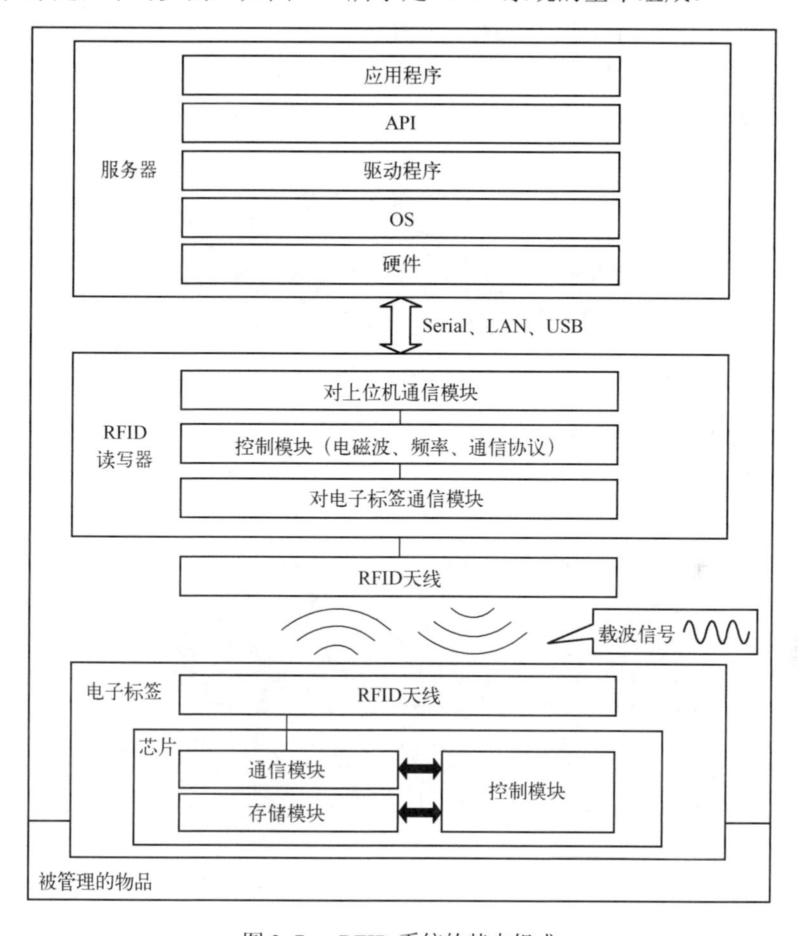

图 3-7　RFID 系统的基本组成

3.2.2　家校通 RFID 实训系统

家校通 RFID 实训系统就是家校通系统的 RFID 信息采集部分，主要涵盖以下 3 个业务流程。

1）学生与其家长的信息注册与电子标签的绑定；

2）学生携带学生卡（超高频电子标签）进出校门，校门的读写器采集信息并发送至服务器；

3）家长携带家长卡（高频电子标签）接孩子时，在校门口进行刷卡验证。

3.3 RFID 系统规划

实施 RFID 系统首先要明确系统实施的业务目标、分析技术可行性和成本—效益预期，对设备提供商和系统实施商进行评估。所有的这一切首先应从业务流程分析开始。

3.3.1 业务流程分析

业务流程分析的手法通常采用画业务流程图的方法。

通过业务流程图可以明确系统业务目标，清楚地分解某个业务的技术节点，为进一步讨论和验证每个技术细节提供路线图。如图 3-8 所示是家校通系统的业务流程图。

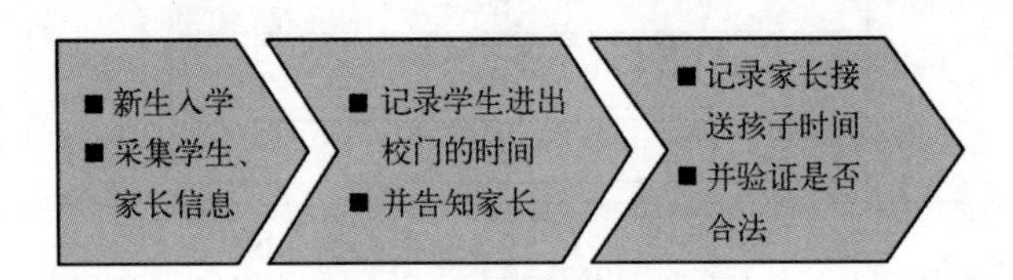

图 3-8　家校通业务流程

如果对家校通业务导入 RFID 系统，会有怎样的好处呢？业务流程会有哪些变化呢？同样可以画一个业务流程图来分析，如图 3-9 所示。

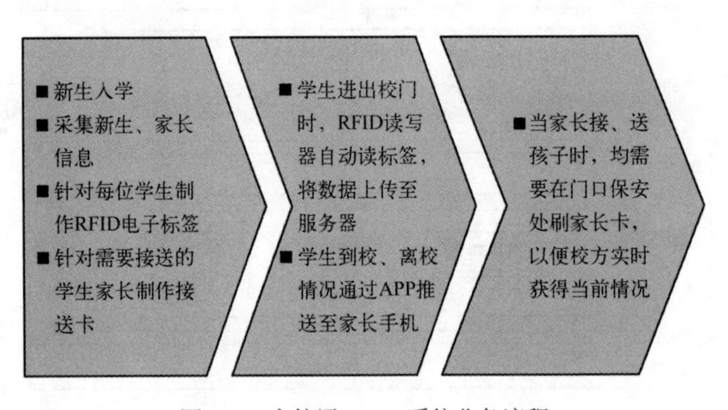

图 3-9　家校通 RFID 系统业务流程

3.3.2 系统可行性分析

有了业务流程图，下一步就可以进行可行性分析。可行性分析大体上可分为技术可行性分析和成本—收益的分析。成本—收益的分析可在技术可行性分析之后或同时进行。

RFID 系统的成本—收益分析，可把成本和收益单独列算，最后进行综合评估。列算的基本项目见表 3-1。

表 3-1　RFID 系统成本—收益核算基本项目

成本项目	收益项目
软硬件购置安装成本 硬件： ■ 电子标签 ■ 读写器+天线 ■ 服务器+网络设备 … 软件： ■ RFID 中间件 ■ 系统软件+驱动软件 ■ 系统开发工具软件 …	进行自动化、智能化管理所带来的业务开支节省费用
系统开发成本 ■ 系统开发人员费用 ■ 系统测试人员费用 …	节省的劳动力费用
系统安装、运行及维护成本 ■ 系统安装费用 ■ 系统日常管理维护费用 ■ 系统升级与损耗费用 …	效率提高带来的效益
RFID 人员培训 ■ 人员培训费用 ■ 培训相关材料 …	企业竞争力的提高
项目管理费用 ■ 交通住宿费 ■ 会议费 …	长期效益

相比成本的核算，有时收益的核算往往更困难，因为收益核算方法和企业的经营战略有关，不同的经营战略导致分析角度的不同。本质上，企业导入 RFID 系统的最终目的是改善业务效率，为其经营战略服务。

RFID 的技术可行性分析比起其他的业务系统要更加关注系统现场因素的分析与评估。在分析现场因素的基础上首先制定 RFID 硬件设备的方案，在进行现场测试（或模拟测试）评估的基础上，根据实验数据寻找出可行的硬件配置，为系统的成本核算提供依据。RFID 硬件设备选定流程如图 3-10 所示。

读写器在 RFID 系统中起着举足轻重的作用。首先，读写器的频率决定了 RFID 系统的工作频段；其次，读写器的功率和接收灵敏度直接影响射频识别的距离。根据应用系统的功能需求以及不同设备制造商的生产习惯，读写器具有各种各样的结构与外观形式。根据天线和读写器模块的分离与否，可以分为分离式读写器和集成式读写器。常见的分离式读写器有固定式读写器，而典型的集成式读写器有手持机等。根据读写器的应用场合，可以分为固定式读写器、OEM 模块、工业读写器以及手持机和发卡机。

读写器通过接收标签发出的电磁波接收读取数据。最常见的是被动射频系统，读写器发出电磁波，周围形成电磁场，标签从电磁场中获得能量激活标签中的微芯片电路，芯片转换电磁波，然后发送给读写器，读写器把它转换成相应的数据，控制计算机就可以处理这些数据从而进行管理控制。而当标签离开射频电磁场时，标签由于没有能量的激活而处于休眠状态。在主动射频系统中，标签中装有电池，在有效范围内活动，有源标签（主动标签）始终处于激活状态，处于主动工作状态，和读写器发射出的射频波相互作用，主动向读写器传送自身的信息，具有较远的识读距离。

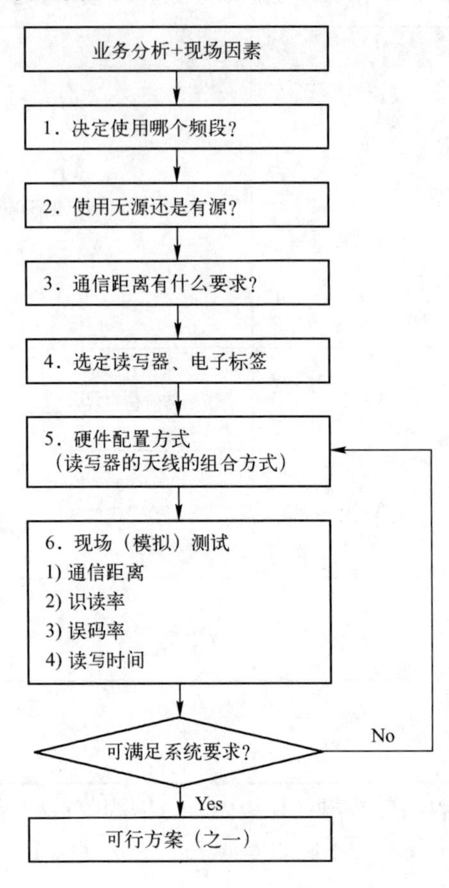

图 3-10　RFID 硬件设备选定流程

读写器的基本构成分为两个部分：硬件部分和软件部分。

（1）软件部分

软件负责对读写器接收到的指令进行响应和对标签发出相应的动作指令，主要包括以下软件：

控制软件（controller）：负责系统的控制和通信，控制天线发射的开、关，控制读写器的工作模式，完成与主机之间的数据传输和命令交换等功能。

导入软件（Boot Loader）：主要负责系统启动时导入相应的程序到指定的存储器空间，然后执行导人的程序。

解码器（Decoder）：负责将指令系统翻译成机器可以识别的命令，进而控制发送的信息，或者将接收到的电磁波模拟信号解码成数字信号，进行数据解码、防碰撞处理等。

（2）硬件部分

所有的读写器系统都可以简化成两个基本的功能模块，即控制模块以及由接收器和发送器组成的射频模块。控制模块通常采用 ASIC 组件和微处理器来实现其功能。此外，读写器还需要有发射电磁能量的天线。

3.3.3 家校通系统的硬件选型

在实际选定过程中还有很多因素要考察和评估，比如设备的成本、RFID 设备供应商的服务支持能力等。家校通系统的 RFID 技术可行性分析及硬件选型如图 3-11 所示。

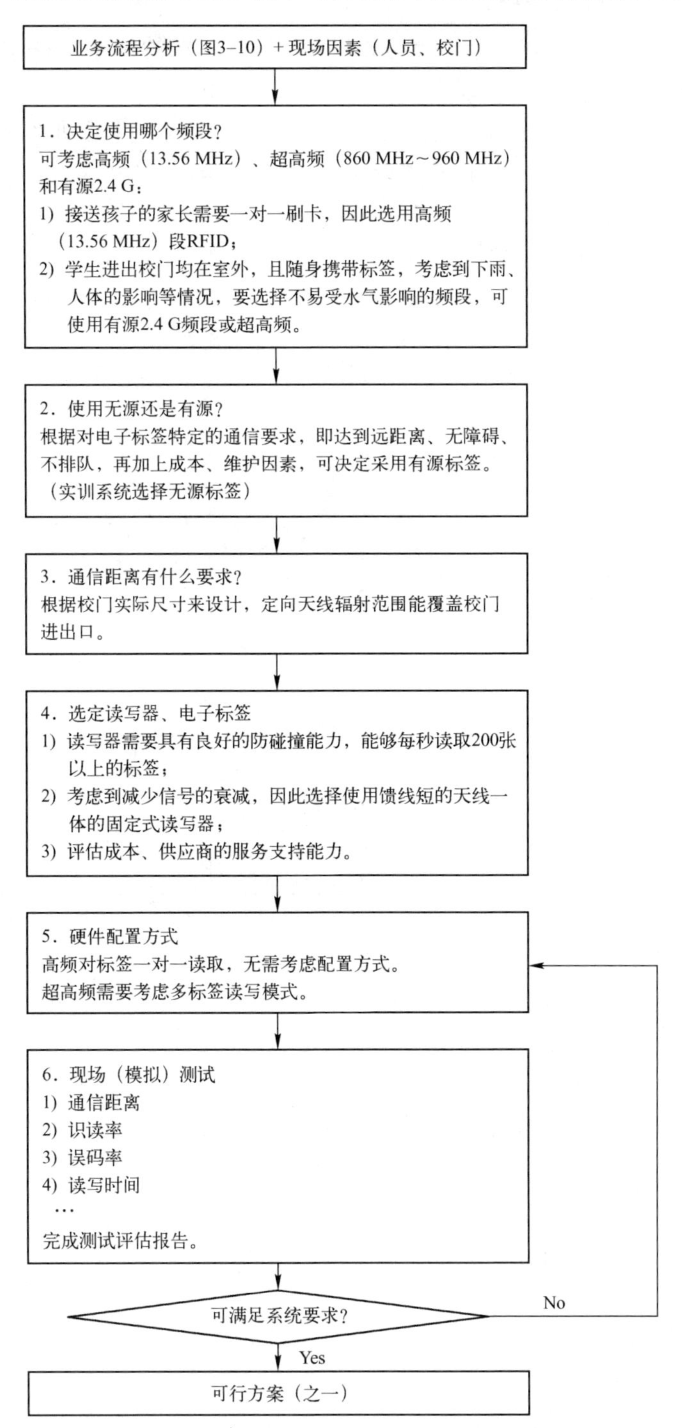

图 3-11 家校通 RFID 系统技术可行性分析及硬件选型

3.4 RFID 系统设计

3.4.1 RFID 系统的设计过程

RFID 系统的规划一旦获得批准，就可以进行 RFID 系统的设计。RFID 系统的设计过程大致分为需求分析、概要设计和详细设计。

需求分析需要在系统规划的基础上对业务流程和用户需求进行更加细致的分析，将用户的需求转化为完整的需求定义，再将需求定义转换为相应形式的规格说明。需求分析决定系统的基本功能、特点、属性，因此需要和用户一同进行收集、编写、协商和修改。现阶段大多数用户对 RFID 技术还不太了解，和用户打交道必须注意 RFID 技术特点的说明。

表 3-2 是 RFID 系统的需求分析要素。

表 3-2 RFID 系统设计——需求分析基本要素

1．需求采访	● 决策领导、部门领导的要求 ● 使用人员、维护人员的想法 ● 现业务的流程 ● 要改善的业务关键点 ● 对系统识读率、误码率的要求 ● 系统安全性、跟踪性的要求
2．流程分析与重组	● 对现有流程进行细致的分析 ● 以 RFID 的视角重组业务流程
3．数据流的分析	● 完成业务需要怎样的数据 ● 电子标签里写入什么数据 ● 数据的流向
4．RFID 对象物的仔细分析	● 对象物的材质、形状、大小 ● 对象物的移动速度、方向 ● 对象物的作业方式
5．使用环境的详细调查	● 作业现场的周边环境、电器设备 ● 作业现场的空间结构 ● 温度、湿度 ● 设备的安装空间
6．与现有系统的融合	● 与现有系统的融合时机 ● 与现有系统的数据统一

概要设计的主要任务是决定系统的技术标准（ISO/EPC），把需求分析得到的需求定义转换为软硬件结构和数据结构，建立目标系统的逻辑模型。

1）选择技术标准的依据是业务的需求和对标准的评估，如果 RFID 系统是企业或部门内部的封闭系统，就没有必要一定要采用国际标准 ISO/EPC。

2）设计软件结构的具体任务是将一个复杂业务系统按功能进行模块划分、建立模块的层次结构及调用关系、确定模块间的接口协议及人机界面等。

3）硬件结构的具体任务是确定 RFID 标签、读写器、天线、网络设备的具体型号、数量，设计它们的拓扑结构和数据接口。

4）数据结构设计包括 RFID 标签数据结构、中间件数据结构、应用程序数据结构以及数据库的设计。

详细设计是对概要设计的软硬件结构和数据结构的细化，是系统开发人员和安装测试人员进行具体作业的依据。

1）软件结构的细化：对软件系统进行详细的系统架构、模块算法设计，制定处理单元之间的输入输出格式，设计具体的人机交互界面等。

2）硬件结构的细化：设计读写器、电子标签安装配置的具体参数，例如读写器天线的高度、方位、功率等，还包括硬件设备的设定、电源配置、安装尺寸、辅助设备等。

3）数据结构的细化：对标签、中间件、应用服务程序数据和数据库进行确切的物理结构定义。物理结构主要指数据库的存储记录格式、存储记录安排和存储方法。

在 RFID 系统的详细设计过程中，相对于其他系统费工费力的环节是读写器天线的安装配置，配置几个天线、如何组合安装是影响系统可靠性的关键问题。在实际系统中，除了天线的组合安装因素，电子标签的粘贴位置，对象物的移动速度、放置方向，天线到对象物的距离、朝向等都会影响到识读率和误码率。

在家校通系统里，读写器天线的安装尤为重要，具体怎样部署系统可靠性高，必须经过反复的现场模拟测试才能得出结论。

3.4.2 家校通系统设计

1. 家校通系统需求分析

首先，对于即将使用系统的各方人员进行需求采访，采访结果如表 3-3 所示。

表 3-3 需求采访

需求采访结果	
学生、家长的需求	学校的需求
● 孩子每天是否按时到校？ ● 过了放学时间孩子还没回来，是否已经离校？ ● 离校后有没有去不该去的场所？ ● 孩子最近的成绩和在校表现怎样？ ● 天气恶劣，却不知学校是否提前放学或停课	● 无需近距离刷卡，支持较长距离的无线检测，智能识别； ● 要充分考虑上学、放学时的通过高峰期； ● 能实时发送学生到校或离校信息到指定的手机； ● 可扩展为校园一卡通使用，支持消费、充值、计费。

接下来对需求采访的结果进行提炼总结，找出了一些关键需求如下：

- 学生进出校门无需刷卡，系统能够自动远距离识别，将学生到、离校以短信形式发送至服务器；
- 无需近距离刷卡，支持较长距离的无线检测、智能识别；
- 每秒 200 张卡的识别速度，充分考虑学生通过高峰期。

2. 家校通系统组成

家校通系统组成如图 3-2 所示，主要由以下部分构成。

（1）超高频 RFID 电子标签

本系统采用超高频技术实现对学生进出校门的考勤管理，采用 EPC Gen2 标准电子标签。EPC Gen2 电子标签种类、封装齐全，系统选用尺寸与银行卡大小相近，便于随身携带，采用 PVC 进行塑封的电子标签。

（2）超高频 RFID 读写器/天线

用于读取学生进出校门的即时信息，通过天线反馈给主机。本系统可采用 ALIEN ALR-9900 系列 RFID 超高频读写器（见图 3-12）和 ALIEN 平板天线。

（3）超高频 RFID 发卡器

用于注册学生信息时，单张读取与写入电子标签的信息。

（4）13.56 MHz 高频 RFID 读写器

13.56 MHz 高频 RFID 读写器通过天线与 RFID 卡进行数据交互，本系统中读写器主要用于学生家长注册信息时，单张读取电子标签信息，以及家长接送学生时的刷卡登记。13.56 MHz 高频 RFID 读写器有 ISO/IEC14443 和 ISO/IEC15693 两种协议类型。ISO/IEC14443（Type A、Type B）协议 RFID 读写器读写距离在 10 cm 左右，ISO/IEC15693 协议 RFID 读写器读写距离在 100 cm～180 cm 左右。本系统采用 ISO/IEC14443A。

（5）高频 RFID 电子标签

高频 RFID 电子标签主要用于对学生家长的身份识别，可以选择 Mifare S50 卡，其尺寸与银行卡大小相近，便于随身携带，采用 PVC 进行塑封，经久耐用，如图 3-13 所示。

图 3-12　ALIEN ALR-9900 系列 RFID 超高频读写器

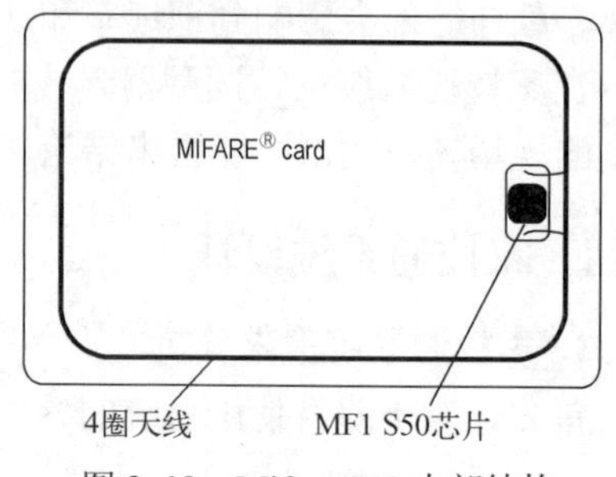

图 3-13　Mifare S50 内部结构

（6）家校通管理系统

家校通管理系统需具备用户信息管理、考勤记录管理以及平安短信等用户应用层模块和支持应用层的数据层模块、传输层模块和电子标签读写终端等物理层设备，如图 3-14 所示。

- 应用层：分为用户信息管理、学生考勤管理、家长接送管理、平安短信、查询及报表共五大模块。

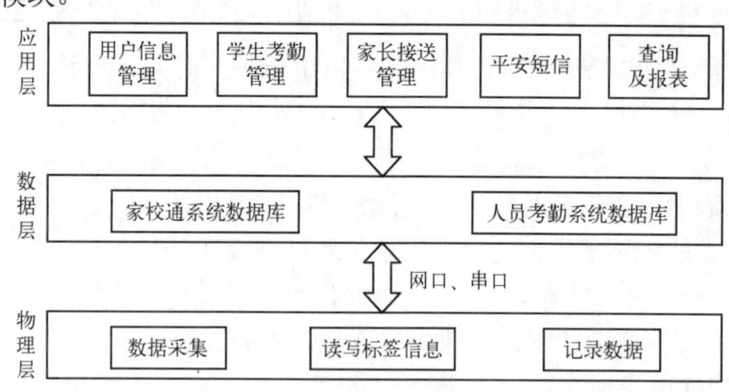

图 3-14　软件架构图

- 数据层：主要进行系统中标签数据、用户数据、业务数据的解析、管理、存储等。
- 传输层：主要进行应用系统与物理层硬件设备间的数据的交互传输，传输方式主要采用 TCP/IP，通过串口或网口进行传输。
- 物理层：完成数据的采集、标签信息的读写、数据的记录。

3. 家校通系统设计

根据家校通业务需求，把整体业务划分成用户信息管理、学生考勤管理、家长接送管理、平安短信四个模块来进行设计制作。

（1）用户信息管理

功能：完成用户信息管理。

涉及人员：系统管理员、学生、家长。

涉及设备：UHF 发卡器、HF 读写器、学生卡、家长卡。

业务流程：系统管理员在完成系统登录后，选择学生卡发卡程序，使用超高频电子标签进行学生信息的注册与绑定；选择家长卡发卡程序，使用高频电子标签进行家长信息的注册与绑定。

（2）学生考勤管理

功能：完成学生考勤管理。

涉及人员：系统管理员、学生。

涉及设备：UHF 读写器、学生卡。

业务流程：学生携带学生卡进出校门，RFID 读写器自动读电子标签，将标签卡号、读取时间等信息上传至服务器，系统管理员可以登录系统并查看考勤信息的记录。

（3）家长接送管理

功能：完成家长接送管理。

涉及人员：系统管理员、家长。

涉及设备：HF 读写器、家长卡。

业务流程：家长携带家长卡，接送孩子时在校门口的高频读写器刷卡，系统将家长的卡号、读取时间等信息上传至服务器，系统管理员可以登录系统并查看信息。

（4）平安短信

功能：完成平安短信的发送。

涉及人员：家长。

涉及设备：服务器、家长手机。

业务流程：学生进出校门时，随身携带的学生卡被系统读取之后，服务器将信息发送给学生的家长。

4. 概念数据库设计

根据家校通系统设计先进行概念数据库的设计，在数据库系统设计中建立反映客观信息的数据模型，是设计中最为重要的，也是最基本的步骤之一。数据模型是连接客观信息世界和数据库系统数据逻辑组织的桥梁，也是数据库设计人员与用户之间进行交流的共同基础。概念数据库中采用的实体—关系模型，与传统的数据模型有所不同。实体—关系模型是面向现实世界，而不是面向实现方法的，它使用方便，因而得到了广泛应用。

实体—关系图是表现实体—关系模型的图形工具，简称 E-R 图。实体—关系模型建立的步骤如下：

对需求进行分析，从而确定系统中所包含的实体。

分析得出每个实体所具有的属性。

保证每个实体有一个主属性，该主属性可以是实体的一个属性或多个属性的组合。主属性必须能唯一地描述每个记录。

确定实体之间的关系。

经过以上步骤后，就可以绘制出 E-R 图。之后可以再看看数据库的需要，判断是否获取了所需的信息，是否有遗漏信息等。根据实际情况再对 E-R 图进行修改，添加或删除实体与属性。家校通系统 E-R 图如图 3-15 所示。

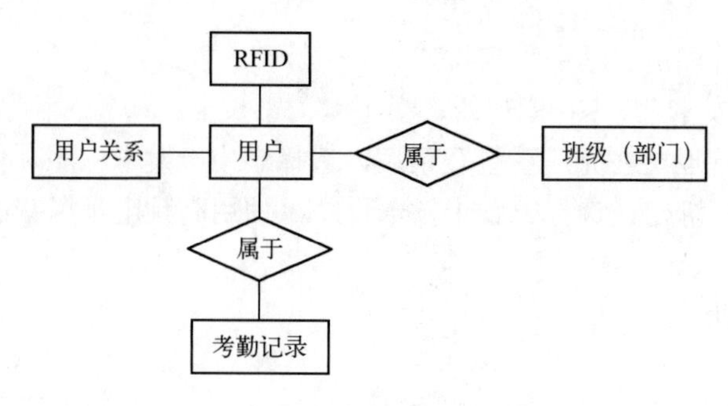

图 3-15　家校通系统 E-R 图

5. 数据表结构设计

在利用数据库创建一个新的数据表以前，应当根据逻辑模型和数据字典分析和设计数据表，描述出数据库中基本表的设计。需要确定数据表名称，所包含字段名称、数据类型、宽度以及建立的主键、外键等描述表的属性的内容。家校通系统的数据表结构设计如表 3-4～表 3-8 所示。

表 3-4　用户结构表

表名	tb_user 用于保存用户信息，表引擎为 InnoDB 类型，字符集为 utf-8			
列名	数据类型	属性	约束条件	说明
id	INT（11）	无符号/非空/自动增长	主键	用户编号
name	VARCHAR（45）	无符号/非空/默认 0		用户名称
rfid	INT（11）	非空		RFID 编号
department	INT（11）	非空		班级、部门编号
category	INT（11）	非空		用户类型
补充说明				

表 3-5　RFID 表

表名	tb_rfid 用于保存 RFID 卡号，表引擎为 InnoDB 类型，字符集为 utf-8			
列名	数据类型	属性	约束条件	说明
id	INT（11)	无符号/非空/自动增长	主键	反馈编号
value	VARCHAR(255)	无符号/非空		RFID 卡号
补充说明				

表 3-6　班级（部门）表

表名	tb_department 用于保存班级（部门）信息，表引擎为 InnoDB 类型，字符集为 utf-8			
列名	数据类型	属性	约束条件	说明
id	INT（11）	无符号/非空/自动增长	主键	编号
name	VARCHAR（50）	非空/默认''		名称
Role	VARCHAR（50）	非空/默认''		角色
补充说明				

表 3-7　用户关系表

表名	tb_user_rel 用于保存用户关系记录，表引擎为 InnoDB 类型，字符集为 utf-8			
列名	数据类型	属性	约束条件	说明
id	INT（11）	无符号/非空/自动增长	主键	编号
master	INT（11）	无符号/非空		用户 id
slave	INT（11）	无符号/非空		用户 id
补充说明				

表 3-8　考勤记录表

表名	tb_attence_record 用于保存用户考勤记录，表引擎为 InnoDB 类型，字符集为 utf-8			
列名	数据类型	属性	约束条件	说明
id	INT（11）	无符号/非空/自动增长	主键	分类编号
user	INT（11）	无符号/非空		用户 id
date	DateTime	非空		考勤时间
补充说明				

3.5　RFID 系统实施

RFID 系统实施是一个复杂的工程，整体工程可分 3 个工程阶段，如图 3-16 所示

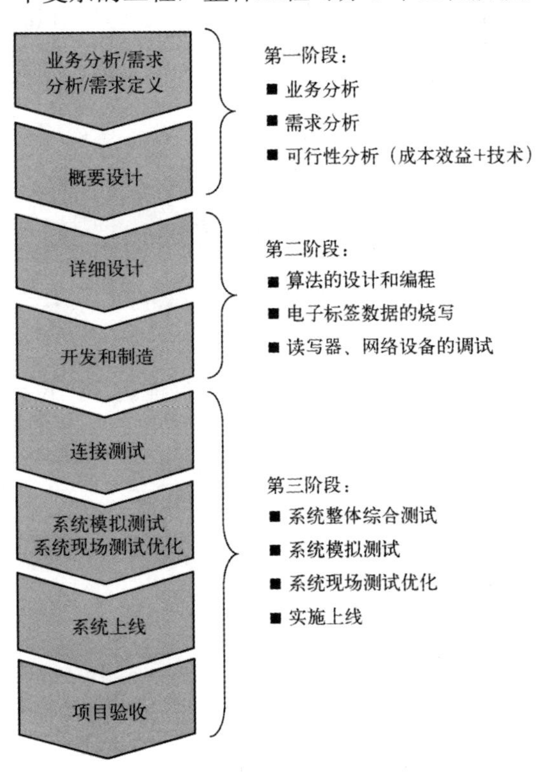

图 3-16　RFID 系统工程实施流程

1. 系统规划设计阶段

主要任务是进行业务分析、需求分析、可行性分析和概要设计。在这个阶段系统设计人员一方面要广泛接触用户单位的领导、业务人员、技术人员和现场作业人员，听取他们的需求并进行协商，另一方面要仔细了解系统的现场使用环境并进行实地测试，提取测试数据。在充分的业务需求分析和可靠的试验数据的支撑下，完成电子标签、读写器、网络设备的选定，敲定 RFID 系统的总体设计方案。

2. 实际的开发制造阶段

主要任务是数据和算法的具体设计和程序的编写，电子标签数据的烧写，读写器、网络设备的连接调试都在这个阶段完成。单体模块的测试也要在这个阶段完成。

3. 系统测试应用阶段

首先要把系统的各个部分全部连接起来进行综合测试，确认系统逻辑的正确性；其次 RFID 系统一定要进行模拟测试，在实验室里搭建模拟现场环境，进行识读率、误码率等数据的提取；还应注意在模拟测试通过后把设备搬到现场安装，先进行现场测试和优化，确认系统运行正常后才能把现行业务切换到 RFID 系统中实施上线。

3.6 RFID 系统优化

RFID 系统易受现场环境的影响，在 RFID 系统规划设计阶段，虽然进行了技术可行性分析和测试，但往往会出现一旦把整体系统安装到作业现场，电子标签和读写器的通信性能达不到设计要求的现象，这也是 RFID 技术特点的一个表现。RFID 系统优化是使系统较好地和现场环境相协调，尽可能减少现场环境影响和干扰的工程手段和方法，是 RFID 系统实施的一个重要工程环节。

本节将阐述以下 3 个方面的优化手段。

（1）硬件系统的优化

（2）软件系统的优化

（3）其他优化技术手段

3.6.1 硬件系统的优化

一旦出现根据系统规划和设计开发的系统到现场性能达不到设计要求时，首先要考虑硬件系统的优化。

实行 RFID 硬件优化的目的和标准：

- 获得最佳通信距离和通信范围；
- 提高识读率、降低误码率。

RFID 硬件的优化可以从以下 3 个方面入手。

- 读写器、天线的组合方式及安装位置的优化；
- 电子标签的粘贴方式和粘贴位置的优化；
- 读写器的输出功率的优化。

1. 读写器、天线的组合方式及安装位置的优化

在系统的详细设计阶段通过模拟测试，设计了读写器、天线的组合方式，但到具体的现场环境由于标签粘贴位置、对象物的方位、移动速度等微小变化会带来对 RFID 通信的影响，需要进行优化调整。

读写器、天线的组合方式及安装位置的优化，可按以下步骤进行。

（1）调整天线的位置和朝向

调整天线位置和朝向的方法是左右移动天线的支架，调整天线的朝向使天线的正面正对电子标签正面的时间较长，每一次移动和调整要详细记录数据，最后进行总体数据分析，找出最佳位置和朝向。

（2）改变天线的组合方式

如果调整天线位置和朝向后还不能满足系统性能的要求，就得考虑改变天线的组合方式，例如增加天线等。

（3）调查读写器和服务器（计算机）之间的通信情况

读写器和服务器（计算机）之间的通信情况往往易被忽略，实际上如果读写器和服务器（计算机）的连接线屏蔽性能不好，也会受到 RFID 的电磁波的干扰。如果一味地认为所有问题在读写器和电子标签上，就有可能难以查到真正的原因。RFID 读写器和服务器（计算机）的连接线应注意采用屏蔽性能好的高质量的连接线。

2. 电子标签的粘贴方式和粘贴位置的优化

电子标签的粘贴方式和粘贴位置会影响通信效能，特别是对象物为金属材质或含有水分的物品。电子标签的粘贴方式大体上可划分为以下几种。

（1）直接粘贴

（2）垫上垫圈固定

（3）用细绳挂住

（4）其他方式（内嵌等特殊方式）

对于家校通系统来说，电子标签是学生随身携带的，无法要求学生统一粘贴方式和粘贴位置，故在此不做讨论。

3. 读写器输出功率的优化

读写器的输出功率可通过厂商提供的设置软件进行设置。在同一环境下，输出功率越大读写器的作用范围也越大，但并不是说输出功率越大其通信效能就强。如果周边有金属材质的物品，读写器输出功率的增大会增强反射波，反而导致通信效能降低。通信范围的扩展也会对其他设备产生不必要的干扰，另外值得注意的是某些特大功率的读写器（4 W）如果长时间以最大功率发射电磁波，有可能损害周边工作人员的健康。因此，调节输出功率的原则是在满足系统运行所需通信效能（距离、范围）的前提下，尽量选择小功率输出。

3.6.2 软件系统的优化

通过硬件系统的优化可以调整和改善 RFID 的通信距离和读写器的作用范围。但要改善和提高系统整体效能，需要在硬件系统优化的基础上对软件系统进行优化。硬件系统优化可以理解为系统物理层面的优化，而通信方式和流程控制是由软件来完成的。

事实上，在系统模拟测试或现场测试阶段，大多会遇到如下的棘手问题：

1）电子标签的读写时间超时；

2）RFID 对象物移动过快，无法完成完整的读写；

3）多标签读写性能满足不了设计要求。

有时 RFID 对象物的速度没办法调慢，可能是业务不允许，如不可能要求携带电子标签的所有学生按照一定速度通过校门。硬件系统的单独优化往往不足以解决全部问题，接下来需要对软件系统进行优化。

RFID 软件的优化可从以下 4 个方面入手：

1）读写器读写模式和方式的优化；

2）命令序列的优化；

3）读写重试次数的优化；

4）读写数据格式的优化。

前 3 种优化可通过读写器厂商提供的 API 命令来进行设置和编程，数据格式的优化需要认真分析业务需求并对电子标签的存储结构进行详细设计。

3.6.3　其他优化技术手段

RFID 硬件系统和软件系统的优化虽然可以有效解决大多数现场问题，但有些情况下还是会出现意想不到的问题，下面介绍几种实用的现场技术手段。

1）晃一晃 RFID 对象物；

2）调一调读写器的天线；

3）规避射频信号盲点；

4）防电磁波反射。

以上内容是 RFID 系统优化的局部手段和方法，在现实的 RFID 系统实施过程中还要考虑中间件、上位机、服务器及网络设备的优化。如果经过所有的优化还是满足不了业务的需求，作为最后的手段，可调查一下业务流程能不能进行变更，使业务流程反过来适合 RFID 系统。当然这需要和用户协商，找到 RFID 系统和业务流程的平衡点，如图 3-17 所示。

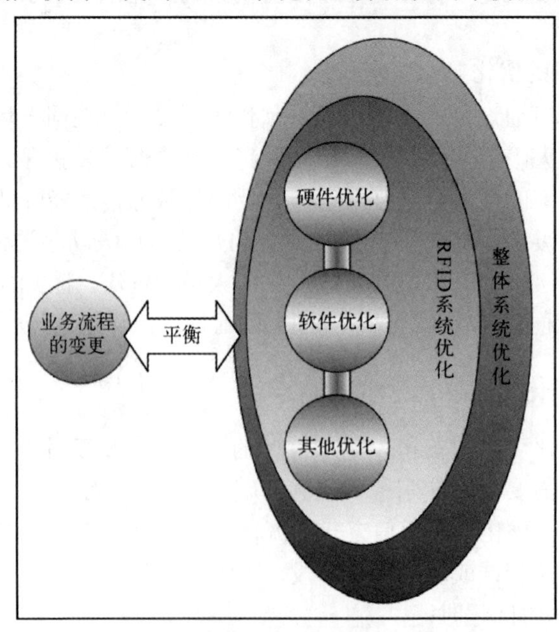

图 3-17　掌握业务流程和技术的平衡

3.7 实训

3.7.1 实训 1：家校通 RFID 系统信息注册——发卡实训

（一）任务目标

熟悉家校通系统发卡流程；

熟悉家校通系统发卡设备。

（二）任务内容

搭建家校通学生卡发卡子系统；

搭建家校通家长卡发卡子系统。

（三）提交文档

家校通 RFID 系统之发卡实训《学生工作页》（工作页模板参照附录 A）。

（四）实训准备

实训所需设备清单，见表 3-9。

表 3-9 实训所需清单

设备清单			
序号	设备名称	数量	厂家及型号
1	家校通学生卡	2	6C 白卡
2	家校通学生卡发卡器	1	华士精诚，6601
3	家校通家长卡	2	14443 A
4	家校通家长卡发卡器	1	德卡，D3
5	网线	若干	
6	USB 转 RS232	1	UTEK
7	本地服务器	1	DELL
8	交换机	1	TP-LINK
9	家校通系统服务软件	1	Surmount
10	家校通系统学生卡发卡软件	1	Surmount
11	家校通系统家长卡发卡软件	1	Surmount

（五）任务实施

1．任务一：学生卡发卡子系统

1）根据设备清单表准备实训所需设备。设备清单见表 3-10。

表 3-10 设备清单

设备清单			
序号	设备名称	数量	厂家及型号
1	家校通学生卡	2	6C 白卡
2	家校通学生卡发卡器	1	华士精诚，6601
5	网线	若干	

（续）

设备清单			
序号	设备名称	数量	厂家及型号
8	交换机	1	TP-LINK
6	USB 转 RS232	1	UTEK
7	本地服务器	1	DELL
9	家校通系统服务软件	1	Surmount
10	家校通系统学生卡发卡软件	1	Surmount

2）设备接线：设备接线有 RS232 和网线两种方式，任选其中一种即可。

① RS232。根据学生卡发卡系统接线表 3-11，将学生卡发卡器通过 RS232 连接到本地服务器中，如图 3-18 所示。

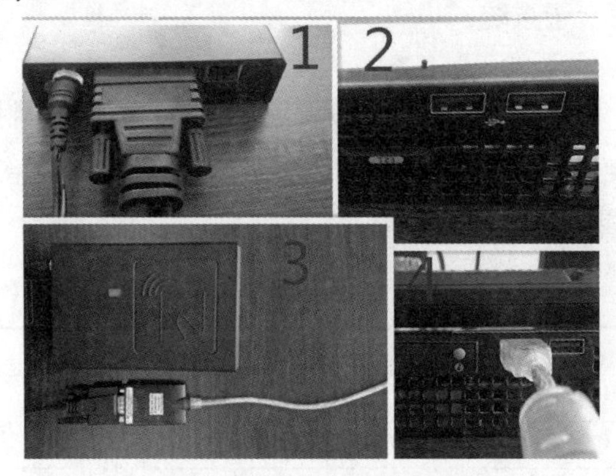

图 3-18　学生卡发卡系统接线图

② 网线：根据学生卡发卡系统接线表 3-11，将学生卡发卡器、服务器通过网线连接到交换机中。

表 3-11　学生卡发卡系统接线表

序号	设备名称	类型	接口	所接设备	接口	线规	备注
1	UHF 发卡器	电源	Power	220 V 电源	220 V 电源	RFID 读写器自带电源线	DC12 V
		通信接口	LAN	无线路由器	LAN	超五类双绞网线	
			串口	本地服务器	USB 接口	串口线&USB 转 232 转接线	
2	本地服务器	电源	220 V	220 V 电源	220 V 电源	自带电源线	
		通信接口	VGA 接口	显示器	VGA 接口	显示器带 VGA 线	
			串口				
			USB 接口	鼠标	USB 接口		
			USB 接口	键盘	USB 接口		
			USB 接口 1	UHF 发卡器	USB 接口		
			USB 接口 2				
			网口 1				
			网口 2				

3）上电前检查：检查所有设备的连接线是否正确；

4）系统上电；

5）开启服务器：运行本地服务程序；

双击“本地服务程序.exe”，即可开启本地服务器的服务功能，如图 3-19 所示。开启服务之后，窗口最小化即可，本程序后台运行，系统使用过程中要确保该本地服务一直运行。

图 3-19　本地服务程序

6）学生卡发卡操作。

① 将待发学生卡置于 6100 发卡器上，如图 3-20 所示

图 3-20　放置学生卡

② 通信协议选择。

将 6100 发卡器通过串口 RS232 连接至服务器的 USB 口，打开计算机的设备管理器，查

看新增端口号为 COM3，如图 3-21 所示。

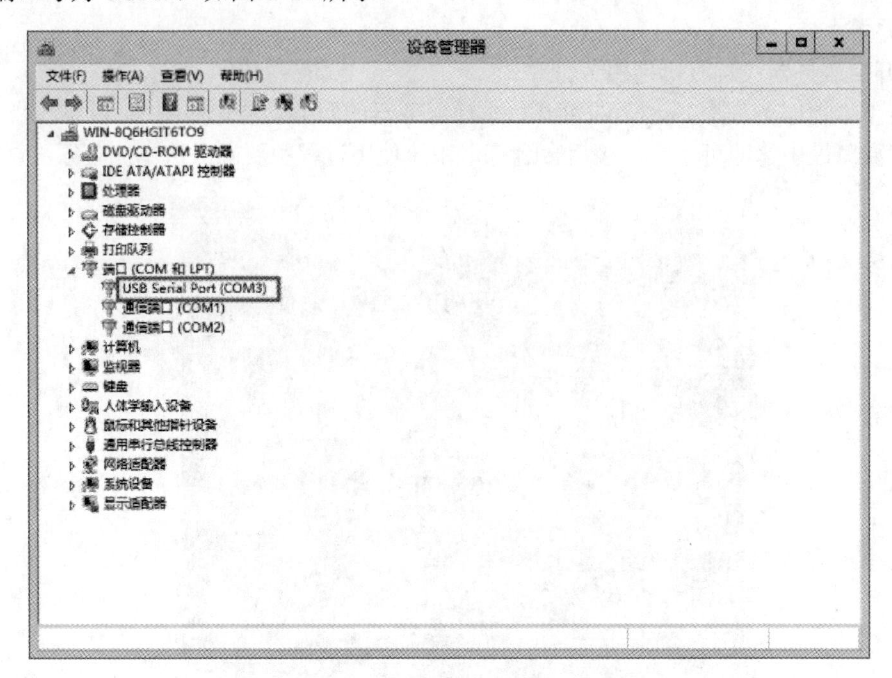

图 3-21　设备管理器查看端口

打开“家校通学生卡发卡程序”，通信协议选择 RS232，串口号选择 COM3，单击“连接”按钮，即完成初始化，如图 3-22 所示。

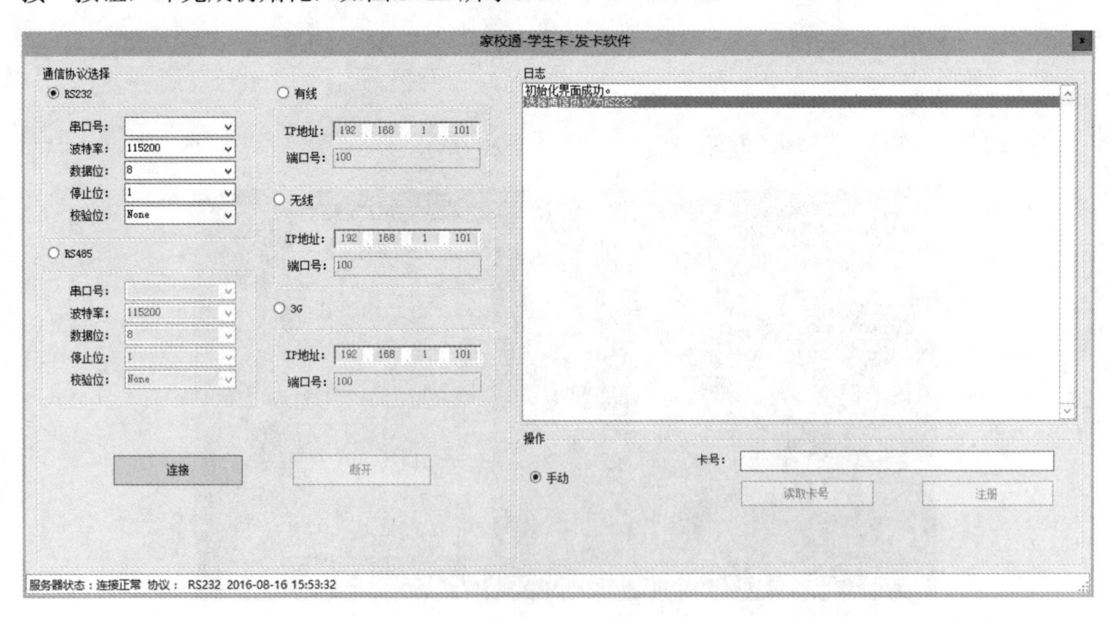

图 3-22　家校通学生卡发卡程序通信协议选择

③ 用户注册。

初始化成功之后，单击“读取卡号”，可以读取到待发学生卡的 EPC 编码，该卡卡号如

图 3-23 所示。

图 3-23　读取卡号

获得卡号之后，进行用户注册，单击“注册”按钮，弹出“用户注册”对话框，如图 3-24 所示。

图 3-24　用户注册

填写姓名并选择班级后，单击“注册”按钮，如果弹出“注册成功”对话框，说明注册成功；如果弹出“该卡已绑定了用户”，则说明该卡已经注册过，无需再注册，如图 3-25 所示。

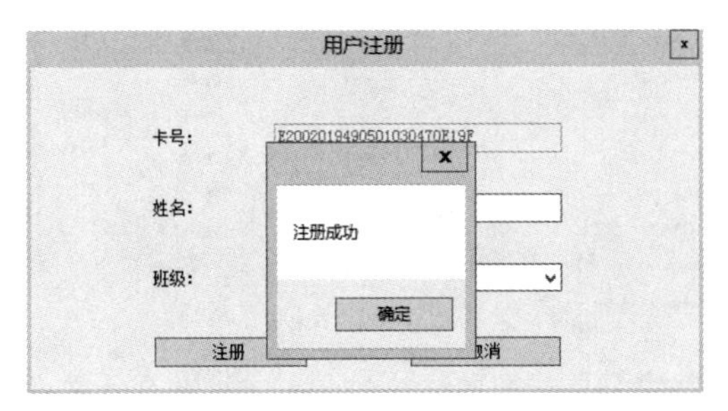

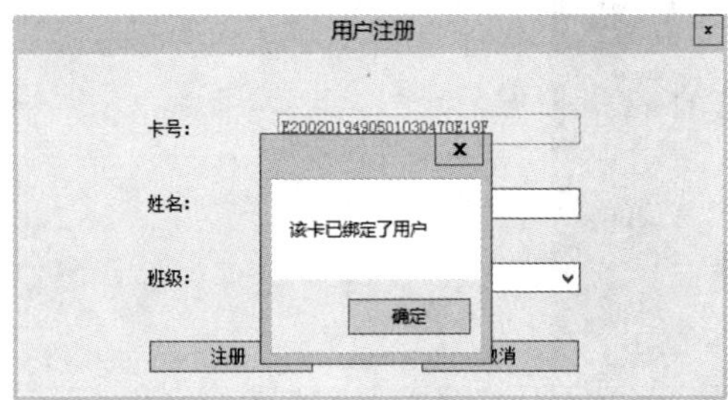

图 3-25　注册提示对话框

④ 查看注册信息。

若要查看所有注册的学生卡信息，需要在本地服务器服务程序开启的情况下，在浏览器中输入访问地址：127.0.0.1：8000，打开网页，如图 3-26 所示。

通信实验室
127.0.0.1:8000
通信实验室
Communications Laboratory
环境监测
自动考勤
家校通

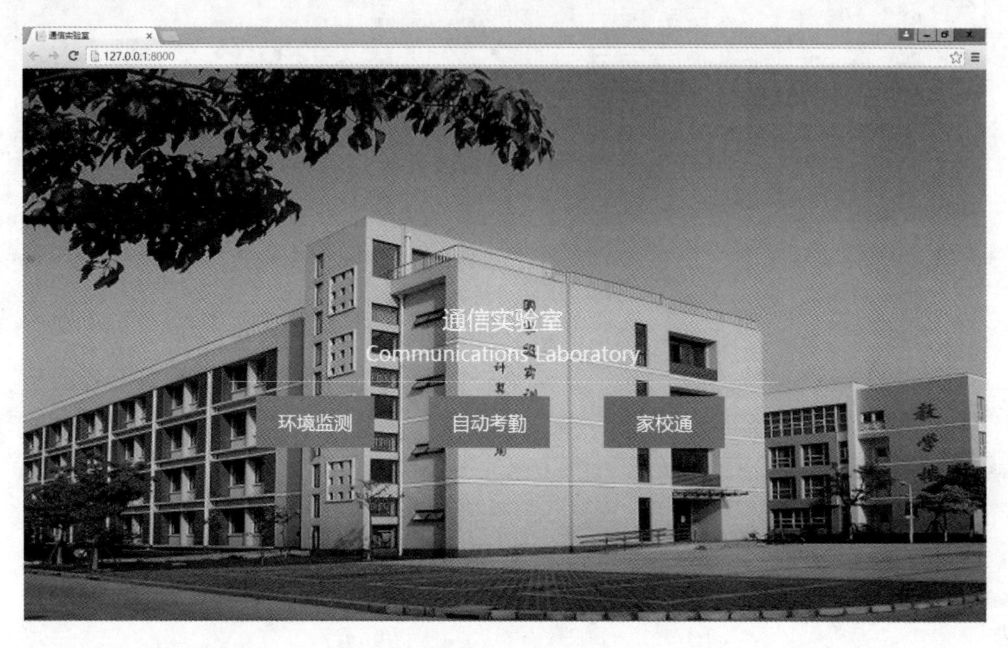

图 3-26　家校通系统

在网页上单击“家校通”按钮进入家校通页面，在左侧选择“学生”，即可在右侧窗口中显示所有注册的学生卡信息，如图 3-27 所示。

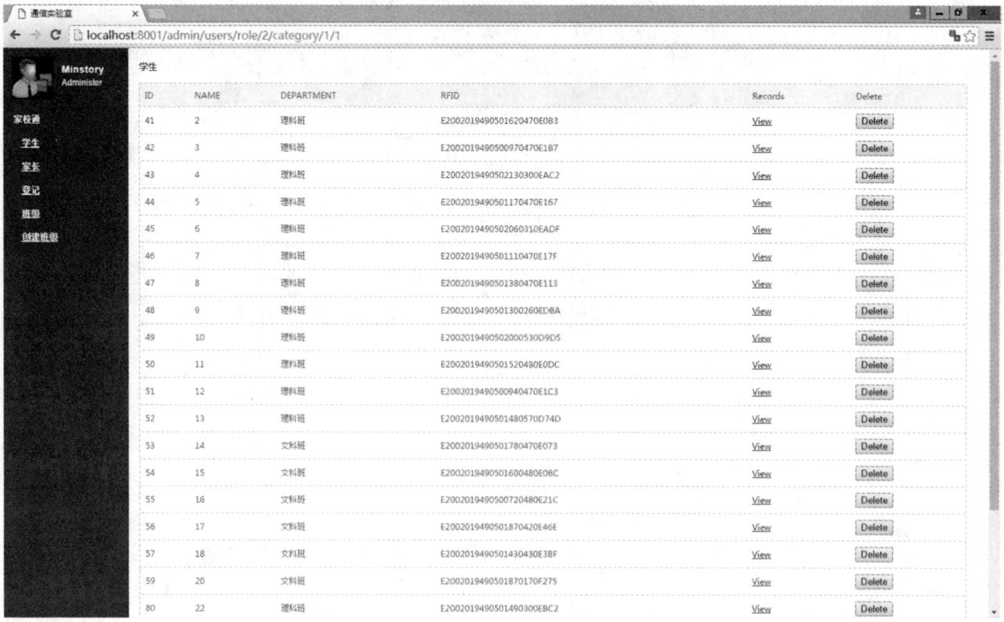
通信实验室
localhost:8001/admin/users/role/2/category/1/1
Minstory
Administer
家校通
学生
家长
登记
班级
创建班级
学生
ID NAME DEPARTMENT RFID Records Delete
41 2 理科班 E2002019490501620470E083 View Delete
42 3 理科班 E2002019490500970470E1B7 View Delete
43 4 理科班 E2002019490502130300EAC2 View Delete
44 5 理科班 E2002019490501170470E167 View Delete
45 6 理科班 E2002019490502060310EADF View Delete
46 7 理科班 E2002019490501110470E17F View Delete
47 8 理科班 E2002019490501380470E113 View Delete
48 9 理科班 E2002019490501300260EDBA View Delete
49 10 理科班 E2002019490502000530D9D5 View Delete
50 11 理科班 E2002019490501520480E0DC View Delete
51 12 理科班 E2002019490500940470E1C3 View Delete
52 13 理科班 E2002019490501480570D74D View Delete
53 14 文科班 E2002019490501780470E073 View Delete
54 15 文科班 E2002019490501600480E0BC View Delete
55 16 文科班 E2002019490500720480E21C View Delete
56 17 文科班 E2002019490501870420E46E View Delete
57 18 文科班 E2002019490501430430E3BF View Delete
59 20 文科班 E2002019490501870170F275 View Delete
80 22 理科班 E2002019490501490300EBC2 View Delete

图 3-27　学生卡信息查看

7）完成并提交学生工作页。

8）实训完毕，整理设备、连接线及实训台。

2．任务二：家长卡发卡子系统

1）根据设备清单准备实训所需设备，设备清单见表 3-12。

表 3-12　设备清单

设备清单			
序号	设备名称	数量	厂家及型号
3	家校通家长卡	2	14443 A
4	家校通家长卡发卡器	1	德卡，D3
5	家长卡发卡器专用数据线	1	
7	本地服务器	1	DELL
9	家校通系统服务软件	1	Surmount
11	家校通系统家长卡发卡软件	1	Surmount

2）设备接线。

按照接线表 3-13，将家长卡发卡器通过 USB 数据线连接到本地服务器，如图 3-28 所示。

表 3-13　设备接线表

<table>
<tr><th>序号</th><th>设备名称</th><th>通信方式</th><th>接口</th><th>所接设备</th><th>接口</th><th>线规</th><th>备注</th></tr>
<tr><td>1</td><td>HF 发卡器</td><td>串口通信</td><td>USB 接口</td><td>本地服务器</td><td>USB 接口 1</td><td>USB 数据线</td><td></td></tr>
<tr><td rowspan="9">2</td><td rowspan="9">本地服务器</td><td></td><td>220 V</td><td>220 V 电源</td><td>220 V 电源</td><td>自带电源线</td><td></td></tr>
<tr><td></td><td>VGA 接口</td><td>显示器</td><td>VGA 接口</td><td>显示器带 VGA 线</td><td></td></tr>
<tr><td></td><td>串口</td><td></td><td></td><td></td><td></td></tr>
<tr><td></td><td>USB 接口</td><td>鼠标</td><td>USB 接口</td><td></td><td></td></tr>
<tr><td></td><td>USB 接口</td><td>键盘</td><td>USB 接口</td><td></td><td></td></tr>
<tr><td></td><td>USB 接口 1</td><td>HF 发卡器</td><td>USB 接口</td><td></td><td></td></tr>
<tr><td></td><td>USB 接口 2</td><td></td><td></td><td></td><td></td></tr>
<tr><td></td><td>网口 1</td><td></td><td></td><td></td><td></td></tr>
<tr><td></td><td>网口 2</td><td></td><td></td><td></td><td></td></tr>
</table>

3）上电前检查：检查所有设备的连接线是否正确，若有错误，应及时更正；

4）系统上电；

5）开启服务器：运行本地服务程序，与任务一学生卡发卡实训的步骤 5 相同；

6）家长卡发卡操作。

① 将待发家长卡置于 D3 发卡器上，如图 3-29 所示。

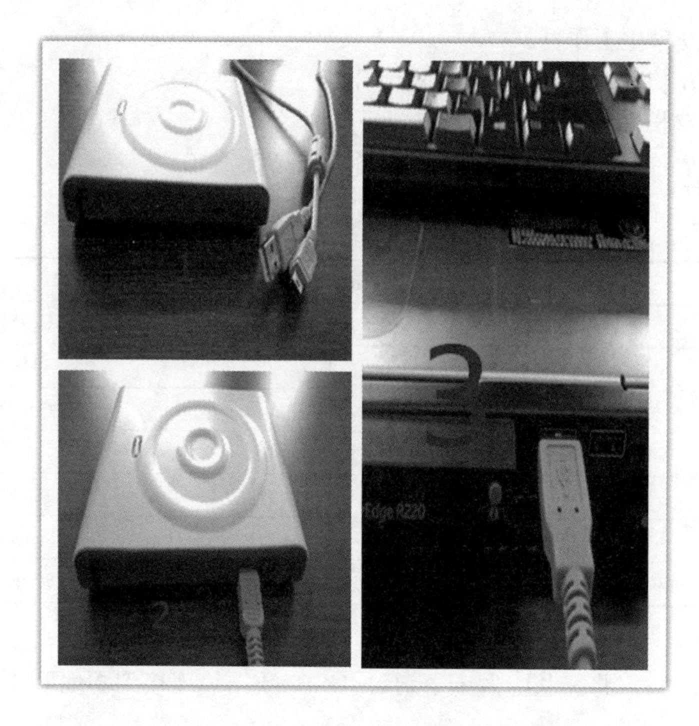

图 3-28　连接家长卡发卡器

图 3-29　放置家长卡

② 通信协议选择。

将 D3 发卡器通过串口 RS232 连接至服务器的 USB 口，打开计算机的设备管理器，查看新增端口号为 COM1，然后打开“家校通家长卡发卡程序”，通信协议选择 RS232，串口号选择 COM1，单击“连接”按钮，即完成初始化，如图 3-30 所示。

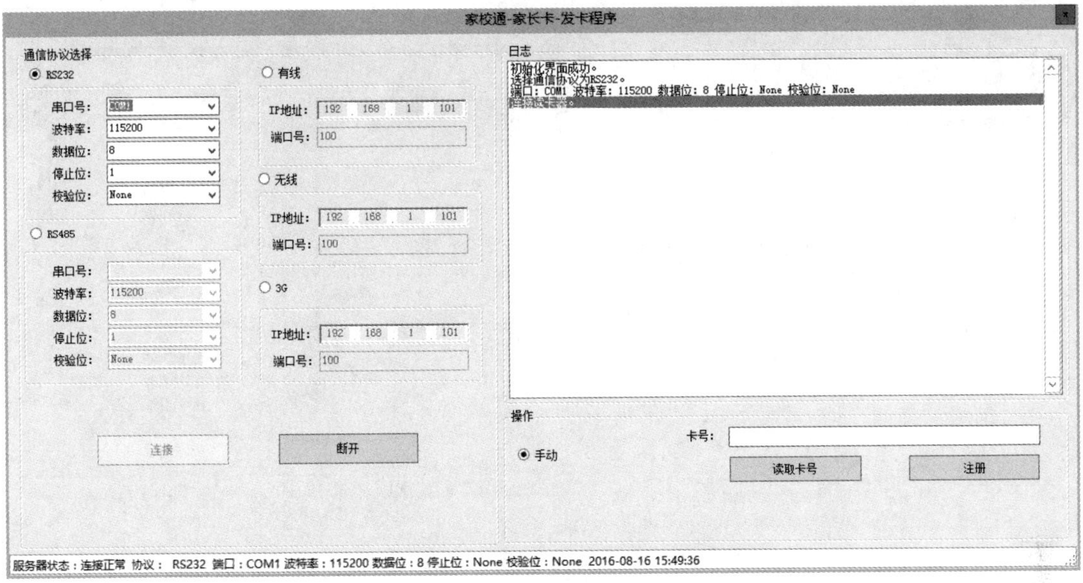

家校通-家长卡-发卡程序

通信协议选择

RS232

串口号: COM1

波特率: 115200

数据位: 8

停止位: 1

校验位: None

RS485

串口号:

波特率: 115200

数据位: 8

停止位: 1

校验位: None

有线

IP地址: 192 168 1 101

端口号: 100

无线

IP地址: 192 168 1 101

端口号: 100

3G

IP地址: 192 168 1 101

端口号: 100

连接　断开

日志

初始化界面成功。

选择通信协议为RS232。

端口: COM1 波特率: 115200 数据位: 8 停止位: None 校验位: None

连接读卡器。

操作

手动　卡号:

读取卡号　注册

服务器状态：连接正常 协议： RS232 端口：COM1 波特率：115200 数据位：8 停止位：None 校验位：None 2016-08-16 15:49:36

图 3-30　家校通家长卡发卡程序通信协议选择

③ 用户注册。

初始化成功之后，单击“读取卡号”按钮，可以读取待发家长卡的 ID，该卡卡号如图 3-31 所示。

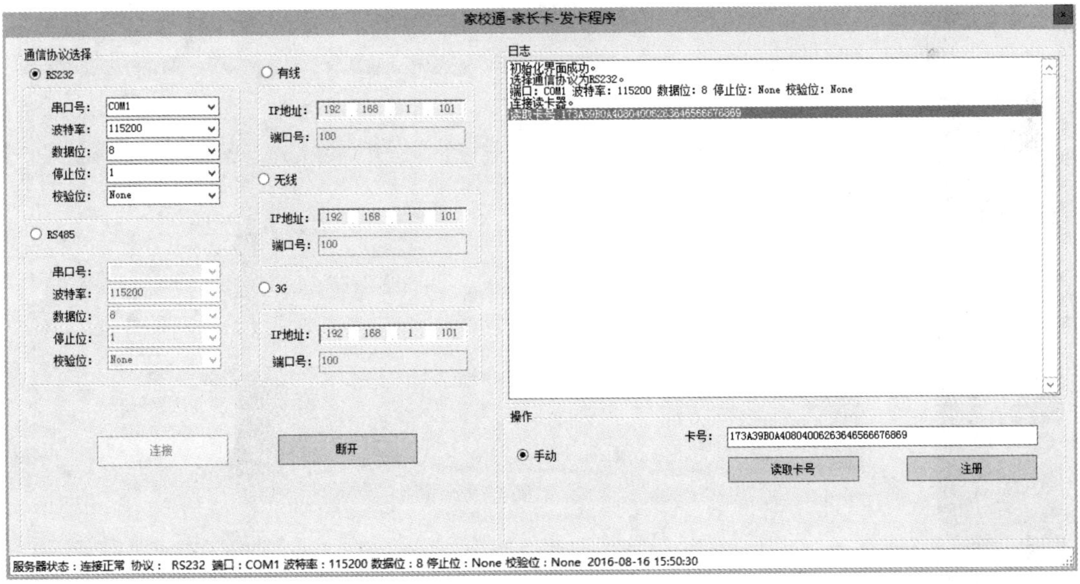

家校通-家长卡-发卡程序

通信协议选择

RS232

串口号: COM1

波特率: 115200

数据位: 8

停止位: 1

校验位: None

RS485

串口号:

波特率: 115200

数据位: 8

停止位: 1

校验位: None

有线

IP地址: 192 168 1 101

端口号: 100

无线

IP地址: 192 168 1 101

端口号: 100

3G

IP地址: 192 168 1 101

端口号: 100

连接　断开

日志

初始化界面成功。

选择通信协议为RS232。

端口: COM1 波特率: 115200 数据位: 8 停止位: None 校验位: None

连接读卡器。

读取卡号 173A39B0A40804006263646566676869

操作

手动　卡号: 173A39B0A40804006263646566676869

读取卡号　注册

服务器状态：连接正常 协议： RS232 端口：COM1 波特率：115200 数据位：8 停止位：None 校验位：None 2016-08-16 15:50:30

图 3-31　读取卡号

获得卡号之后，进行用户注册，单击“注册”按钮，弹出“用户注册”对话框，如图 3-32 所示。

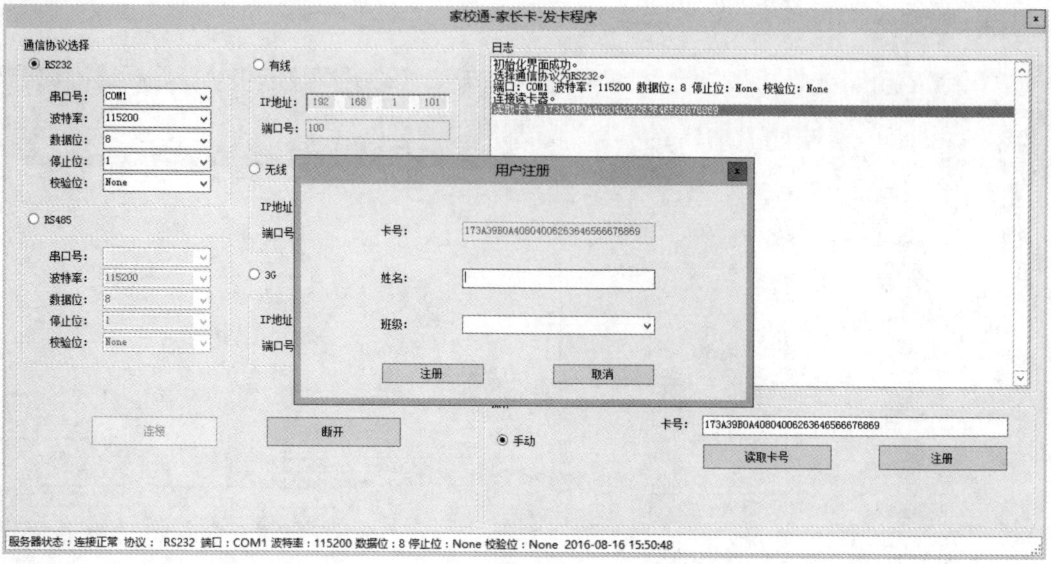

家校通-家长卡-发卡程序

通信协议选择
RS232
串口号：COM1
波特率：115200
数据位：8
停止位：1
校验位：None
RS485
串口号：
波特率：115200
数据位：8
停止位：1
校验位：None
有线
IP地址：192 . 168 . 1 . 101
端口号：100
无线
IP地址
端口号
3G
IP地址
端口号
日志
初始化界面成功。
选择通信协议为RS232。
端口：COM1 波特率：115200 数据位：8 停止位：None 校验位：None
连接读卡器。
读取卡号：173A39B0A40804006263646566676869
用户注册
卡号：173A39B0A40804006263646566676869
姓名：
班级：
注册　取消
连接　断开
手动
卡号：173A39B0A40804006263646566676869
读取卡号　注册
服务器状态：连接正常 协议： RS232 端口：COM1 波特率：115200 数据位：8 停止位：None 校验位：None 2016-08-16 15:50:48

图 3-32　用户注册

填写姓名，选择班级后，单击“注册”按钮，如果弹出“注册成功”对话框，说明注册成功；如果弹出“该卡已绑定了用户”，则说明该卡已经注册过，无需再注册。

④ 查看注册信息。

若要查看所有注册的家长卡信息，需要在本地服务器服务程序开启的情况下，在浏览器中输入访问地址：127.0.0.1：8000，打开网页，在网页上单击“家校通”按钮进入家校通页面，在左侧选择“家长”，即可在右侧窗口中显示所有注册的家长卡信息，如图 3-33 所示。

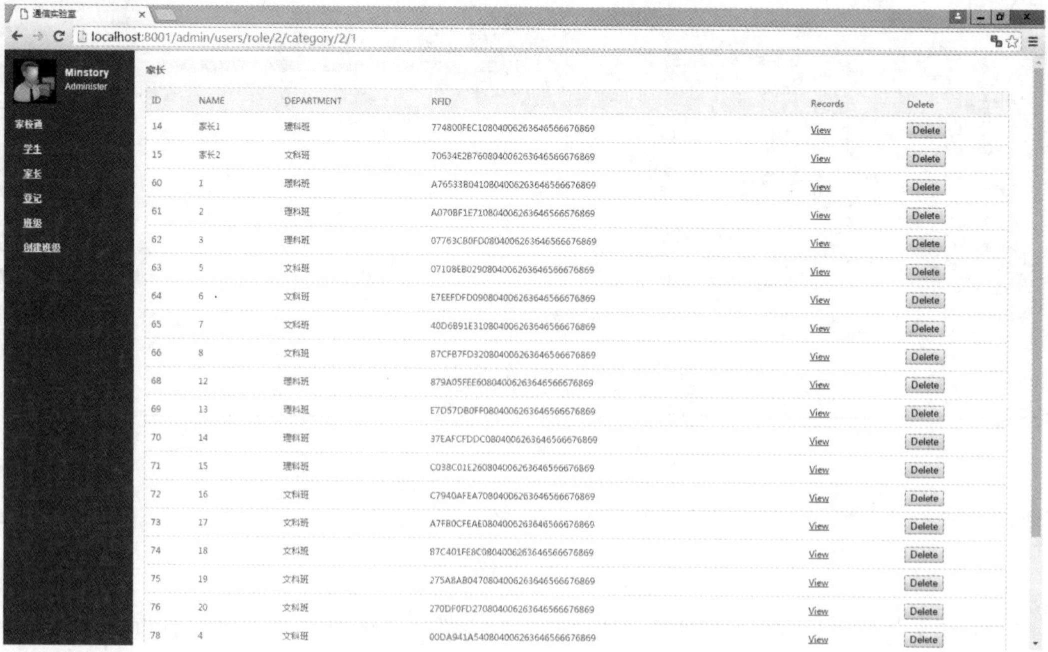

通信实验室
localhost:8001/admin/users/role/2/category/2/1
Minstory
Administer
家校通
学生
家长
登记
班级
创建班级
家长

ID	NAME	DEPARTMENT	RFID	Records	Delete
14	家长1	理科班	774800FEC10804006263646566676869	View	Delete
15	家长2	文科班	70634E2B760804006263646566676869	View	Delete
60	1	理科班	A76533B0410804006263646566676869	View	Delete
61	2	理科班	A070BF1E710804006263646566676869	View	Delete
62	3	理科班	07763CB0FD0804006263646566676869	View	Delete
63	5	文科班	07108EB0290804006263646566676869	View	Delete
64	6	文科班	E7EEFDFD090804006263646566676869	View	Delete
65	7	文科班	40D6B91E310804006263646566676869	View	Delete
66	8	文科班	B7CFB7FD320804006263646566676869	View	Delete
68	12	理科班	879A05FEE60804006263646566676869	View	Delete
69	13	理科班	E7D57DB0FF0804006263646566676869	View	Delete
70	14	理科班	37EAFCFDDC0804006263646566676869	View	Delete
71	15	理科班	C038C01E260804006263646566676869	View	Delete
72	16	文科班	C7940AFEA70804006263646566676869	View	Delete
73	17	文科班	A7FB0CFEAE0804006263646566676869	View	Delete
74	18	文科班	B7C401FE8C0804006263646566676869	View	Delete
75	19	文科班	275A8AB0470804006263646566676869	View	Delete
76	20	文科班	270DF0FD270804006263646566676869	View	Delete
78	4	文科班	00DA941A540804006263646566676869	View	Delete

图 3-33　查看家长卡信息

7）完成并提交学生工作页。

8）实训完毕，整理设备、连接线及实训台。

3.7.2 实训 2：家校通 RFID 系统学生考勤——读卡实训

（一）任务目标

熟悉家校通系统的运行流程；

熟悉家校通系统串口通信设备并学会如何使用。

（二）任务内容

搭建家校通学生卡发卡子系统；

搭建家校通家长卡发卡子系统。

（三）提交文档

家校通 RFID 系统之发卡实训《学生工作页》（工作页模板参照附录 A）。

（四）实训准备

实训所需设备清单，见表 3-14。

表 3-14　实训所需设备清单

设备清单			
序号	设备名称	数量	厂家及型号
1	家校通学生卡	2	6C 白卡
2	家校通学生卡读写器	1	Alien，ALR-9900
3	串口线	1	
4	USB 转 RS232 线	1	Utek，UT—880
5	本地服务器	1	DELL
6	家校通系统服务软件	1	Surmount
7	家校通系统学生卡读卡软件	1	Surmount
8	家校通系统考勤软件	1	Surmount

（五）任务实施

1）根据项目设备清单，把本项目的所有设备准备到位，置于实验台；

2）设备接线，根据设备接线表 3-15 将本实训中用到的设备连接到系统中（家校通学生卡读写器以 232 通信为例）。

表 3-15　设备接线表

序号	设备名称	通信方式	接口	所接设备	接口	线规	备注
1	RFID 读写器	电源	Power	220 V 电源	220 V 电源	RFID 读写器自带电源线	DC12V
		1 有线通信：串口 232	Serial	本地服务器	USB 接口	串口线与 USB 转 232 转接线	
		2 有线通信：串口 485					
		3 有线通信：网口					
		4 无线通信：WIFI 通信					

（续）

序号	设备名称	通信方式	接口	所接设备	接口	线规	备注
1	RFID读写器	5 无线通信：3G 通信					
		信号的接收与发送	Ant0	天线	馈线接头	产品自带馈线	
			Ant1	天线	馈线接头	产品自带馈线	
			Ant2	天线	馈线接头	产品自带馈线	
			Ant3	天线	馈线接头	产品自带馈线	
2	本地服务器		220 V	220 V 电源	220 V 电源	自带电源线	
			VGA 接口	显示器	VGA 接口	显示器带 VGA 线	
			串口				
			USB 接口 1	鼠标	USB 接口		
			USB 接口 2	键盘	USB 接口		
			USB 接口 3	USB 转 232	USB 接口		
			USB 接口 4	USB 转 232	USB 接口		
			网口 1	交换机	LAN9	超五类双绞网线	
			网口 2				
3	显示器 1		220 V	220 V 电源	220 V 电源	自带电源线	
			VGA 接口	本地服务器	VGA 接口	自带 VGA 线	

3）上电前的检查，将所有设备的连接线，仔细检查连接是否无误。若有错误，应及时更正。

4）系统上电。

5）开启本地服务器服务功能。

6）使用读写器对学生卡进行读卡操作，可单张或多张同时，在家校通页面查找读取到的学生卡信息，包括卡号、读取时间等。

7）完成并提交学生工作页。

8）实训完毕，整理设备、连接线及实训台。

第 4 章　计算机网络技术应用

导学：

在本章中，读者将通过家校通系统中的读卡设备接入到系统的不同连接方式的实训学习：

- 家校通网络系统的搭建；
- 认识不同的网络设备：交换机、路由器、WIFI 模块、3G 模块等；
- 网络设备的使用以及配置方法；
- 网络设备的维护方法。

依据读写器与本地服务器之间网络的不同连接，本章设计了 3 个实训。本章内容紧扣实训所涉及到的知识点来编写，如图 4-1 所示。

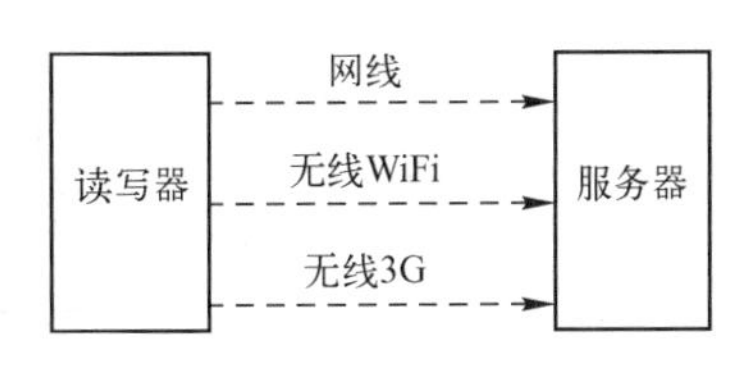

图 4-1　实训设计图

4.1　计算机网络技术在家校通系统中的应用

计算机网络技术在家校通系统中的网络框架图如图 4-2 所示。

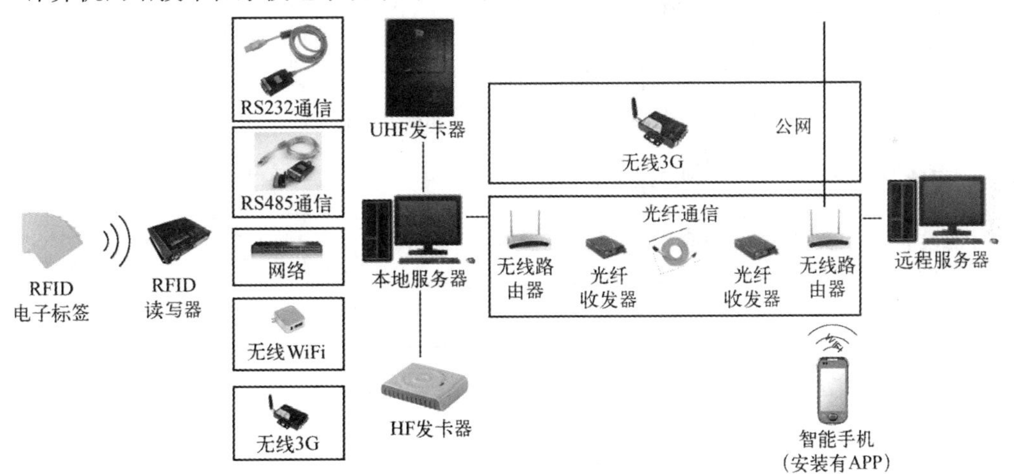

图 4-2　计算机网络技术在家校通系统中的网络框架图

读写器通过不同的连接方式将采集到的信息上传至本地服务器，本地服务器和远程服务器之间的传输网络可通过有线和无线传输，有线传输中用到的网络设备主要有交换机、路由器、光纤等，图 4-2 中的 RS232 通信、RS485 通信、网络均属于有线传输；无线传输中用到的网络设备主要有无线 3G 设备、交换机等，图 4-2 中的无线 WiFi 无线 3G 均属于无线传输。

4.2　OSI 模型

OSI 是 Open System Interconnection 的缩写，意为开放式系统互联。国际标准化组织

（ISO）制定了 OSI 模型（如图 4-3 所示），该模型定义了不同计算机互联的标准，如读写器与服务器之间互联、服务器和服务器之间互联等，是设计和描述计算机网络通信的基本框架。OSI 标准定制过程中所采用的方法是将整个庞大而复杂的问题划分为若干个容易处理的小问题，这就是分层的体系结构方法。在 OSI 中，采用了三级抽象，即体系结构、服务定义和规定说明。

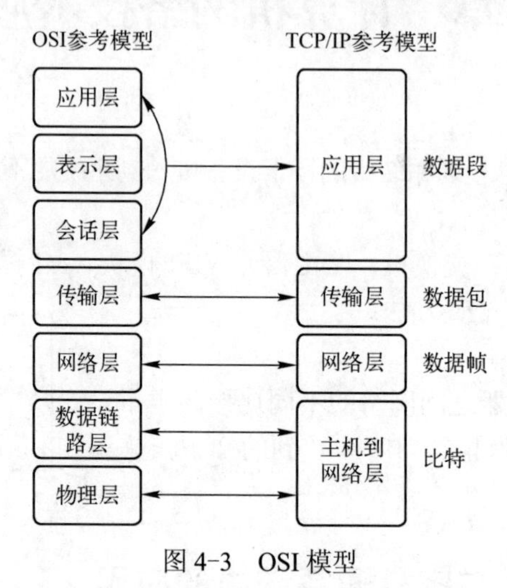

图 4-3　OSI 模型

4.3　常见的网络连接设备

网络连接设备是把网络中的通信线路连接起来的各种设备的总称，这些设备包括网络连接组件，如网卡、传输介质等，以及网络传输设备，如中继器、集线器、交换机和路由器等。

4.3.1　网络设备在 OSI 模型中所处的位置

网络设备在 OSI 模型中所处的位置，如图 4-4 所示。

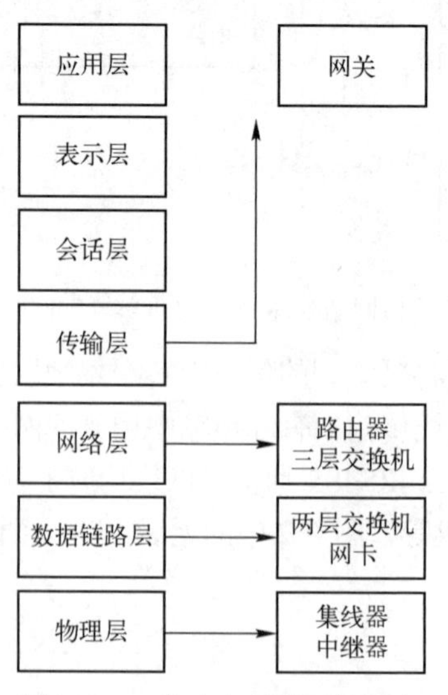

图 4-4　工作在各层的网络设备

在分层模型中，对等是一个很重要的概念，因为只有对等层才能相互通信，一方在某层上的协议是什么，对方在同一层次上也必须是什么协议。理解了对等的含义，则很容易把网络互连起来。

如果两个网络的物理层相同，使用中继器就可以连起来；如果两个网络物理层不同，链路层相同，使用桥接器可以连起来；如果两个网络物理层、链路层都不同，而网络层相同，使用路由器可以互连；如果两个网络协议完全不同，使用协议转换器（网关）可以互连。

上面提到的设备如下。

- 中继器（Repeater）：工作在物理层，在电缆之间逐个复制二进制位（bit）；
- 桥接器（Bridge）：工作在链路层，在 LAN 之间存储和转发帧（frame）；
- 路由器（Router）：工作在网络层，在不同的网络之间存储和转发分组（packet）；
- 网关（Gateway）：工作在 3 层以上，实现不同协议的转换。

4.3.2 网络连接组件

1．网卡

网卡是连接设备与网络的基本硬件设备。网卡插在计算机或服务器扩展槽中，或者一些具有通信功能的设备中，通过网线（如双绞线、同轴电缆或光纤）与网络交换数据、共享资源。

（1）网卡的功能

网卡的功能主要有两个，一是将计算机的数据进行封装，并通过网线将数据发送到网络上；二是接收网络上传过来的数据，并发到计算机中。

在家校通项目中，如读写器的网卡功能将读取到的 RFID 数据进行封装，并通过网线将数据发送到网络上。

（2）网卡的分类

按端口分类：RJ-45 端口、AUI 粗缆端口、BNC 细缆端口。

在家校通项目中，支持联网功能的设备都是 RJ-45 端口。

（3）按带宽分类

10 Mbit/s、1000 Mbit/s、10/100 Mbit/s、1000 Mbit/s，ISA 网卡以 16 位传送数据，标称速度能够达到 10 Mbit/s。

2．网络传输介质

传输介质就是通信中实际传送信息的载体，在网络中是连接收发双方的物理通路；常用的传输介质分为有线介质和无线介质。

有线介质：可传输模拟信号和数字信号（有双绞线、细/粗同轴电缆、光纤）；

无线介质：大多传输数字信号（有微波、卫星通信、无线电波、红外线、激光等）。

3．同轴电缆

同轴电缆的核心部分是一根导线，导线外有一层起绝缘作用的塑性材料，再包上一层金属铝箔屏蔽网，用于屏蔽外界的干扰，最外面是起保护作用的塑性的护套，如图 4-5 所示。

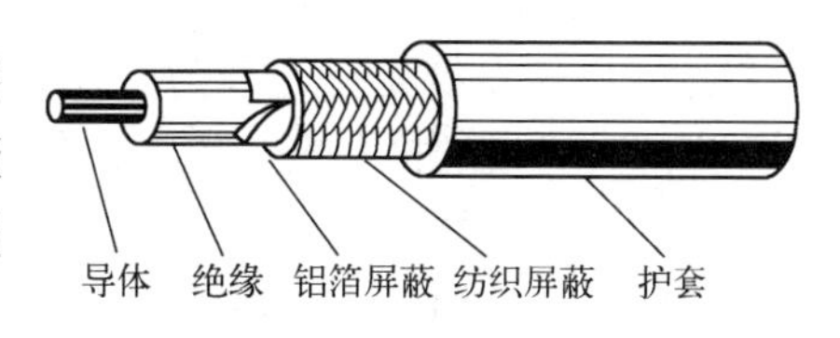

图 4-5　同轴电缆

同轴电缆的抗干扰特性强于双绞线，传输速率与双绞线类似，但它的价格接近双绞线的两倍。

同轴电缆分类如表 4-1 所示。

1）细同轴电缆（RG58），主要用于建筑物内网络连接；

2）粗同轴电缆（RG11），主要用于主干或建筑物间网络连接。

表 4-1　同轴电缆的对比表

对比项	细缆	粗缆
直径	0.25 in（约 6.35 mm）	0.5 in（约 12.7 mm）
传输距离	185 m	500 m
接头	BNC 头、T 型头	AUI
阻抗	50 Ω	50 Ω
应用的局域网	10BASE2	10BASE5

4．光纤

光缆是由一组光导纤维组成的用来传播光束的、细小而柔韧的传输介质。与其他传输介质相比，光缆的电磁绝缘性能好，信号衰变小，频带较宽，传输距离较大。光缆主要是在要求传输距离较长、布线条件特殊的情况下用于主干网的连接。光缆通信由光发送机产生光束，将电信号转变为光信号，再把光信号导入光纤，在光缆的另一端由光接收机接收光纤上传输来的光信号，并将它转变成电信号，经解码后再处理。光缆的最大传输距离远、传输速度快，是局域网中传输介质的佼佼者。光缆是数据传输中最有效的一种传输介质。

（1）优点

- 频带极宽（GB）；
- 抗干扰性强（无辐射）；
- 保密性强（防窃听）；
- 传输距离长（无衰减），2～10 km；
- 电磁绝缘性能好；
- 中继器的间隔较大；
- 主要用途：长距离传输信号，局域网主干部分，传输宽带信号；
- 网络距离：一般为 2000 m；
- 每干线最大节点数：无限制。

（2）光纤跳线连接

在 1000 Mbit/s 局域网中，服务器网卡具有光纤插口，交换机也有相应的光纤插口，连接时只要将光纤跳线进行相应的连接即可。在没有专用仪器的情况下，可通过观察让交换机有光亮的一端连接网卡没有光亮的一端，让交换机没有光亮的一端连接网卡有光亮的一端。

（3）光纤通信系统组成

光纤通信系统是以光波为载体、光导纤维为传输介质的通信方式，起主导作用的是光源、光纤、光发送机和光接收机。

（4）光缆分类

多模光纤：由发光二极管产生用于传输的光脉冲，通过内部的多次反射沿芯线传输。多条不同入射角的光线可以在一条光纤中传输。

单模光纤：使用激光，光线与芯轴平行，损耗小，传输距离远，具有很高的带宽，但价格更高。在 2.5 Gbit/s 的高速率下，单模光纤不必采用中继器可传输数十千米。

（5）如何区分光纤

单模光纤（Single-mode Fiber）：光纤跳线一般用黄色表示，接头和保护套为蓝色，传输距离较长。

多模光纤（Multi-mode Fiber）：光纤跳线一般用橙色表示，也有的用灰色表示，接头和保护套用米色或者黑色，传输距离较短。

家校通系统中所使用的光纤是单模光纤。

5. 无线传输介质

无线传输指在空间中采用无线频段、红外线激光等进行传输，不需要使用线缆传输，不受固定位置的限制，可以全方位实现三维立体通信和移动通信。

目前主要用于通信的有无线电波、微波、红外线、激光。

计算机网络系统中的无线通信主要指微波通信，分为两种形式：地面微波通信和卫星微波通信。

无线局域网通常采用无线电波和红外线作为传输介质。其中红外线的基本速率为 1Mbit/s，仅适用于近距离的无线传输，而且有很强的方向性，而无线电波的覆盖范围较广，应用较广泛，是常用的无线传输媒体。WLAN 一般使用 2.4～2.4835 GHz 频段的无线电波进行局域网的光线通信。

4.3.3 网络设备

本项目中常见的网络设备见表 4-2。

表 4-2 常见的网络设备

类别	具体设备名称	图例
网络连接组件	网卡（网络适配器 NIC）	
	网络传输介质	
	光纤	
	无线传输介质	无线电波、微波、红外、激光
网络设备	交换机（Switch）	
	路由器（Router）	
	调制解调器（Modem）	

4.4 网络通信协议

TCP/IP 是互联网中使用的协议，现在几乎成了 Windows、UNIX、Linux 等操作系统中唯一的网络协议。

TCP/IP 是由美国国防部高级研究工程局（DAPRA）开发的。美国军方使用的协议和当前企业开发的网络协议不通，为此，需要开发一套标准化的协议，使得这些网络可以互联。同时，要求以后的承包商竞标的时候遵循这一协议。

OSI 模型和 TCP/IP 模型的比较，如图 4-6 所示。

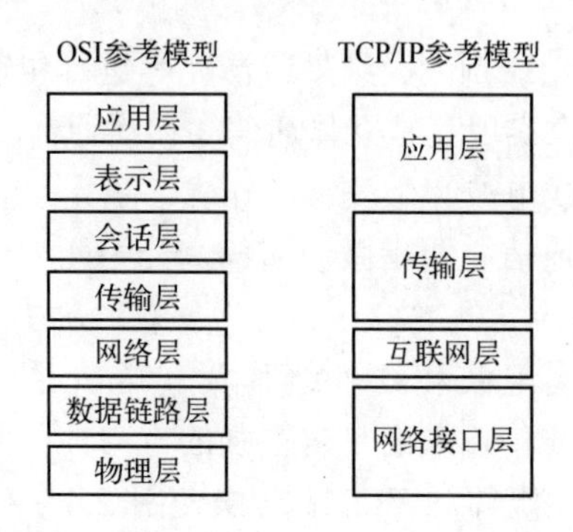

图 4-6　OSI 模型和 TCP/IP 模型的比较

TCP/IP 的层次并不是按 OSI 参考模型来划分的，只同它有一种大致的对应关系。TCP/IP 是一个协议集，它由十几个协议组成，其中最重要的两个协议是 TCP 和 IP。如图 4-7 所示是 TCP/IP 协议集中各个协议之间的关系。

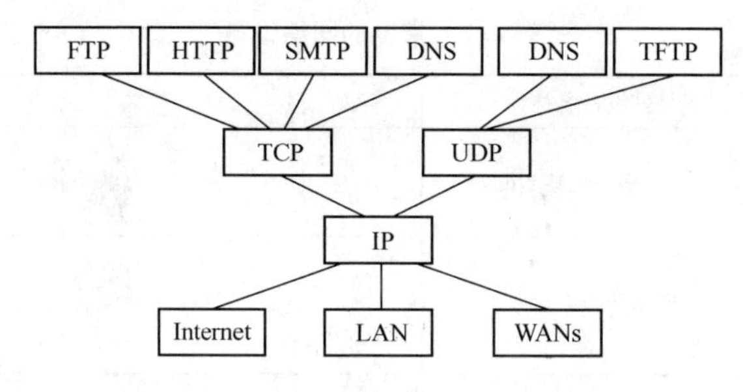

图 4-7　TCP/IP 协议集中的各个协议

TCP/IP 协议集给出了实现网络通信第三层以上的几乎所有协议，非常完整。今天，几乎所有操作系统开发商都在自己的网络操作系统部分中实现 TCP/IP，编写 TCP/IP 要求编写的每一个程序。

主要的 TCP/IP 协议如下所示。

应用层：FTP、TFTP、HTTP、SMTP、POP3、SNMP、DNS、Telnet；

传输层：TCP、UDP；

网络层：IP、ARP（地址解析协议）、RARP（逆向地址解析协议）、（DHCP 动态 IP 地址分配）、ICMP（Internet Control Message Protocol）、RIP、IGRP、OSPF（属于路由协议）。

POP3、DHCP、IGRP、OSPF 虽然不是 TCP/IP 协议集的成员，但都是非常知名的网络协议。这里仍然把它们放到 TCP/IP 协议的层次中来，以便读者更清晰地了解网络协议的全貌。

TCP/IP 是目前使用最广泛的协议，也是 Internet 上使用的协议。由于 TCP/IP 具有跨平台、可路由的特点，可以实现异构网络的互联，同时也可以跨网段通信，这使得许多网络操作系统将 TCP/IP 作为内置网络协议。我们组建局域网时，一般主要使用 TCP/IP。当然，TCP/IP 相对于其他协议来说，配置起来也比较复杂，因为每个节点至少需要一个 IP 地址、一个子网掩码、一个默认网关、一个计算机名等。

4.4.1 IP 地址

IP 地址是全球唯一（全局唯一）的，用于在网络中标识一个 TCP/IP 主机。在现实生活中，可以把 IP 地址理解为所处方位的一个标识。IP 地址是一种逻辑地址，可以在允许的范围内随意修改，但在互联网中不允许重复。

目前使用的第二代互联网 IPv4 技术是 32 位的，其网络地址资源面临枯竭，严重地制约了互联网的应用和发展。在一些网络中已开始使用的 IPv6 是 IETF 设计的用于替代现行版本 IPv4 的下一代 IP。

（1）为什么要配置 IP 地址

在日常生活中，可以通过一个人的家庭住址找到他的家。在网络中要找到一台计算机，进而和它通信，也需要借助一个地址，这个地址就是 IP 地址，IP 地址是唯一标识一台主机的地址。

（2）什么是 IP 地址

IP 地址是一个 32 位二进制数（对 IPv4 而言），用于标识网络中的一台计算机。IP 地址通常以两种方式表示：二进制数和十进制数。

二进制数表示：在计算机内部，IP 地址用 32 位二进制数表示，每 8 位为一段，共 4 段。如 10000011.01101011.00010000.11001000。

十进制数：为了方便使用，通常将每段转换为十进制数。如 10000011.01101011.00010000.11001000 转换后的格式：130.107.16.200。这种格式是我们在计算机中所配置的 IP 地址的格式。

（3）IP 地址的组成

IP 地址由两部分组成：网络 ID 和主机 ID。

网络 ID：用来标识计算机所在的网络，也可以说是网络的编号。

主机 ID：用来标识网络内的不同计算机，即计算机的编号。

IP 地址规定：

- 网络号不能以 127 开头，第一字节不能全为 0，也不能全为 1。
- 主机号不能全为 0，也不能全为 1。

（4）IP 地址的分类

由于 IP 地址是有限资源，为了更好地管理和使用 IP 地址，INTERNIC 根据网络规模的大小将 IP 地址分为 5 类（A、B、C、D、E）如图 4-8 所示。

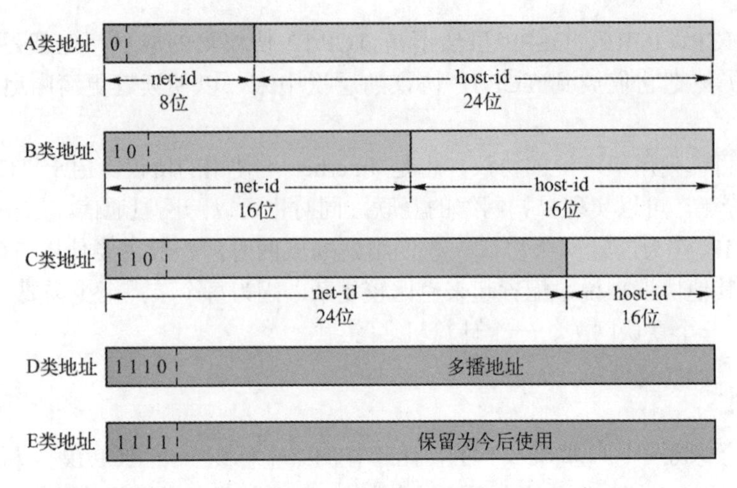

图 4-8　IP 地址分类

A 类地址：第一组数（前 8 位）表示网络号，且最高位为 0，这样只有 7 位可以表示网络号，能够表示的网络号有 $2^7-2=126$（去掉全“0”和全“1”的两个地址）个，范围是 1.0.0.0～126.0.0.0。后 3 组数（24 位）表示主机号，能够表示的主机号的个数是 $2^{24}-2=16777214$ 个，即 A 类的网络中可容纳 16777214 台主机。A 类地址只分配给超大型网络。

B 类地址：前两组数（前 16 位）表示网络号，后两组数（16 位）表示主机号，且最高位为 10，能够表示的网络号为 $2^{14}=16384$ 个，范围是：128.0.0.0～191.255.0.0。B 类网络可以容纳的主机数为 $2^{16}-2=65534$ 台主机。B 类 IP 地址通常用于中等规模的网络。

C 类地址：前 3 组表示网络号，最后一组数表示主机号，且最高位为 110，最大网络数为 $2^{21}=2097152$，范围是：192.0.0.0～223.255.255.0，可以容纳的主机数为 $2^8-2=254$ 台主机。C 类 IP 地址通常用于小型的网络。

D 类地址：最高位为 1110，是多播地址，没有网络位和主机位之分，可以理解为特色的小范围的广播。

E 类地址：最高位为 11110，保留今后使用。

注意：在网络中只能为计算机配置 A、B、C 三类 IP 地址，而不能配置 D 类、E 类地址。

在 A、B、C 类地址中，RFC 1918 定义了一些不允许在互联网中使用的私有地址。如果仅在公司内部的局域网内使用，则可以自行选用适合的私有地址，不需要申请。

- A 类地址：10.0.0.1～10.255.255.254；
- B 类地址：172.16.0.1～172.31.255.254；
- C 类地址：192.168.0.1～192.168.255.254。

使用私有地址的计算机不能直接对外通信。如果需要进行浏览网页、收发 E-mail 等操作，就必须通过 NAT 技术等的协助。

（5）几个特殊 IP 地址

下面列出的 IP 地址不能用来标识某个 TCP/IP 主机，而是专用于一些特殊的场合。

- IP 地址 127.0.0.1

实际上，整个 127.x.y.z 都属于本地回环测试地址（loopback）。通过 ping 这个地址可以检验本地网卡安装以及 TCP/IP 协议栈的配置是否正确。

● 广播地址

所谓广播指同时向网上所有的主机发送报文。无论物理网络特性如何，Internet 支持广播传输。广播分为本网（本地）广播和全网广播。本网广播地址的主机号部分各位全为 1，如 136.78.255.255 就是 B 类地址中的一个本网广播地址，数据接收方为网络 136.78.0.0 中的所有主机。而全网广播地址的所有位都置 1，即 255.255.255.255，数据接收方为本网络中所有主机。

● IP 地址 0.0.0.0 代表任何网络；主机位全部为 0 代表某一个网络。

● IP 地址 169.254.x.y。即自动分配私有 IP 地址（Automatic Private IP Addressing，APIPA）。如果 DHCP 的客户端无法从 DHCP 服务器租用到 IP 地址，它们会自动产生一个网络号为 169.254.0.0 的临时地址，利用它来与同一个网络内也是使用 169.254.x.y 地址的计算机通信。

（6）IP 地址的分配

如果需要将计算机直接连入 Internet，则必须向有关部门申请 IP 地址，而不能随便配置 IP 地址。这种申请的 IP 地址称为“公有 IP”。在互联网中的所有计算机都要配置公有 IP。如果要组建一个封闭的局域网，则可以任意配置 A、B、C 三类 IP 地址。只要保证 IP 地址不重复就行了。这时的 IP 称为“私有 IP”。但是，考虑到这样的网络仍然有连接 Internet 的需要，因此，INTERNIC 特别指定了某些范围作为专用的私有 IP，用于局域网的 IP 地址的分配，以免与合法的 IP 地址冲突。自己组建局域网时，建议使用这些专用的私有 IP，也称保留地址。INTERNIC 保留的 IP 范围如下。

A 类地址：10.0.0.1～10.255.255.254；

B 类地址：172.16.0.1～172.31.255.254；

C 类地址：192.168.0.0～192.168.255.254。

在网络通信中，要确保每台设备均在一个网段内。

家校通系统中的读写器的网络参数配置见表 4-3。

表 4-3　读写器的网络参数配置

设备名	IP 地址	登陆
无线路由器	LAN 口 IP：192.168.1.1 登录名：admin　密码：admin	WAN 口 IP：219.228.173.103 子网掩码：255.255.255.0 网关：219.228.173.1 DNS:219.228.171.11，219.96.209.5
本地服务器	IP：192.168.1.150	登录名：adminstrator 密码：admin
远程服务器	IP：192.168.1.160	登录名：adminstrator 密码：admin
家校通学生卡读写器	IP：192.168.1.100：23	
家校通 UHF 发卡器	IP：192.168.1.101：100	

4.4.2　子网掩码

子网掩码也是占用 32 位，它有以下两大功能：

1）用来区分 IP 地址中的网络位与主机位；

2）用来将网络分割为数个子网。

在配置 TCP/IP 参数时，除了要配置 IP 地址，还要配置子网掩码。子网掩码也是 32 位的二进制数，具体的配置方式：将 IP 地址网络位对应的子网掩码设为“1”，主机位对应的子网掩码设为“0”，如：对于 IP 地址是 131.107.16.200 的主机，由于是 B 类地址，前两组数为网络号，后两组数为主机号，则子网掩码配置：

11111111.11111111.00000000.00000000，转换为十进制数：255.255.0.0。由此，各类地址的默认子网掩码如下。

A 类：11111111.00000000.0000000.00000000 即 255.0.0.0；

B 类：11111111.11111111.00000000.00000000 即 255.255.0.0；

C 类：11111111.11111111.11111111.00000000 即 255.255.255.0。

之所以要配置子网掩码，是因为在 Internet 中，每台主机的 IP 地址都是由网络地址和主机地址两部分组成，为了使计算机能自动地从 IP 地址中分离出相应的网络地址，需专门定义一个网络掩码，也称子网屏蔽码，这样就可以快速地确定 IP 地址的哪部分代表网络号，哪部分代表主机号，判断两个 IP 地址是否属于同一个网络。

4.4.3 默认网关

网关（Gateway）又称网间连接器、协议转换器。网关在网络层以上实现网络互连，是最复杂的网络互连设备，仅用于两个高层协议不同的网络互连。网关既可以用于广域网互连，也可以用于局域网互连。

在 Internet 中，网关地址可以理解为内部网与 Internet 信息传输的通道地址。

4.4.4 域名地址（DNS）

域名地址是由解析器和域名服务器组成的。域名服务器是指保存一个网络中所有主机的域名和对应 IP 地址，并具有将域名转换为 IP 地址功能的服务器。其中域名必须对应一个 IP 地址，而 IP 地址不一定有域名。

域名解析：将域名映射为 IP 地址。

4.4.5 IPv6

现在使用的 IP 地址规范为 IPv4。IPv4（IP version4）标准是 20 世纪 70 年代末期制定完成的。20 世纪 90 年代初期，WWW 的应用导致互联网爆炸性发展，这导致 IP 地址资源日趋枯竭，现在的 IP 地址很快就要被用完了。为了解决这个问题，互联网工程任务组于 1992 年成立了 IPNGB 工作组着手研究下一代 IP 网络协议 IPv6。IPv6 使用长达 128 bit 的地址空间，使互联网中的 IP 地址达到 2^{128} 个，IPv6 地址空间是不可能用完的。除此之外，IPv6 具备更强的安全性、更容易配置。

与 IPv4 相比，IPv6 的主要优势在于：首先，高达 2^{128} 个网络地址空间近乎无限。由此，网络的安全性能也将大大提高。其次，数据传输速度将大大提高。此外，IPv6 还能提高网络的整体吞吐量、改善服务质量（QoS）、支持即插即用和移动性以及更好地实现多播功能。从长远看，IPv6 有利于互联网的持续和长久发展。目前，国际互联网组织已经决定成立两个专门工作组，制定相应的国际标准。

4.5 网络操作系统

网络操作系统是网络的心脏和灵魂，是向网络计算机提供服务的特殊的操作系统。借由网络达到互相传递数据与各种消息，分为服务器（Server）操作系统及客户端（Client）操作系统。

4.5.1 UNIX

UNIX 是美国贝尔实验室开发的一种多用户、多任务的操作系统。作为网络操作系统，UNIX 以其安全、稳定、可靠的特点和完善的功能，广泛应用于网络服务器、Web 服务器、数据库服务器等高端领域。UNIX 主要有以下几个特点：

（1）可靠性高

UNIX 在安全性和稳定性方面具有非常突出的表现，对所有用户的数据都有非常严格的保护措施。

（2）网络功能强

作为 Internet 技术基础的 TCP/IP 就是在 UNIX 上开发出来的，而且成为 UNIX 不可分割的组成部分。UNIX 还支持所有最通用的网络通信协议，这使得 UNIX 能方便地与单主机、局域网和广域网通信。

（3）开放性好

UNIX 的缺点是系统过于庞大、复杂，一般用户很难掌握。

4.5.2 NetWare

NetWare 是 Novell 公司开发的网络操作系统，也是以前最流行的局域网操作系统。NetWare 主要使用 IPX/SPX 协议进行通信。主要具有以下特点：

1）强大的文件和打印服务功能：NetWare 通过高速缓存的方式实现文件的高速处理，还可以通过配置打印服务实现打印机共享。

2）良好的兼容性及容错功能：NetWare 不仅与不同类型的计算机兼容，还与不同的操作系统兼容。同时，NetWare 在系统出错时具有自我恢复的能力，从而将因文件丢失而带来的损失降到最小。

3）比较完备的安全措施：NetWare 采取了四级安全控制，以管理不同级别用户对网络资源的使用。

NetWare 的缺点：相对于 Windows 操作系统来说，NetWare 网络管理比较复杂。它要求管理员熟悉众多的管理命令和操作，易用性差。

4.5.3 Linux

Linux 是一个“类 UNIX”的操作系统，最早是由芬兰赫尔辛基大学的一名学生开发的。Linux 是自由软件，也称源代码开放软件，用户可以免费获得并使用 Linux 系统。主要有以下特点：

1）Linux 是免费的；

2）较低的系统资源需求；

3）广泛的硬件支持；

4）极强的网络功能；

5）极高的稳定性与安全性。

Linux 的缺点：相对于 Windows 系统来说，Linux 的易用性较差。

4.5.4 Windows NT/Server 2012

1．Windows NT4.0

Windows NT4.0 是微软开发的网络操作系统，主要用于局域网。因其界面友好，易于使用，功能强大而抢占了几乎 80%的中低端网络操作系统的市场份额。

Windows NT4.0 共有两个版本：Windows NT Workstation（工作站版）和 Windows NT Server（服务器版）。工作站版主要作为单机和网络客户机操作系统，而服务器版用于配置局域网服务器。

2．Windows Server 2012

Windows Server 2012（开发代号：Windows Server 8）是微软的一个服务器系统。这是 Windows 8 的服务器版本，并且是 Windows Server 2008 R2 的继任者。该操作系统已经在 2012 年 8 月 1 日完成编译 RTM 版，并且在 2012 年 9 月 4 日正式发售。

Windows Server 2012 有 4 个版本：Foundation、Essentials、Standard 和 Datacenter。

Windows Server 2012 Essentials 面向中小企业，用户限定在 25 位以内，该版本简化了界面，预先配置云服务连接，不支持虚拟化。

Windows Server 2012 Foundation 版本仅提供给 OEM 厂商，限定用户 15 位，提供通用服务器功能，不支持虚拟化。

Windows Server 2012 Standard 版提供完整的 Windows Server 功能，限制使用两台虚拟主机。

Windows Server 2012 Datacenter 版提供完整的 Windows Server 功能，不限制虚拟主机数量。

4.6 实训

4.6.1 实训 1：家校通系统之 RFID 网口通信实训

训前说明：本次实训在整个实训中的逻辑位置如图 4-9 所示。

本实训的具体逻辑框架图如图 4-10 所示。

（一）任务目标

熟悉家校通系统的运行流程；

熟悉家校通系统的网络通信设备并学会如何使用；

（二）任务内容

搭建家校通网络通信系统。

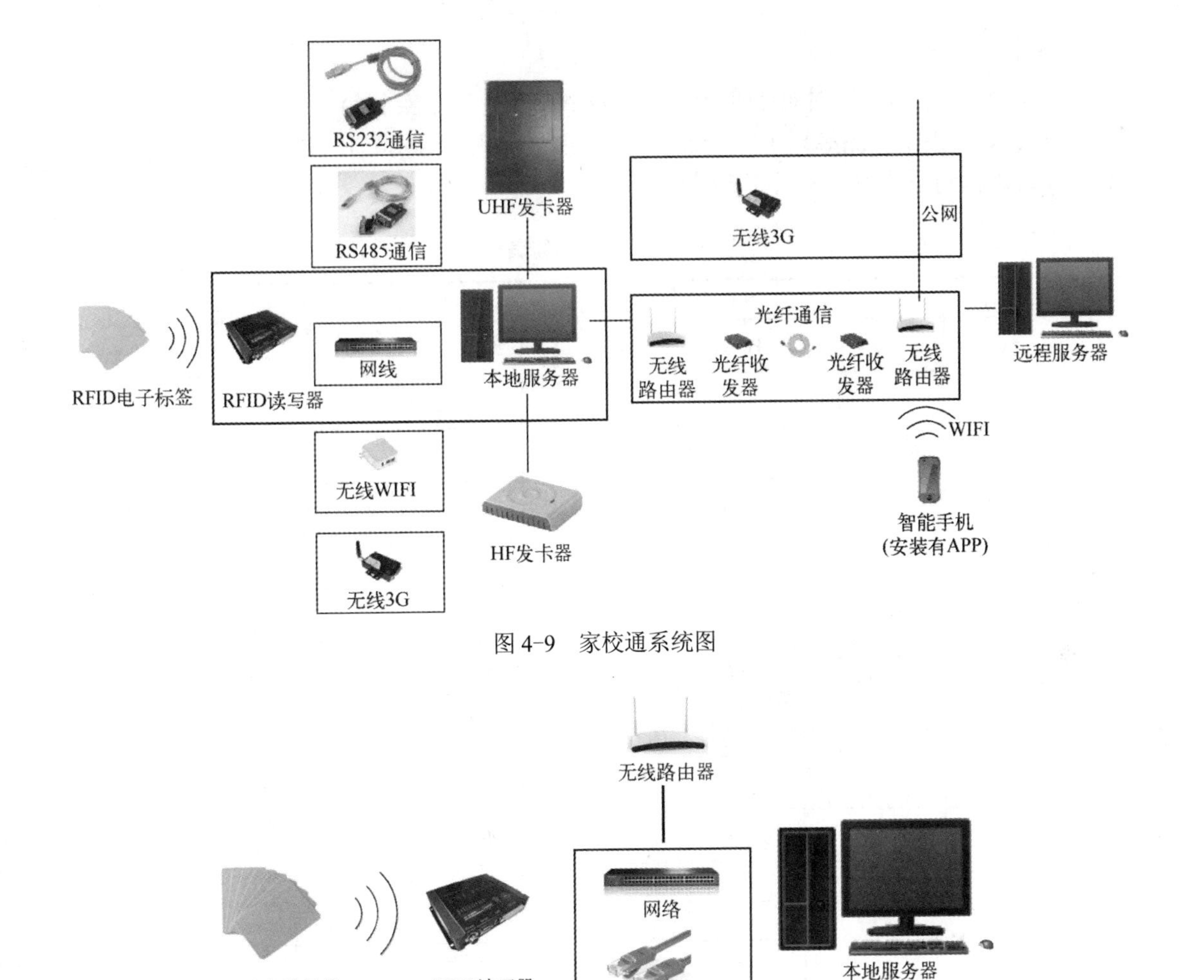

图 4-9　家校通系统图

图 4-10　逻辑框架

（三）提交资料

家校通系统实训——学生工作页。

（四）实训前准备（含硬件设备和软件）

实训所需清单见表 4-4 所示。

表 4-4　实训所需清单

序号	设备名称	数量	厂家及型号
1	家校通学生卡	2	6C 白卡
2	家校通学生卡读写器	1	Alien，ALR-9900
3	网线	2	
4	本地服务器	1	DELL
5	交换机	1	TP-LINK，
6	家校通系统服务软件	1	Surmount
7	家校通系统学生卡读卡软件	1	Surmount
8	家校通系统考勤软件	1	Surmount

（五）任务实施

根据项目设备清单，把本项目的所有设备准备到位，置于实验台上；

设备接线，根据系统接线图，家校通学生卡读写器通过网线与服务器通信，将本实训中用到的设备连接到系统中，见表 4-5 所示。

表 4-5　设备接线表

序号	设备名称	通信方式	接口	所接设备	接口	线规	备注
1	RFID 读写器	电源	Power	220 V 电源	220 V 电源	RFID 读写器自带电源线	DC12 V
		1 有线通信：串口 232					
		2 有线通信：串口 485					
		3 有线通信：网口	网口	交换机	LAN1	超五类双绞网线	192.168.1.100
		4 无线通信：WIFI 通信					
		5 无线通信：3G 通信					
1	RFID 读写器	信号的接收与发送	Ant0	天线	馈线接头	产品自带馈线	
			Ant1	天线	馈线接头	产品自带馈线	
			Ant2	天线	馈线接头	产品自带馈线	
			Ant3	天线	馈线接头	产品自带馈线	
2	本地无线路由器	电源	Power	220 V 电源	220 V 电源	无线路由器自带电源线	DC12 V
		WAN	WAN				
			LAN	交换机	LAN16	超五类双绞网线	
			LAN				
			LAN				
			LAN				
3	交换机	电源	Power	220 V 电源	220 V 电源	交换机自带电源线	
		网络通信	LAN1	UHF 读写器	LAN	超五类双绞网线	192.168.1.100
			LAN2				
			LAN3				
			LAN4				
			LAN5				
			LAN6				
			LAN7				
			LAN8				
			LAN9	本地服务器	LAN		192.168.1.150
			LAN10				
			LAN11				
			LAN12				
			LAN13				
			LAN14				

（续）

序号	设备名称	通信方式	接口	所接设备	接口	线规	备注
3	交换机	网络通信	LAN15				
			LAN16	本地无线路由器	LAN	超五类双绞网线	
4	本地服务器		220 V	220 V 电源	220 V 电源	自带电源线	
			VGA 接口	显示器	VGA 接口	显示器带 VGA 线	
			串口				
			USB 接口 1	鼠标	USB 接口		
			USB 接口 2	键盘	USB 接口		
			USB 接口 3	USB 转 232	USB 接口		
			USB 接口 4	USB 转 232	USB 接口		
			网口 1	交换机	LAN9	超五类双绞网线	
			网口 2				
5	显示器		220 V	220 V 电源	220 V 电源	自带电源线	
			VGA 接口	本地服务器	VGA 接口	自带 VGA 线	

1）上电前的检查，仔细检查所有设备的连接是否无误。若有错误，应及时更正。

2）系统上电。

3）检查网络的系统连通性。

网线连接好之后，给读写器、交换机、本地服务器设备上电。

检查本地服务器与读写器的连通性，输入“ping 192.168.1.100”，结果如图 4-11 所示，表示连接良好。

图 4-11　检查本地服务器与阅读器的连通性

4）开启本地服务器服务功能。

在本地服务器的“D:\上海电子信息职业技术学院计算机应用系通信试验室软件\local-server”，如图 4-12 所示。

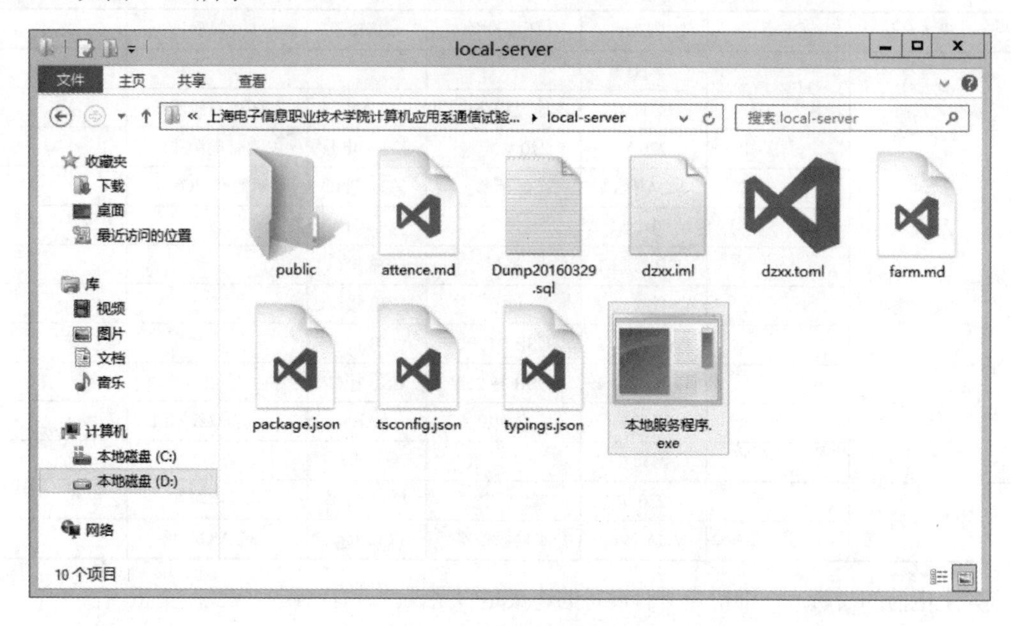

图 4-12　服务软件的位置

双击“本地服务程序.exe”，即可打开本程序，开启本地服务器的服务功能，界面如图 4-13 所示。

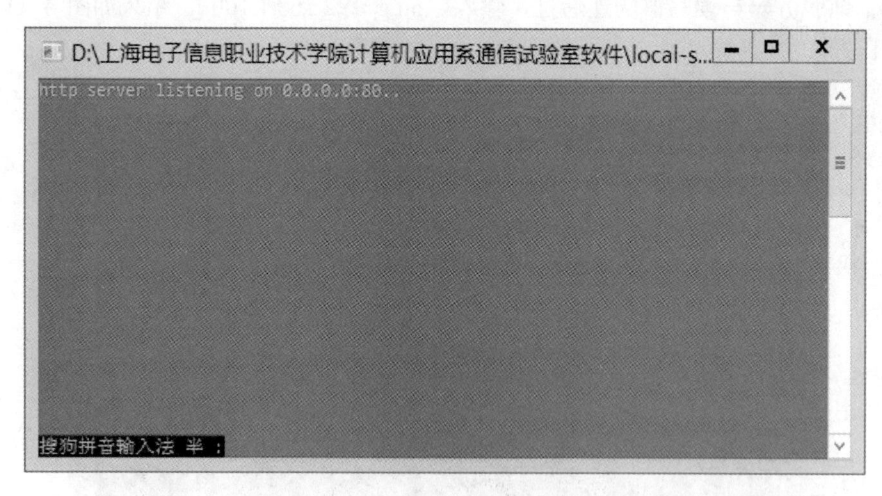

图 4- 13　开启本地服务器的服务功能

说明：

- 开启之后，单击窗口最小化即可。本程序后台运行，切记不要关闭。
- 如何识别本地服务器和远程服务器。

如图 4-14 所示：在服务器的前面 USB 接口的侧下方，有“EST”字样，将其像拉抽屉一样拉出来，即可看到“本地服务器 账号：administrator；密码：admin”字样，这就说明本台服务器即本地服务器，如图 4-14、图 4-15 所示。

图 4-14　本地服务器 EST

图 4-15　本地服务器 EST 拉出

5）情景模拟，在家校通学生卡读写器的天线读取范围内手持家校通学生卡，即可被读写器读取。

学生上学、放学带卡正常出行依赖于 UHF 读写器，如图 4-16 所示。学生出勤用的读写器程序是专门服务于学生出勤卡读写器的。

图 4-16　UHF 读写器连接本地服务器

6）打开桌面“家校通学生出勤管理程序”，如图 4-17 所示。

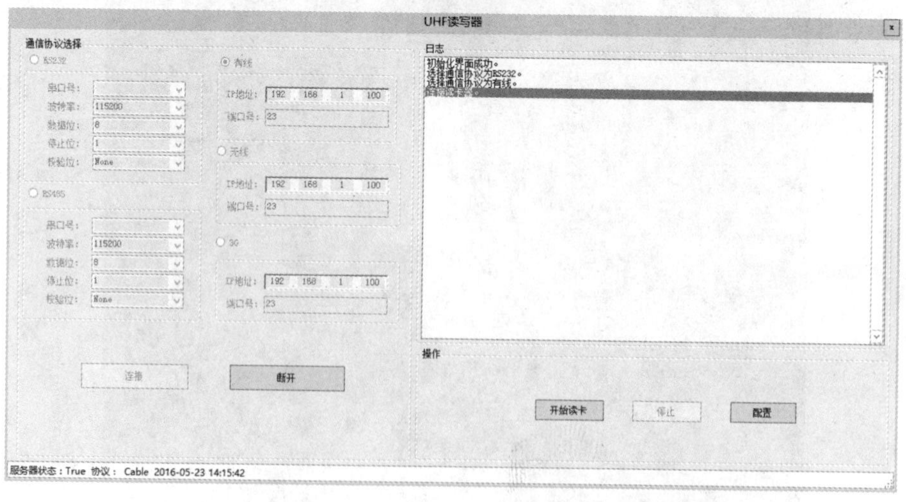

图 4-17　家校通学生出勤管理界面

连接好之后，取一张学生卡，置于读写器的读取范围内。

单击“开始读卡”，界面显示读取到的学生卡数据，如图 4-18 所示。

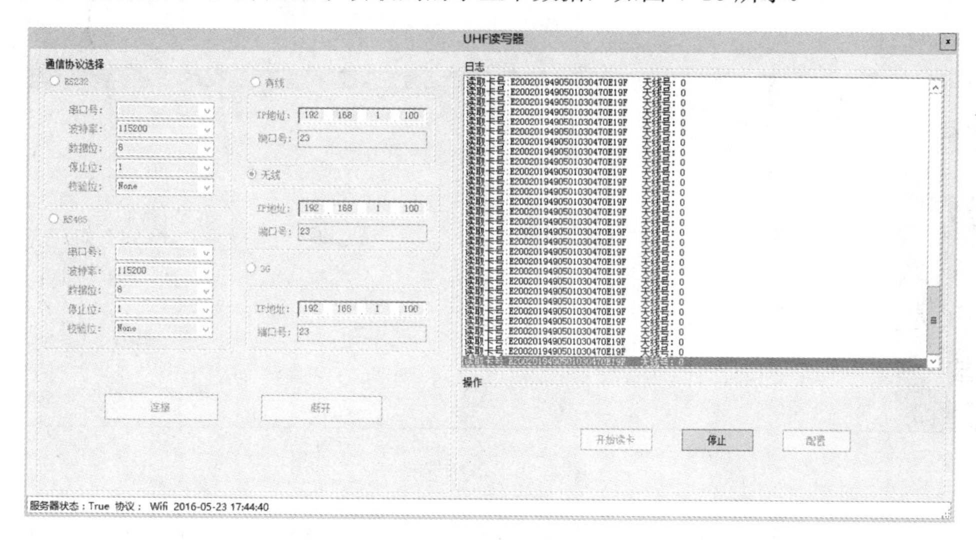

图 4-18　学生卡数据示意

7）出勤信息查看。

● 按学生查看学生的详细考勤状况。

需要在本地服务器服务程序开启的前提下，在浏览器输入：127.0.0.1：8000，如图 4-19 所示，进入家校通程序，单击“学生”，在窗口的右侧即显示出了本项目所有 20 张学生卡，选中一位学生，单击“View”之后，输入起始时间和结束时间。

图 4-19　家校通主页

● 按班级查看学生的详细考勤状况。

要查看班级的详细考勤状况，则需要在本地服务器服务程序开启的前提下，在浏览器输入：127.0.0.1：8000，进入家校通程序，单击“班级”，在窗口的右侧即显示出了本项目所有的班级，选中一个班级，如“文科班”，输入起始时间与结束时间，单击“查询”，如图 4-20、图 4-21 所示。

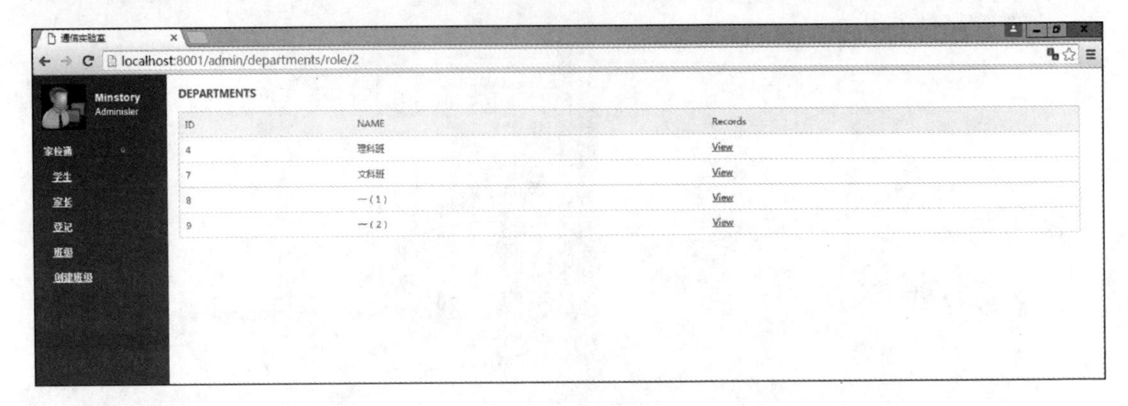

图 4-20　班级选择

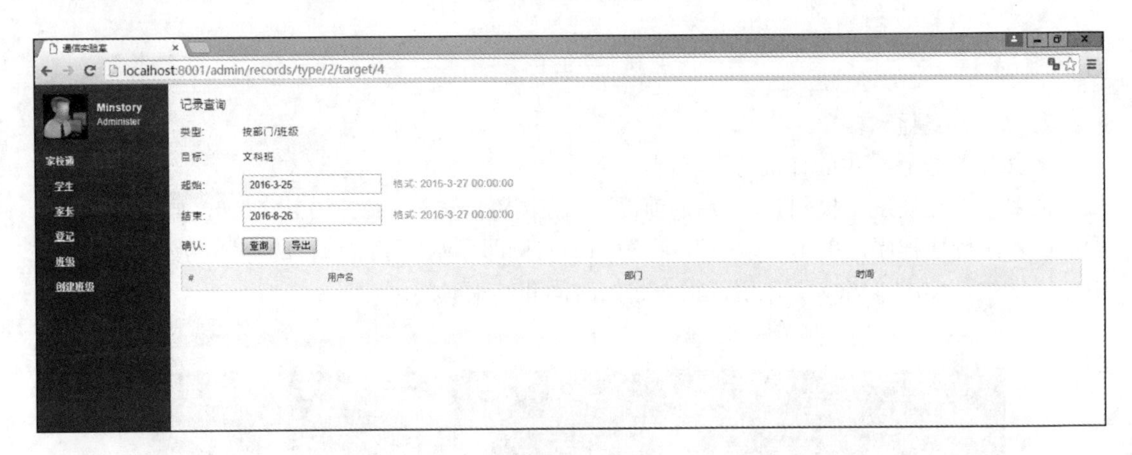

图 4-21　记录查询

也可导出，单击“导出”，系统即可导出.xls 文件，图 4-22 所示。

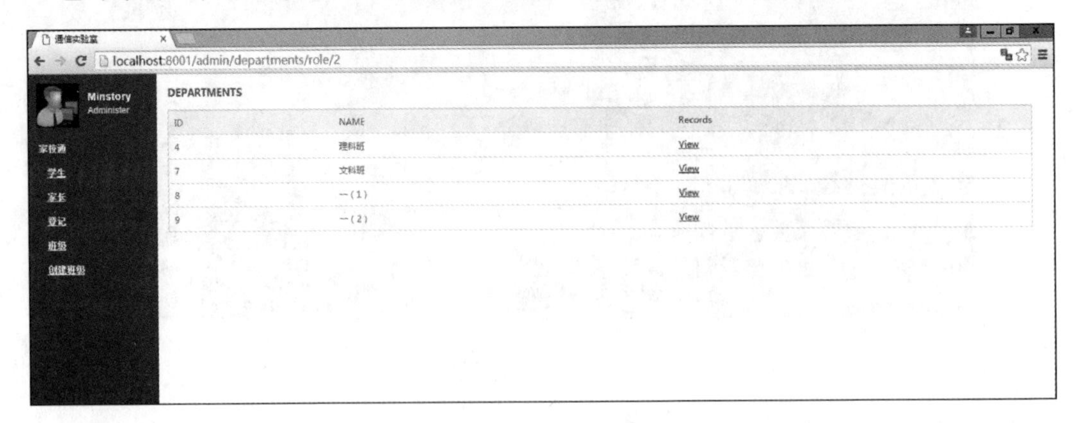

图 4-22　部门选择

用表格工具打开，如图 4-23 所示。

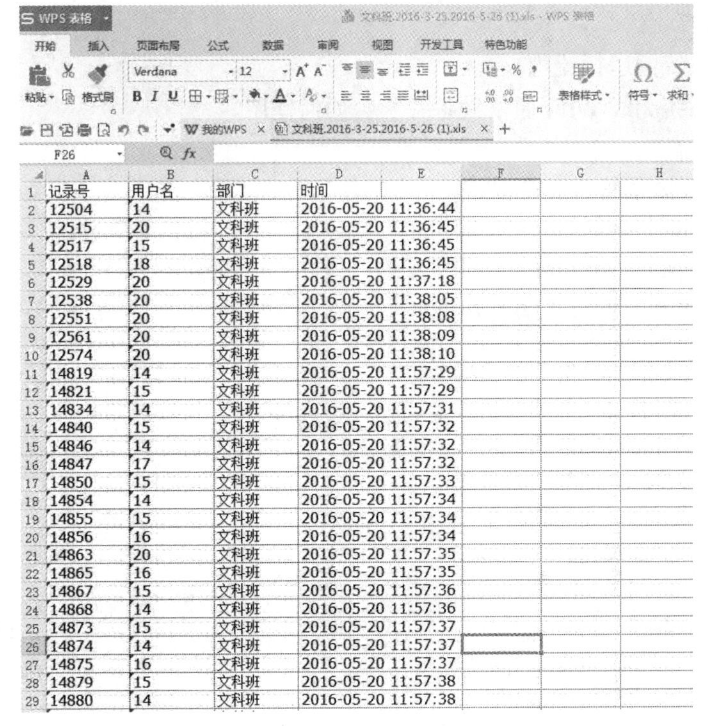

记录号	用户名	部门	时间
12504	14	文科班	2016-05-20 11:36:44
12515	20	文科班	2016-05-20 11:36:45
12517	15	文科班	2016-05-20 11:36:45
12518	18	文科班	2016-05-20 11:36:45
12529	20	文科班	2016-05-20 11:37:18
12538	20	文科班	2016-05-20 11:38:05
12551	20	文科班	2016-05-20 11:38:08
12561	20	文科班	2016-05-20 11:38:09
12574	20	文科班	2016-05-20 11:38:10
14819	14	文科班	2016-05-20 11:57:29
14821	15	文科班	2016-05-20 11:57:29
14834	14	文科班	2016-05-20 11:57:31
14840	15	文科班	2016-05-20 11:57:32
14846	14	文科班	2016-05-20 11:57:32
14847	17	文科班	2016-05-20 11:57:32
14850	15	文科班	2016-05-20 11:57:33
14854	14	文科班	2016-05-20 11:57:34
14855	15	文科班	2016-05-20 11:57:34
14856	16	文科班	2016-05-20 11:57:34
14863	20	文科班	2016-05-20 11:57:35
14865	16	文科班	2016-05-20 11:57:35
14867	15	文科班	2016-05-20 11:57:36
14868	14	文科班	2016-05-20 11:57:36
14873	15	文科班	2016-05-20 11:57:37
14874	14	文科班	2016-05-20 11:57:37
14875	16	文科班	2016-05-20 11:57:37
14879	15	文科班	2016-05-20 11:57:38
14880	14	文科班	2016-05-20 11:57:38

图 4-23　表格内容

8）根据实际情况填写学生工作页，并上交给教师。

9）实训完毕，将所有系统的所有设备、连接线恢复到实训前的状态，整理干净实训台之后方可离开。

（六）相关网站资料

中国互联网络信息中心：http://www.cnnic.net.cn/；

中国通信网：http://www.c114.net/；

通信人家园：http://bbs.c114.net/。

（七）思考问题

除了可以通过串口、网口连接，还有哪些其他通信方式呢？

4.6.2　实训 2：家校通系统之 RFID 无线 WiFi 通信实训

本实训的具体逻辑框架图如图 4-24 所示。

本读写器，通过无线 WiFi 方式连接至本地服务器，具体操作是：将读写器通过网线连接至无线 WiFi 模块的 LAN 接口；无线 WiFi 模块通过无线的方式连接到无线路由器；无线路由器连接到交换机；服务器通过网线连接至交换机。

图 4-24　实训逻辑框架图

（一）任务目标

熟悉家校通系统的运行流程；

熟悉家校通系统无线 WiFi 通信设备并学会如何使用。

（二）任务内容

搭建家校通无线 WiFi 通信系统。

（三）提交资料

家校通系统实训——学生工作页。

（四）实训前准备（含硬件设备和软件）

所需清单见表 4-6。

表 4-6　设备清单

序号	设备名称	数量	厂家及型号
1	家校通学生卡	2	6C 白卡
2	家校通学生卡读写器	1	Alien，ALR-9900
3	网线	2	
4	本地服务器	1	DELL
5	交换机	1	TP-LINK，
6	路由器	1	TP-LINK，
7	WiFi	1	TP-LINK，
8	家校通系统服务软件	1	Surmount
9	家校通系统学生卡读卡软件	1	Surmount
10	家校通系统考勤软件	1	Surmount

（五）任务实施

1）根据项目设备清单，把本项目的所有设备准备到位，置于实验台上。

2）设备接线，根据系统接线图，家校通学生卡读写器通过无线 WiFi 与服务器通信，将本实训中用到的设备连接到系统中，设备逻辑接线图如图 4-25 所示。

图 4-25　设备逻辑接线图

接线表见表 4-7。

表 4-7　设备接线表

序号	设备名称	通信方式	接口	所接设备	接口	线规	备注
1	RFID 读写器	电源	Power	220 V 电源	220 V 电源	RFID 读写器自带电源线	DC12 V
		1 有线通信：串口 232	serial	本地服务器	USB 接口	串口线&USB 转 232 转接线	
		2 有线通信：串口 485					
		3 有线通信：网口					
		4 无线通信：WIFI 通信	网口	无线 WiFi 模块	LAN	超五类双绞网线	192.168.1.100

（续）

序号	设备名称	通信方式	接口	所接设备	接口	线规	备注
1	RFID 读写器	5 无线通信：3G 通信					
		信号的接收与发送	Ant0	天线	馈线接头	产品自带馈线	
			Ant1	天线	馈线接头	产品自带馈线	
			Ant2	天线	馈线接头	产品自带馈线	
			Ant3	天线	馈线接头	产品自带馈线	
2	本地无线路由器	电源	Power	220 V 电源	220 V 电源	无线路由器自带电源线	DC12 V
		WAN	WAN				
			LAN	交换机	LAN16	超五类双绞网线	
			LAN				
			LAN				
			LAN				
3	交换机	电源	Power	220 V 电源	220 V 电源	交换机自带电源线	
		网络通信	LAN1	UHF 读写器	LAN	超五类双绞网线	192.168.1.100
			LAN2				
			LAN3				
			LAN4				
			LAN5	智能路由			192.168.1.199
			LAN6				
			LAN7				
			LAN8				
			LAN9	本地服务器	LAN		192.168.1.150
			LAN10	远程服务器	LAN	使用网络连接时才使用本连接，使用光纤连接时，则不接在本交换机	192.168.1.160
			LAN11				
			LAN12				
			LAN13				
			LAN14				
			LAN15				
			LAN16	本地无线路由器	LAN	超五类双绞网线	
4	本地服务器		220 V	220 V 电源	220 V 电源	自带电源线	
			VGA 接口	显示器	VGA 接口	显示器带 VGA 线	
			串口				
			USB 接口 1	鼠标	USB 接口		
			USB 接口 2	键盘	USB 接口		
			USB 接口 3	USB 转 232	USB 接口		
			USB 接口 4	USB 转 232	USB 接口		
			网口 1	交换机	LAN9	超五类双绞网线	
			网口 2				
5	显示器 1		220 V	220 V 电源	220 V 电源	自带电源线	
			VGA 接口	本地服务器	VGA 接口	自带 VGA 线	

3）上电前的检查，仔细检查所有设备连接是否无误。若有错误，应及时更正。

4）系统上电。

5）网络设备的配置

● 无线路由器

通过计算机 Web 页面进行配置：第一次登录路由器或重启后登录路由器时，界面将自动显示设置向导页面，并设置无线供移动设备使用。

① 打开浏览器，输入 tplogin.cn，进入路由器的登录页面，如图 4-26 所示。

图 4-26　路由器的登录页面

② 在设置密码框填入要设置的管理员密码（6～32 个字符，最好是数字、字母、特殊字符的组合），在确认密码框再次输入，单击“确定”按钮。

③ 设置无线名称和无线密码并单击“确定”按钮完成设置，如图 4-27 所示。

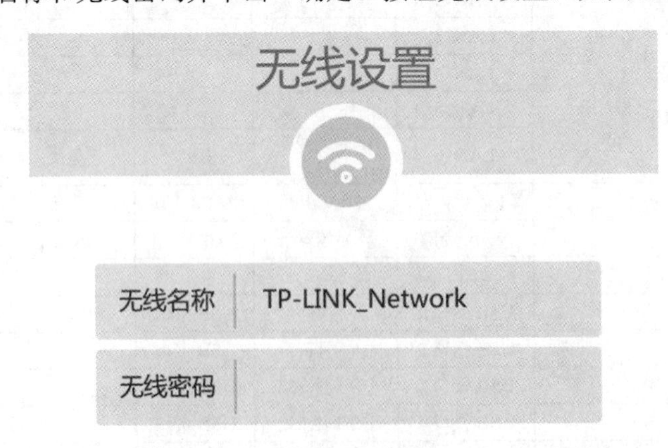

图 4-27　设置无线名称和无线密码

确认无线配置信息，根据提示重新连接无线。

● 无线 WiFi 模块

功能介绍：本系统中，此模块工作在 Client 模式下，本设备相当于一款无线网卡，需要通过网线连接到读写器、台式机、智能电视等终端设备。连接成功后，即可搜索已有的 WiFi 信号，实现无线通信。下面具体介绍一下 Client 模式配置指南。

① 启动和登录。

启动路由器并成功登录路由器管理页面后，浏览器会显示设置向导的界面。在左侧菜单栏中，共有如下几个菜单：运行状态、设置向导、网络参数、无线设置、DHCP 服务器和系统工具及退出登录。单击某个菜单项，即可进行相应的功能设置。

② 工作模式的设置。

选择菜单系统工具→工作模式，将出现无线工作模式设置界面，如图 4-28 所示。

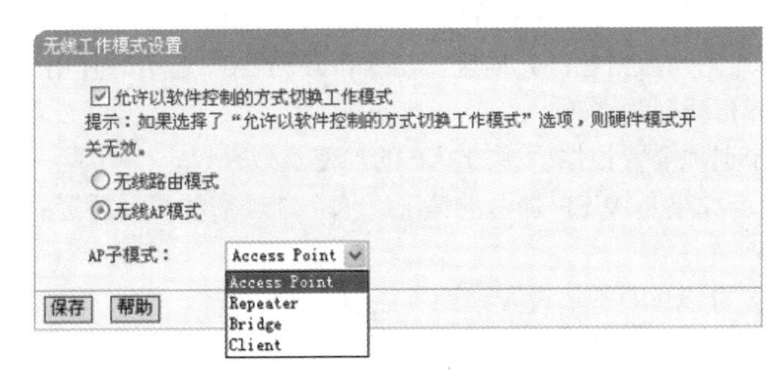

图 4-28　工作模式选择

工作模式当不勾选“允许以软件控制的方式切换工作模式”选项表示通过系统的硬件拨动开关进行无线路由模式与无线 AP 模式之间的切换，当勾选该选项时表示通过页面选择的方式进行切换。

无线 AP 模式：该模式下，有线口作为 LAN 口。

无线路由模式：该模式下，有线接口作为 WAN 口，可以通过 WAN 口接入 Internet。

若当前处于无线 AP 模式时，还应根据实际应用场景在 AP 子模式选项卡选择相应的子模式。

AP 子模式包括如下几种。

Access Point：可以作为无线设备连接网络的接入点。

Repeater：可以扩大无线的覆盖范围。

Bridge：可以和另外一个无线网络进行通信。

Client：通过以太网连接的主机可以通过 Client 模式接入 AP。

在本系统中，本模块工作在 Client 模式下。

③ 连接无线路由器设置。

单击“无线设置”→“基本设置”，可以在如图 4-29 所示中设置无线网络的基本参数选项。该模式将允许多个无线工作站点接入。

（RootAP 的）SSID：要连入的无线网络的网络名称。

（RootAP 的）BSSID：要连入的 AP 的 MAC 地址。

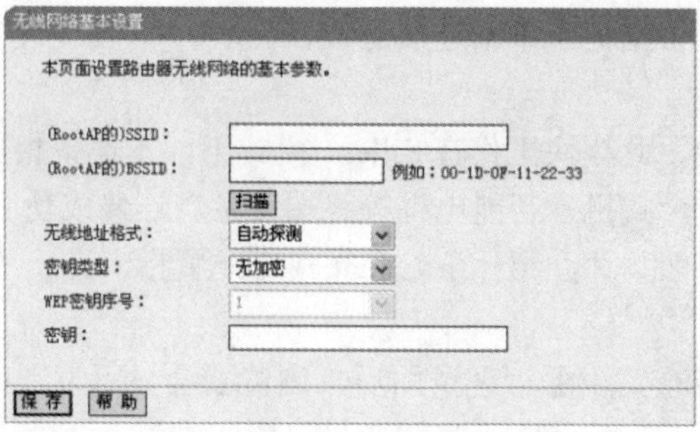

图 4-29　基本设置

频段带宽：设置无线数据传输时所占用的信道宽度，可选项为 20 M、40 M 和自动。推荐使用自动。

无线地址格式：要桥接的 AP 支持的无线数据包地址格式；3 地址，与要桥接的 AP 通信时使用 3 地址格式无线数据包；4 地址，与要桥接的 AP 通信时使用 4 地址格式无线数据包。建议默认选择自动探测选项。

密钥类型：这个选项需要根据桥接的 AP 的加密类型来设定。

WEP 密钥序号：如果是 WEP 加密的情况，这个选项需要根据桥接的 AP 的 WEP 密钥的序号来设定。

密钥：根据桥接的 AP 的密钥设置来设置该项。

6）开启本地服务器服务功能。

在本地服务器的“D:\上海电子信息职业技术学院计算机应用系通信试验室软件\local-server”。

打开本地服务器的方法见第 4.6.1 节。

7）情景模拟，手持家校通学生卡，在家校通学生卡读写器的天线读取范围内，即可被读写器读取。

学生上学放学带卡正常出行依赖于 UHF 读写器，学生出勤用的读写器程序是专门服务于学生出勤卡读写器的。

打开桌面上的“家校通学生出勤管理程序”，如图 4-30 所示。

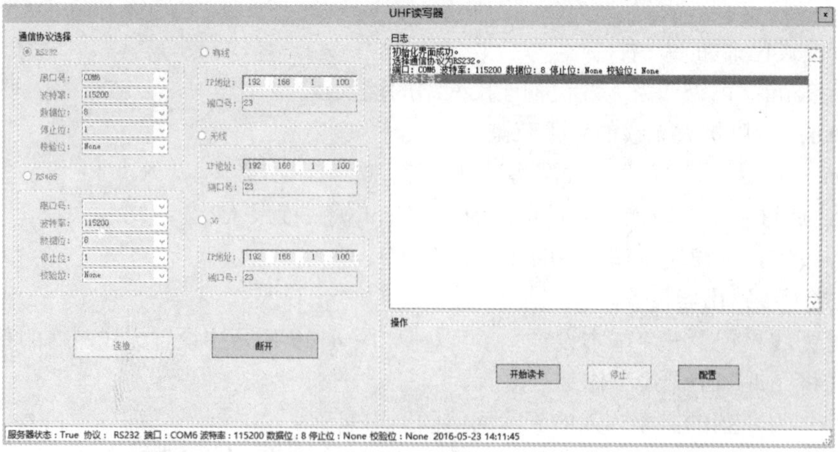

图 4-30　家校通学生出勤管理程序

连接好之后，取一张学生卡，置于读写器的读取范围内。

单击“开始读卡”按钮，界面显示读取到的学生卡数据，如图 4-31 所示。

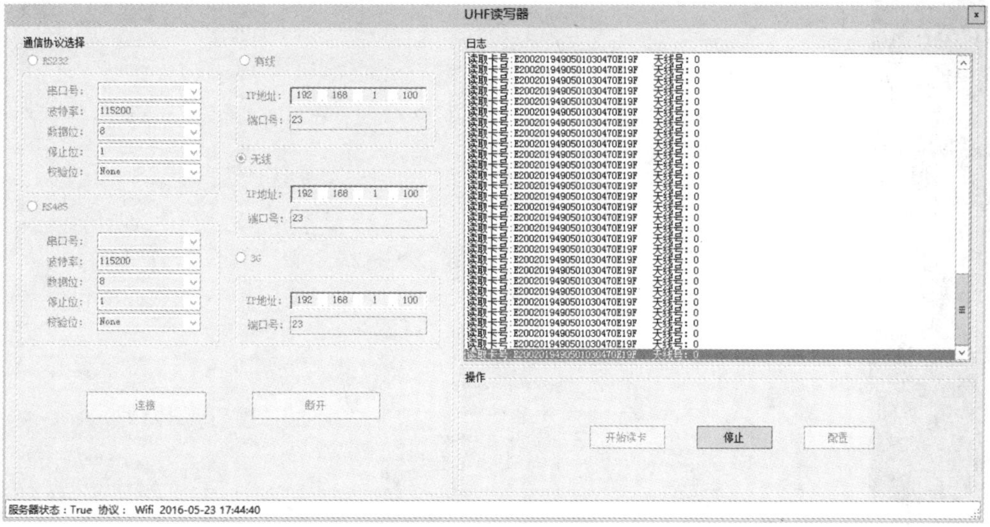

图 4-31　学生卡数据

8）出勤信息查看。

● 按学生查看学生的详细考勤状况。

则需要在本地服务器服务程序开启的前提下，在浏览器输入：“127.0.0.1：8000”，进入家校通程序，如图 4-32 所示，单击“学生”，在窗口的右侧即显示出了本项目所有 20 张学生卡，选中一位学生，单击“View”按钮之后，输入起始时间与结束时间，如图 4-33 所示。

图 4-32　主页

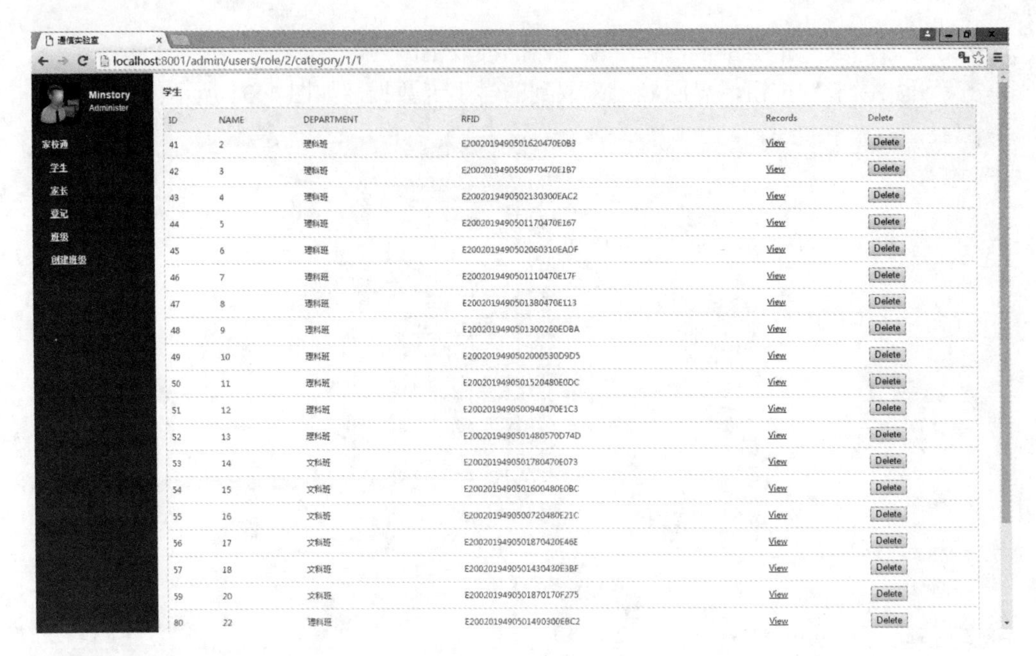

图 4-33　考勤信息

● 按班级查看学生的详细考勤状况。

要查看班级的详细考勤状况，则需要在本地服务器服务程序开启的前提下，在浏览器输入："127.0.0.1：8000"，进入家校通程序，单击"班级"，在窗口的右侧即显示出了本项目所有的班级，选中一个班级，如"文科班"按钮，输入起始时间与结束时间，单击"查询"，如图 4-34、图 4-35 所示。

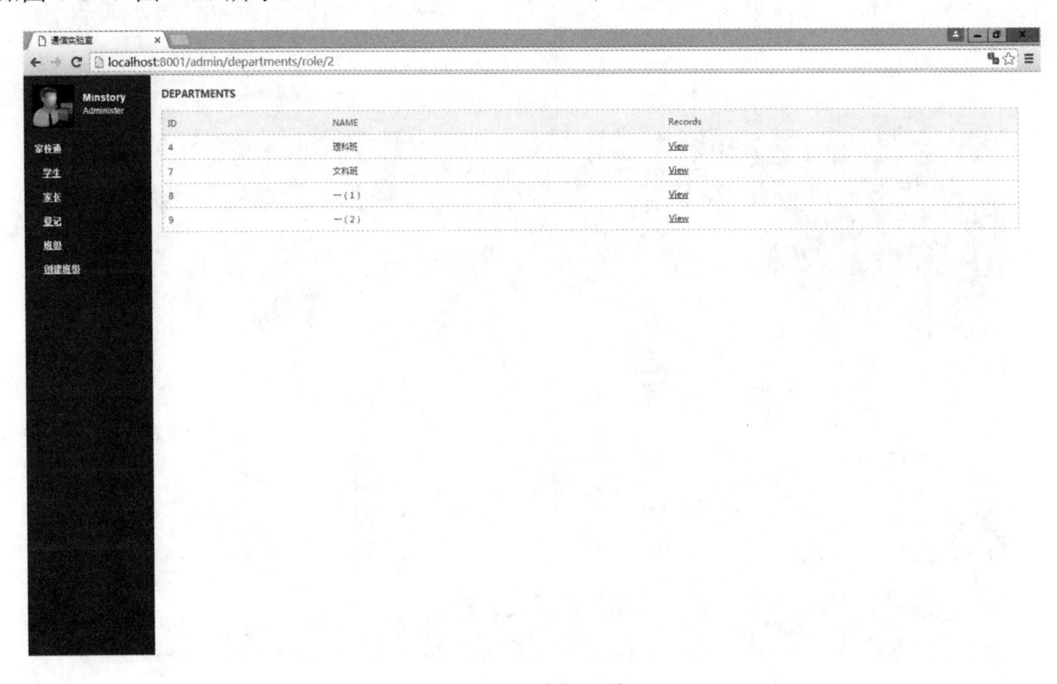

图 4-34　班级浏览

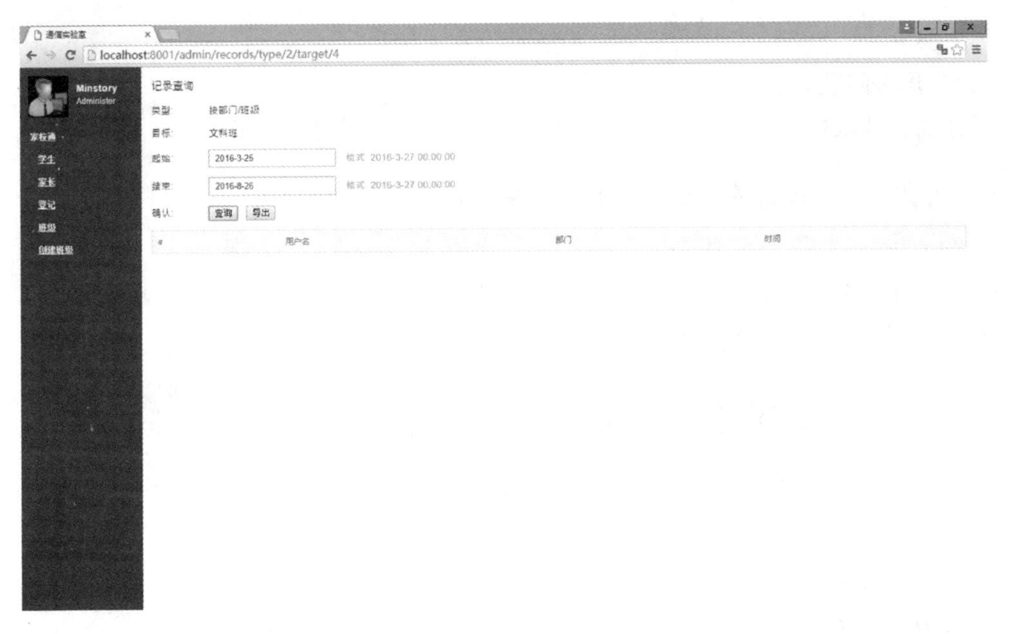

图 4-35　查询

也可导出，单击“导出”按钮，系统即可导出.xls 文件：用表格工具打开，如图 4-36 所示。

记录号	用户名	部门	时间
12504	14	文科班	2016-05-20 11:36:44
12515	20	文科班	2016-05-20 11:36:45
12517	15	文科班	2016-05-20 11:36:45
12518	18	文科班	2016-05-20 11:36:45
12529	20	文科班	2016-05-20 11:37:18
12538	20	文科班	2016-05-20 11:38:05
12551	20	文科班	2016-05-20 11:38:08
12561	20	文科班	2016-05-20 11:38:09
12574	20	文科班	2016-05-20 11:38:10
14819	14	文科班	2016-05-20 11:57:29
14821	15	文科班	2016-05-20 11:57:29
14834	14	文科班	2016-05-20 11:57:31
14840	15	文科班	2016-05-20 11:57:32
14846	14	文科班	2016-05-20 11:57:32
14847	17	文科班	2016-05-20 11:57:32
14850	15	文科班	2016-05-20 11:57:33
14854	14	文科班	2016-05-20 11:57:34
14855	15	文科班	2016-05-20 11:57:34
14856	16	文科班	2016-05-20 11:57:34
14863	20	文科班	2016-05-20 11:57:35
14865	16	文科班	2016-05-20 11:57:35
14867	15	文科班	2016-05-20 11:57:36
14868	14	文科班	2016-05-20 11:57:36
14873	15	文科班	2016-05-20 11:57:37
14874	14	文科班	2016-05-20 11:57:37
14875	16	文科班	2016-05-20 11:57:37
14879	15	文科班	2016-05-20 11:57:38
14880	14	文科班	2016-05-20 11:57:38

图 4-36　导出考勤表格

9）根据实际情况填写学生工作页，并上交给教师。

10）实训完毕，将所有系统的所有设备、连接线恢复到实训前的状态，整理干净实训台之后方可离开。

（六）思考问题

除了可以通过串口、网口、无线 WiFi 连接，还有哪些其他通信方式呢？

4.6.3 实训 3：家校通系统之 RFID 无线 3G 通信实训

注意：

有公网 IP 地址的学校，可参照本实训，或者对此感兴趣的读者也可更深入地研究一下。

本实训的具体逻辑框架图如图 4-37 所示。

图 4-37　逻辑框架图

（一）任务目标

熟悉家校通系统的运行流程；

熟悉家校通系统无线 3G 通信设备并学会如何使用。

（二）任务内容

搭建家校通无线 3G 通信系统。

（三）提交资料

家校通系统实训一学生工作页。

（四）实训前准备（含硬件设备和软件）

所需清单见表 4-8。

表 4-8　设备清单

序号	设备名称	数量	厂家及型号
1	家校通学生卡	2	6C 白卡
2	家校通学生卡读写器	1	Alien，ALR-9900
3	串口线	1	
4	USB 转 RS232 线	1	Utek，UT—880
5	本地服务器	1	DELL
6	3G 模块	1	四信，F2403
7	串口转接线	1	Surmount
8	家校通系统服务软件	1	Surmount
9	家校通系统学生卡读卡软件	1	Surmount
10	家校通系统考勤软件	1	Surmount

（五）任务实施、小贴士

1）根据项目设备清单，把本项目的所有设备准备到位，置于实验台上。

2）设备接线，根据系统接线图，如图 4-38 所示，家校通学生卡读写器通过无线 3G 与服务器通信，将本实训中用到的设备连接到系统中。

图 4-38　逻辑接线图

接线表见表 4-9。

表 4-9　设备接线表

序号	设备名称	通信方式	接口	所接设备	接口	线规	备注
1	RFID 读写器	电源	Power	220 V 电源	220 V 电源	RFID 读写器自带电源线	DC12 V
		1 有线通信：串口 232					
		2 有线通信：串口 485					
		3 有线通信：网口					
		4 无线通信：WIFI 通信					
		5 无线通信：3G 通信	serial	3G 模块	232 接口	串口线&USB 转 232 转接线	
		信号的接收与发送	Ant0	天线	馈线接头	产品自带馈线	
			Ant1	天线	馈线接头	产品自带馈线	
			Ant2	天线	馈线接头	产品自带馈线	
			Ant3	天线	馈线接头	产品自带馈线	
2	本地无线路由器	电源	Power	220 V 电源	220 V 电源	无线路由器自带电源线	DC12 V
		WAN	WAN				
			LAN	交换机	LAN16	超五类双绞网线	
			LAN				
			LAN				
			LAN				
3	交换机	电源	Power	220 V 电源	220 V 电源	交换机自带电源线	
		网络通信	LAN1				
			LAN2				
			LAN3				
			LAN4				

（续）

序号	设备名称	通信方式	接口	所接设备	接口	线规	备注
3	交换机	网络通信	LAN5				
			LAN6				
			LAN7				
			LAN8				
			LAN9	本地服务器	LAN		192.168.1.150
			LAN10				
			LAN11				
			LAN12				
			LAN13				
			LAN14				
			LAN15				
			LAN16	本地无线路由器	LAN	超五类双绞网线	
4	本地服务器		220 V	220 V 电源	220 V 电源	自带电源线	
			VGA 接口	显示器	VGA 接口	显示器带 VGA 线	
			串口				
			USB 接口 1	鼠标	USB 接口		
			USB 接口 2	键盘	USB 接口		
			USB 接口 3	USB 转 232	USB 接口		
			USB 接口 4	USB 转 232	USB 接口		
			网口 1	交换机	LAN9	超五类双绞网线	
			网口 2				
5	显示器 1		220 V	220 V 电源	220 V 电源	自带电源线	
			VGA 接口	本地服务器	VGA 接口	自带 VGA 线	

3）上电前的检查，仔细检查所有设备连接是否无误。若有错误，应及时更正。

4）系统上电。

5）无线 3G 网络模块的配置。

● 天线及 SIM 卡安装。

IP MODEM 天线接口为 SMA 阴头插座。将配套天线的 SMA 阳头旋到 IP MODEM 天线接口上，并确保旋紧，以免影响信号质量。

安装或取出 SIM 卡时，先用针状物插入 SIM 卡座右侧小黄点，SIM 卡套即可弹出。安装 SIM 卡时，先将 SIM 卡放入卡套，并确保 SIM 卡的金属接触面朝外，再将 SIM 卡套插入抽屉中，并确保插到位。

● 安装电缆。

IP MODEM 数据接口采用标准的 DB9 公头插座。IP MODEM 电缆连接线序如图 4-39 所示。

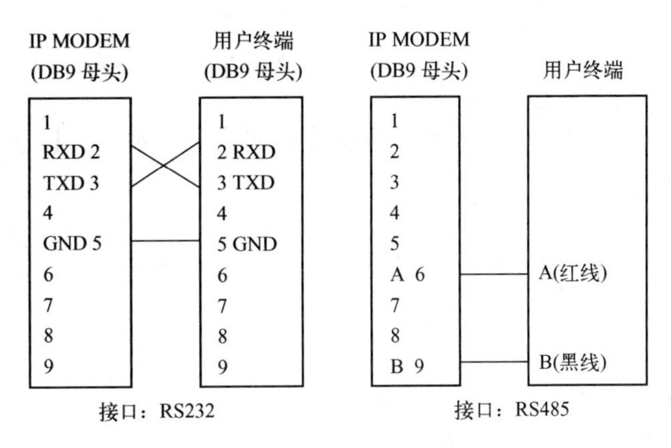

图 4-39　IP MODEM 电缆连接线序

电源说明：IP MODEM 通常应用于复杂的外部环境。为了提高系统的工作稳定性，IP MODEM 采用了先进的电源技术。读者可采用标准配置的 12V DC/500 mA 电源适配器给 IP MODEM 供电，也可以直接用直流 5～35 V 电源给 IP MODEM 供电。当读者采用外加电源给 IP MODEM 供电时，必须保证电源的稳定性（纹波小于 300 mV，并确保瞬间电压不超过 35 V），并保证电源功率大于 4 W。推荐使用标配的 12V DC/500 mA 电源。

指示灯说明：IP MODEM 提供 3 个指示灯："Power""ACT""Online"。指示状态见表 4-10。

表 4-10　指示灯状态

指示灯	状态	说明
Power	灭	设备未上电
	亮	设备电源正常
ACT	灭	没有数据通信
	闪烁	正在数据通信
Online	灭	IP MODEM 不在线
	亮	IP MODEM 在线

● 配置连接。

在对 IP MODEM 进行配置前，需要通过出厂配置的 RS232 串口线或 RS232-485 转换线把 IP MODEM 和用于配置的 PC 连接起来，如图 4-40 所示。

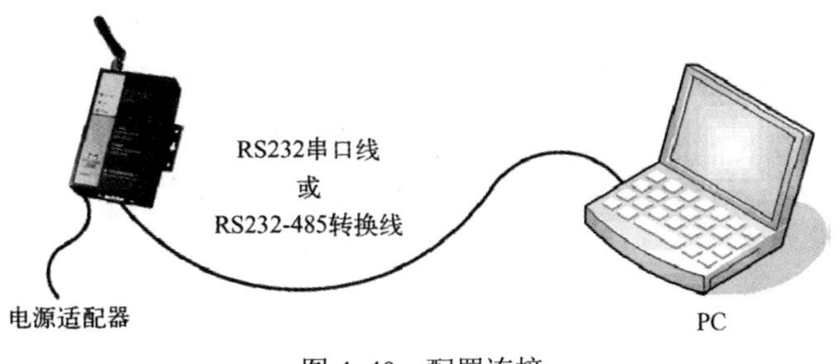

图 4-40　配置连接

● 参数配置。

IP MODEM 的参数配置方式有以下两种。

① 通过专门的配置软件：所有的配置都通过软件界面的相应条目进行配置，这种配置方式适合于用户方便用 PC 进行配置的情况。

② 通过扩展 AT 命令（以下简称 AT 命令）的方式进行配置：在这种配置方式下，用户只需要有串口通信的程序就可以配置 IP MODEM 的所有的参数，例如 Windows 下的超级终端，Linux 下的 minicom，putty 等，或者直接由用户的单片机系统对设备进行配置。

下面以配置软件的方式为主详细介绍 IP MODEM 在实际项目中的配置项。

① 运行参数配置软件：IP Modem Configure.exe，如图 4-41 所示。

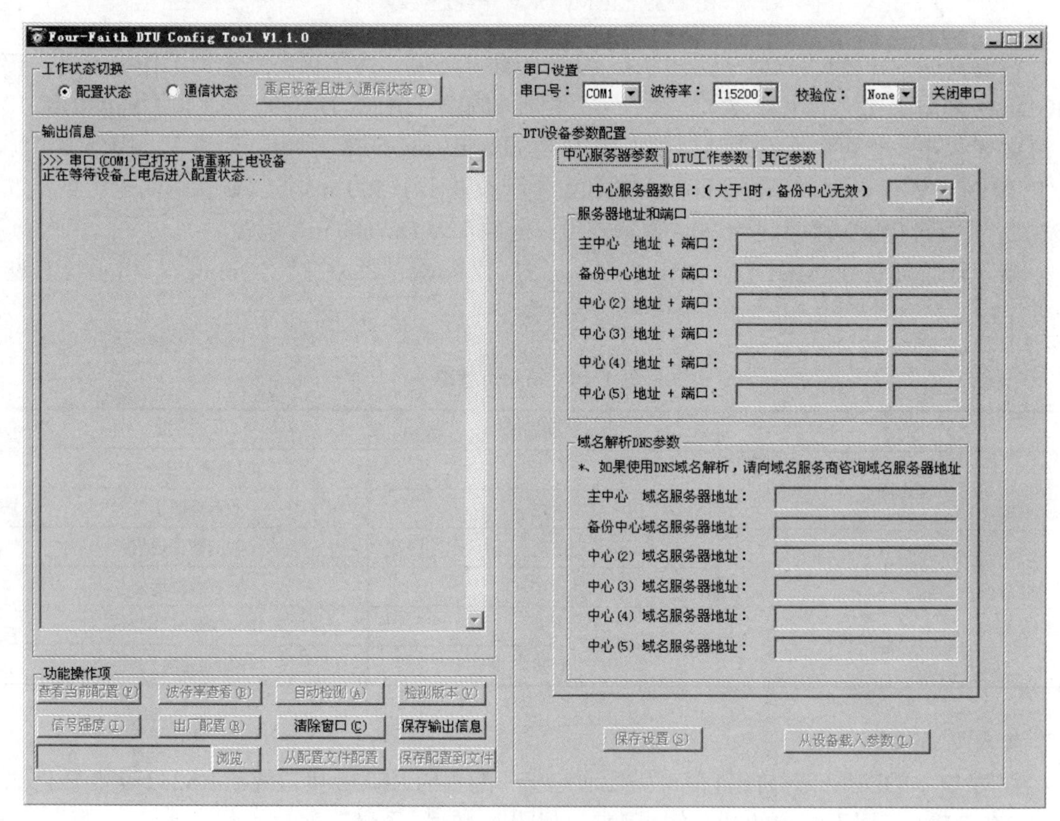

图 4-41 配置软件界面

在串口参数设置栏内显示当前打开串口的串口参数，默认情况下是 COM1，115200，并且串口已经打开，如果连接 IP MODEM 的实际串口参数与此不符（注：除特殊定制外配置波特率都是 115200），请在此项配置中选择正确的值，同时打开串口。串口参数设置栏内的右边按钮若显示为“关闭串口”，表明串口已经打开，否则请打开串口。串口打开时，在输出信息栏内会给出提示信息：串口（COM）已打开，请重新上电设备，正在等待设备上电后进入配置状态。

② 设备重新上电，如图 4-42 所示。

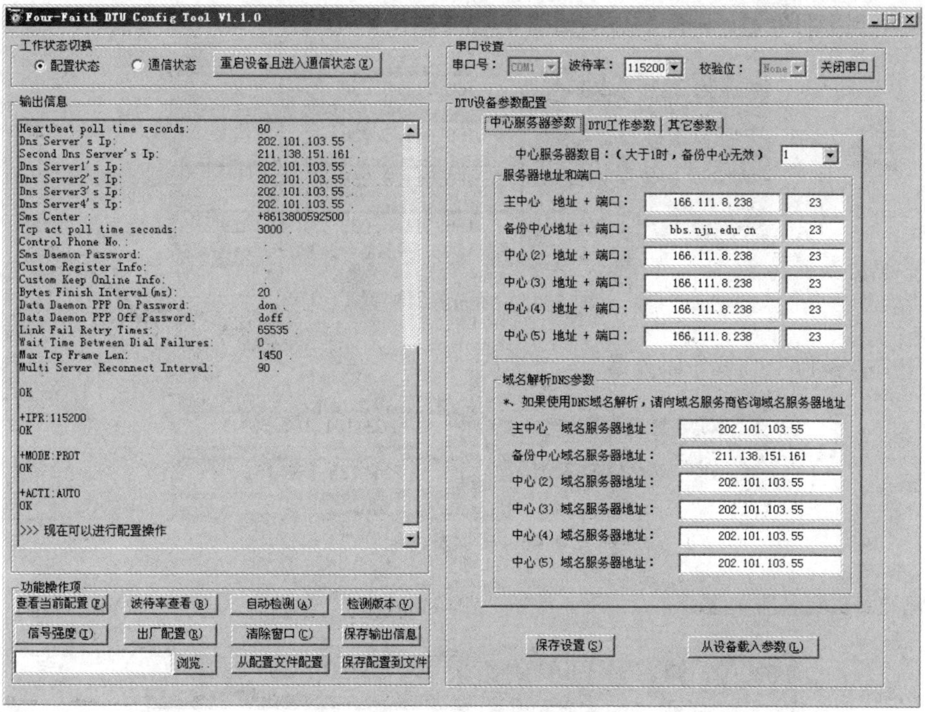

图 4-42　重新上电

参数配置软件使 IP MODEM 进入配置状态后会自动载入设备中的当前配置参数，并显示在右边的“IP MODEM 设备参数配置”中，至此可以开始配置 IP MODEM 中所有配置参数。

③ 参数配置。

中心服务器 IP 和端口参数配置如图 4-43 所示。

图 4-43　中心服务器 IP 和端口参数配置

中心服务器数目为 1 时 IP MODEM 将工作于主副中心备份的方式，此时主中心和备份中心配置生效。中心数目大于 1 时 IP MODEM 将工作于多中心的方式，此时备份中心无效，主中心和中心 1～4 有效。

当数据服务中心采用域名的时候，需要 DNS 服务器来解析域名对应的 IP 地址。数据服务中心的数量为 1 时，主中心、备份中心域名服务器分别用于解析主中心、备份中心域名对应的 IP 地址，如图 4-44 所示。

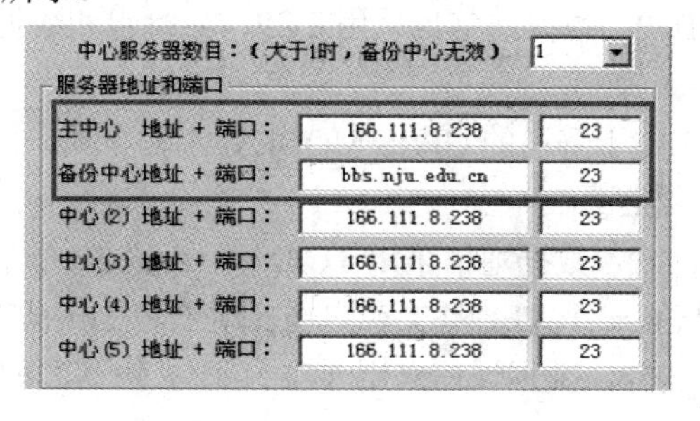

图 4-44　中心服务器

如果用到多服务器，则配制方法如图 4-45～图 4-47 所示。

中心(2) 地址 + 端口：	166.111.8.238	23
中心(3) 地址 + 端口：	166.111.8.238	23
中心(4) 地址 + 端口：	166.111.8.238	23
中心(5) 地址 + 端口：	166.111.8.238	23

图 4-45　多服务器配置 1

主中心，备份中心域名服务器：

主中心　域名服务器地址：	202.101.103.55
备份中心域名服务器地址：	211.138.151.161

图 4-46　多服务器配置 2

中心 2～5 域名服务器：

中心(2) 域名服务器地址：	202.101.103.55
中心(3) 域名服务器地址：	202.101.103.55
中心(4) 域名服务器地址：	202.101.103.55
中心(5) 域名服务器地址：	202.101.103.55

图 4-47　多服务器配置 3

当服务器数目大于 1 时多中心配置有效。例如，设置服务器数目为 3，此时主中心、中心 2、中心 3 对应于 3 个用于通信的数据服务中心。

工作模式配置如图 4-48 所示。

工作模式：	PROT

图 4-48　多服务器工作模式配置

针对不同的客户需求 IP MODEM 可以配置成以下多种协议模式。

PROT：心跳包采用 TCP，数据通信也采用 TCP，心跳包和数据通信采用同一个 TCP 连接。

TRNS：IP MODEM 工作于普通的 GPRS MODEM 工作方式，此模式下，IP MODEM 可用于收发短信、CSD 和拨号上网。

TTRN：心跳包采用 UDP，数据通信采用 TCP。

TLNT：IP MODEM 模拟一个 TELNET 客户端，用于与 TELNET 服务器交互。

LONG：心跳包采用 UDP，数据通信采用 TCP，通过 IP MODEM 内嵌的应用协议一次最大可传输 8192 B 数据。

LNGT：心跳包采用 TCP，数据通信采用 TCP，通过 IP MODEM 内嵌的应用协议一次最大可传输 8192 B 数据。

TUDP：心跳包采用 UDP，数据通信采用 UDP，心跳包和数据通信采用同一个 UDP 连接。

TCST：用户自定义注册包和心跳包，数据通信采用 TCP。

本项目中，配制成 TCST 模式，如图 4-49～图 4-51 所示

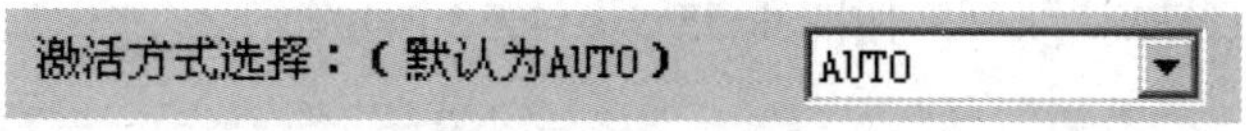

激活方式选择：（默认为AUTO） AUTO

图 4-49　多服务器工作参数配置 1

数据、校验及停止位： 8N1

图 4-50　多服务器工作参数配置 2

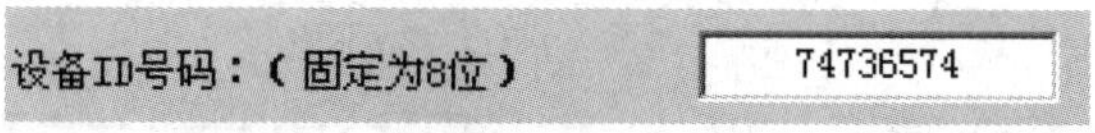

设备ID号码：（固定为8位） 74736574

图 4-51　多服务器工作参数配置 3

此处填写项目上使用 SIM 卡的卡号，如图 4-52 所示。

设备SIM卡号码：（固定11位） 13912345678

图 4-52　多服务器工作参数配置 4

设置数据帧间隔时间，如图 4-53 所示。

数据帧间隔时间：（默认20MS） 20

图 4-53　多服务器工作参数配置 5

其他参数配置，如图 4-54 所示。

无线网络APN： cmnet
APN用户名： 0
APN密码： 0
APN拨号中心号码： *99***1#

图 4-54　多服务器其他工作参数配置 6

无线网络 APN：无线网络接入点密码，见表 4-10。

APN 用户名：无线网络鉴权的用户名；

APN 密码：无线网络鉴权的密码；

APN 拨号中心号码：无线网络呼叫中心号码。

表 4-10　无线网络

设备型号	APN	用户与密码	拨号中心
F2403	3gnet	为空	*99#

此处填写项目中使用的 SIM 卡的卡号。

其他参数保持系统默认即可，如图 4-55～图 4-58 所示。

短信中心号码：（+86）　+8613800592500

图 4-55　多服务器其他工作参数配置 1

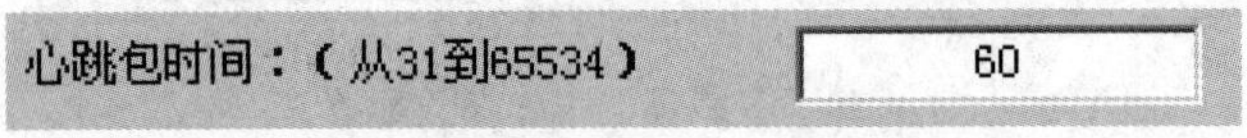

心跳包时间：（从31到65534）　60

图 4-56　多服务器其他工作参数配置 2

拨号唤醒号码：　13912345678

图 4-57　多服务器其他工作参数配置 3

唤醒DTU数据：　don

使DTU休眠数据：　doff

图 4-58　多服务器其他工作参数配置 4

后面的操作步骤参照第 4.6.2 节实训 2，此处不再赘述。

（六）思考问题

除了可以通过串口、网线、无线 WiFi、无线 3G 连接，还有哪些其他通信方式？

第 5 章　移动通信技术应用

导学

在本章中，读者将通过家校通系统的平安短信功能学习：

- 数字移动通信技术的基本知识；
- GSM 系统组成；
- GSM 移动网络结构及信令网结构。

实训中能够操作家校通沙盘系统，了解移动通信全程全网的概念以及掌握远程通信的串口通信指令。

本章主要围绕家校通业务通信传输路径来讨论移动通信技术，并以 GSM 移动网络为例介绍全系统原理和结构，来帮助读者理解全程全网这个通信网的基本特征。

5.1　家校通业务通信传输路径

家校通系统通过手机给家长发送平安短信，业务流程通过沙盘进行可视化展示，系统将采集到的学生进出校门的本地信息传输至远程服务器端，并向家长的手机发送平安短信，本地服务器的软件可以控制短信的发送。家校通沙盘如图 5-1 所示。

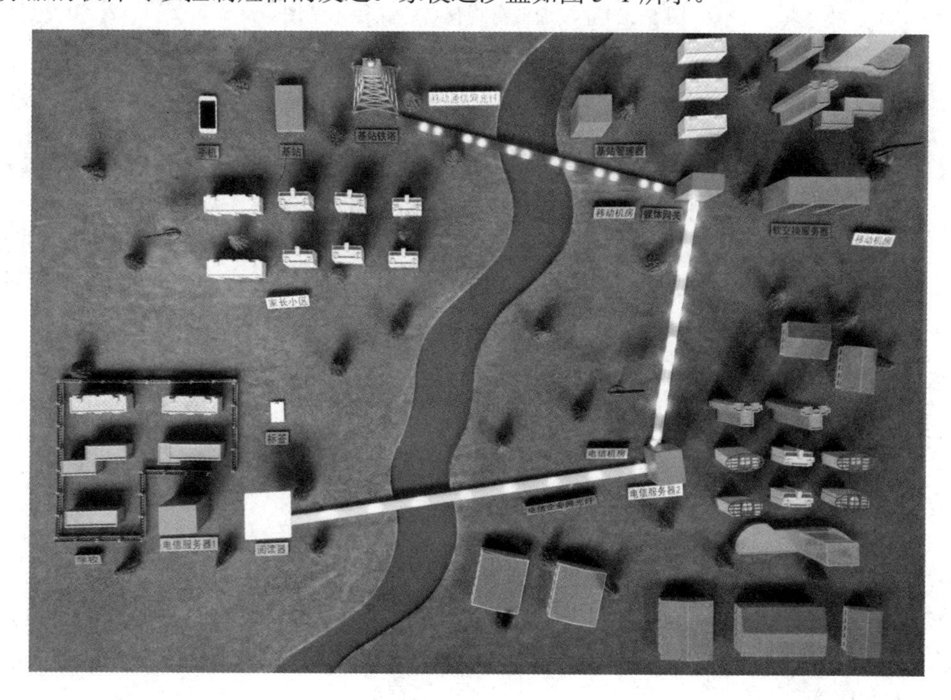

图 5-1　家校通沙盘

家校通沙盘所展示的山东聊城一小到济南移动的短信路径，如图 5-2 所示。

家校通业务通信传输路径示意图

山东聊城一小-------济南移动 家校通短信 路径

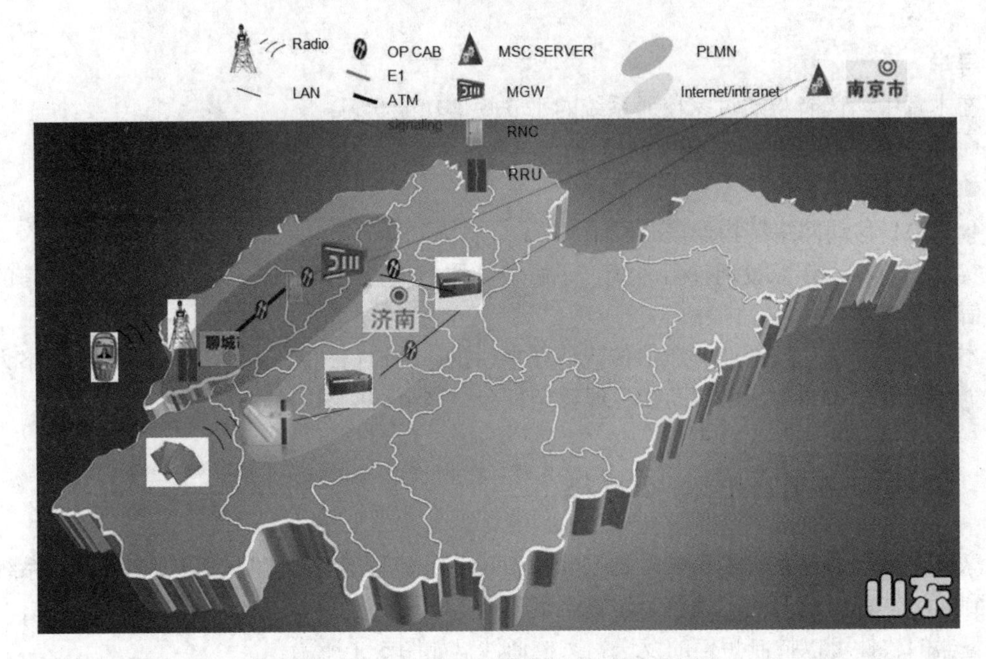

图 5-2　家校通业务通信传输路径示意图

业务流程如下。

1）无线：聊城一小大门的 RFID 读写器读取电子标签；

2）有线（485 或 TCP）：RFID 读写器数据上传本地服务器；

3）有线（Internet）：本地服务器数据远传至济南远程服务器；

4）有线（信令汇接）：区域中心南京的转交换，实现济南电信移动之间的信令汇接：

5）有线（PLMN）：移动网关数据下行到聊城基站；

6）无线：聊城一小基站下发消息到家长手机。

5.2　数字移动通信技术

5.2.1　多址技术

多址技术使众多的用户共用公共的通信线路。为使信号多路化而实现多址的方法基本上有三种，它们分别采用频率、时间或代码分隔的多址连接方式，即人们通常所称的频分多址（FDMA）、时分多址（TDMA）和码分多址（CDMA）三种接入方式。三种多址方式的概念示意如图 5-3 所示。

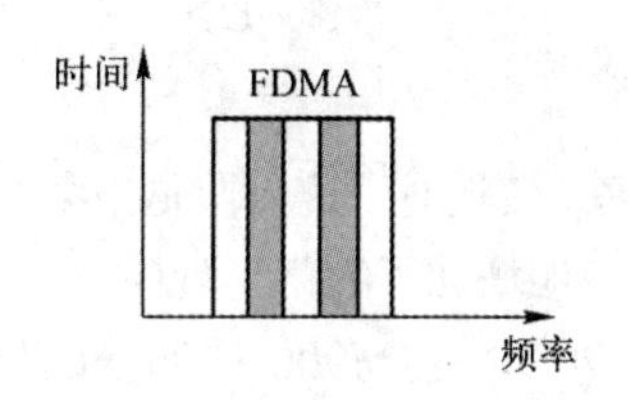

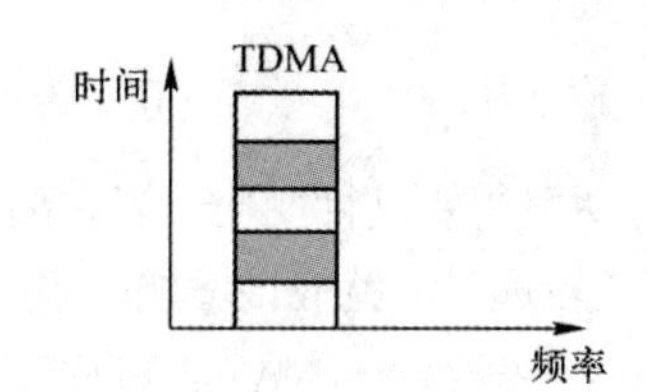

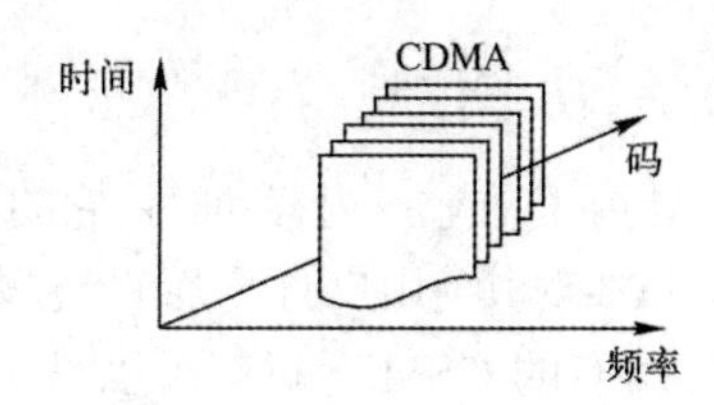

图 5-3　三种多址方式概念示意图

FDMA 是以不同的频率信道实现通信的，TDMA 是以不同的时隙实现通信的，CDMA 是以不同的代码序列实现通信的。

1．频分多址

频分，有时也称为信道化，就是把整个可分配的频谱划分成许多单个无线电信道（发射和接收载频对），每个信道可以传输一路话音或控制信息。在系统的控制下，任何一个用户都可以接入这些信道中的任何一个。

模拟蜂窝系统是 FDMA 结构的一个典型例子，数字蜂窝系统中也同样可以采用 FDMA，只是不会采用纯频分的方式，例如 GSM 系统就采用了 FDMA。

2．时分多址

时分多址是在一个宽带的无线载波上，按时间（或称为时隙）划分为若干时分信道，每一用户占用一个时隙，只在这一指定的时隙内收（或发）信号，故称为时分多址。此多址方式在数字蜂窝系统中采用，GSM 系统也采用了此种方式。

TDMA 是一种较复杂的结构，最简单的情况是单路载频被划分成许多时隙，每个时隙传输一路猝发式信息。TDMA 中关键部分为用户部分，每一个用户分配给一个时隙（在呼叫开始时分配），用户与基站之间进行同步通信，并对时隙进行计数。当自己的时隙到来时，手机就启动接收和解调电路，对基站发来的猝发式信息进行解码。同样，当用户要发送信息时，首先将信息进行缓存，等着自己时隙的到来。在时隙开始后，再将信息以加倍的速率发射出去，然后又开始积累下一次猝发式传输。

TDMA 的一个变形是在一个单频信道上进行发射和接收，称之为时分双工（TDD）。其最简单的结构就是利用两个时隙，一个发一个收。当手机发射时基站接收，基站发射时手机接收，交替进行。TDD 具有 TDMA 结构的许多优点：猝发式传输、不需要天线的收发共用装置等。它可以在单一载频上实现发射和接收，而不需要上行和下行两个载频，不需要频率切换，因而可以降低成本。TDD 的主要缺点是满足不了大规模系统的容量要求。

3．码分多址

码分多址是一种利用扩频技术所形成的不同的码序列实现的多址方式。它不像 FDMA、TDMA 那样把用户的信息从频率和时间上进行分离，它可在一个信道上同时传输多个用户的信息，也就是说，允许用户之间的相互干扰。其关键是信息在传输以前要进行特殊的编码，编码后的信息混合后不会丢失原来的信息。有多少个互为正交的码序列，就可以有多少个用户同时在一个载波上通信。每个发射机都有自己唯一的代码（伪随机码），同时接收机也知道要接收的代码，用这个代码作为信号的滤波器，接收机就能从所有其他信号的背景中恢复出原来的信息码（这个过程称为解扩）。

5.2.2 功率控制

当手机在小区内移动时，它的发射功率需要进行变化。当它离基站较近时，需要降低发射功率，减少对其他用户的干扰；当它离基站较远时，就应该增加功率，克服增加了的路径衰耗。

所有的 GSM 手机都可以以 2 dB 为一等级来调整它们的发送功率，GSM900 移动台的最大输出功率是 8 W（规范中最大允许功率是 20 W，但现在还没有 20 W 的移动台存在），DCS1800 移动台的最大输出功率是 1 W。相应地，它的小区也要小一些。

5.2.3 蜂窝技术

移动通信的一大限制是使用频带比较有限，这就限制了系统的容量，为了满足越来越多的用户需求，必须在有限的频率范围内尽可能大地提高利用率。除了采用前面介绍的多址技术等，蜂窝技术的发明是移动通信飞速发展的一大原因。

那么什么是蜂窝技术呢？

移动通信系统是采用基站来提供无线服务范围的。基站的覆盖范围有大有小，基站的覆盖范围称为蜂窝。采用大功率的基站主要是为了提供比较大的服务范围，但它的频率利用率较低，也就是说基站提供给用户的通信通道比较少，系统的容量相应也不大，对于话务量不多的区域可以采用这种方式，也称之为大区制。采用小功率的基站主要是为了提供大容量的服务范围，同时采用频率复用技术来提高频率利用率，在相同的服务区域内增加基站的数目，有限的频率得到多次使用，所以系统的容量比较大，这种方式称之为小区制或微小区制。

接下来简单介绍频率复用技术的原理。

1．频率复用的概念

在全双工工作方式中，一个无线电信道包含一对信道频率，每个方向都用一个频率作发射。在覆盖半径为 R 的地理区域 C1 内呼叫一个小区使用无线电信道 F1，也可以在另一个相距 D、覆盖半径也为 R 的小区内再次使用 F1。

频率复用是蜂窝移动无线电系统的核心概念。在频率复用系统中，处在不同地理位置（不同小区）的用户可以同时使用相同频率的信道。频率复用系统可以极大地提高频谱效率。但是，如果系统设计得不好，将产生严重的干扰，这种干扰称为同信道干扰。这种干扰是由于相同信道公共使用造成的，是在频率复用概念中必须考虑的重要问题。

2．频率复用方案

可以在时域与空间域内使用频率复用的概念。在时域内的频率复用是指在不同的时隙里占用相同的工作频率，叫作时分多路（TDM）。在空间域上的频率复用可分为以下两大类。

1）两个不同的地理区域里配置相同的频率。例如在不同的城市中使用相同频率的 AM 或 FM 广播电台。

2）在一个系统的作用区域内重复使用相同的频率，这种方案用于蜂窝系统中。蜂窝式移动电话网通常是先由若干邻接的无线小区组成一个无线区群，再由若干个无线区群构成整个服务区。为了防止同频干扰，要求每个区群（即单位无线区群）中的小区，不得使用相同频率，只有在不同的无线区群中，才可使用相同的频率。单位无线区群的构成应满足以下两个基本条件。

- 若干个单位无线区群彼此邻接组成蜂窝式服务区域；

● 邻接单位无线区群中的同频无线小区的中心间距相等。

一个系统中有许多同信道的小区，整个频谱分配划分为 K 个频率复用的模式，即单位无线区群中小区的个数，如图 5-4 所示，其中 K=3、4、7，当然还有其他复用方式，如 K=9、12 等。

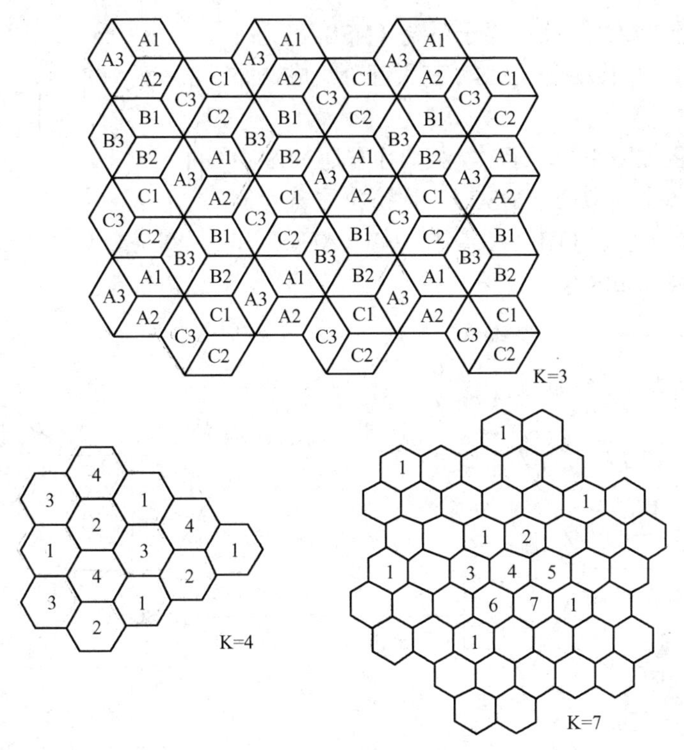

图 5-4　N 小区复用模式

3．频率复用距离

允许同频率重复使用的最小距离取决于许多因素，如中心小区附近的同信道小区数、地理地形类别、每个小区基站的天线高度及发射功率。频率复用距离 D 由下式确定：

$$D=\sqrt{3K}R$$

其中，K 是图 5-4 中所示的频率复用模式。则：

D=3.46R　　K=4

D=4.6R　　K=7

如果所有小区基站发射相同的功率，则 K 增加，频率复用距离 D 也增加。增加了的频率复用距离将减小同信道干扰发生的可能。

从理论上来说，K 应该大些，然而，分配的信道总数是固定的。如果 K 太大，则 K 个小区中分配给每个小区的信道数将减少，如果随着 K 的增加而划分 K 个小区中的信道总数，则中继效率就会降低。同样道理，如果在同一地区将一组信道分配给两个不同的工作网络，系统频率效率也将降低。

因此，现在面临的问题是，在满足系统性能的条件下如何得到一个最小的 K 值。解决它必须估算同信道干扰，并选择最小的频率复用距离 D 以减小同信道干扰。在满足条件的情况下，构成单位无线区群的小区个数 $K=i^2+i*j+j^2$（i、j 均为正整数，其中一个可为零，但不能两个同时为零），取 $i=j=1$，可得到最小的 K 值为 K=3，如图 5-4 所示。

5.3 GSM 系统结构

移动通信系统主要由交换网络子系统（NSS）、无线基站子系统（BSS）和移动台（MS）三大部分组成，如图 5-5 所示。

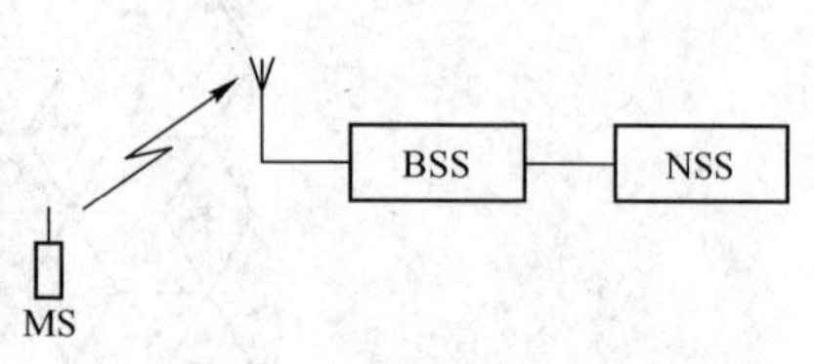

图 5-5 蜂窝移动通信系统的组成

GSM 系统框图如图 5-6 所示，A 接口往右是 NSS 系统，包括移动业务交换中心（MSC）、拜访位置寄存器（VLR）、归属位置寄存器（HLR）、鉴权中心（AUC）和移动设备识别寄存器（EIR）。

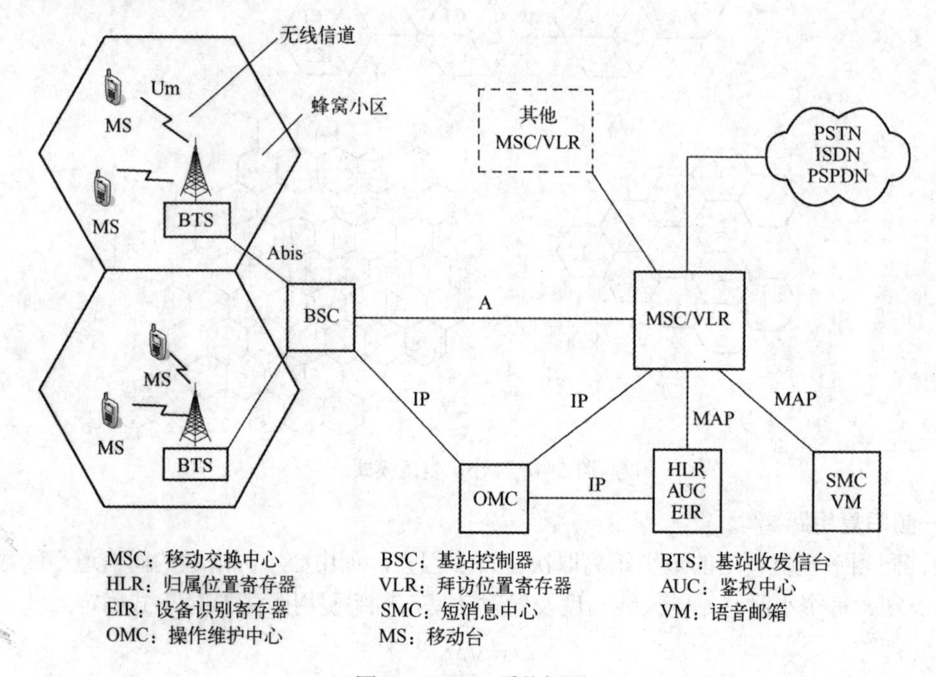

图 5-6 GSM 系统框图

1. 交换网路子系统

交换网路子系统（NSS）主要完成交换功能和客户数据与移动性管理、安全性管理所需的数据库功能。NSS 由一系列功能实体构成，各功能实体介绍如下。

MSC：是 GSM 系统的核心，是对位于它所覆盖区域中的移动台进行控制和完成话路交换的功能实体，也是移动通信系统与其他公用通信网之间的接口。它可完成网路接口、公共信道信令系统和计费等功能，还可完成 BSS、MSC 之间的切换和辅助性的无线资源管理、移动性管理等。另外，为了建立至移动台的呼叫路由，每个 MSC 还应能完成入口 MSC（GMSC）的功能，即查询位置信息的功能。

VLR：是一个数据库，是存储 MSC 为了处理所管辖区域中 MS（统称拜访客户）的来话、去话呼叫所需检索的信息，例如客户的号码、所处位置区域的识别、向客户提供的服务等参数。

HLR：也是一个数据库，是存储管理部门用于移动客户管理的数据。每个移动客户都应在其归属位置寄存器（HLR）注册登记，它主要存储两类信息：一是有关客户的参数；二是有关客户目前所处位置的信息，以便建立至移动台的呼叫路由，例如MSC、VLR地址等。

AUC：用于产生为确定移动客户的身份和对呼叫保密所需鉴权、加密的三参数（随机号码RAND、符合响应SRES、密钥Kc）的功能实体。

EIR：也是一个数据库，存储有关移动台设备参数。主要完成对移动设备的识别、监视、闭锁等功能，以防止非法移动台的使用。

2．无线基站子系统

无线基站子系统（BSS）是在一定的无线覆盖区中由MSC控制，与MS进行通信的系统设备，它主要负责完成无线发送接收和无线资源管理等功能。功能实体可分为基站控制器（BSC）和基站收发信台（BTS）。

BSC：具有对一个或多个BTS进行控制的功能，它主要负责无线网路资源的管理、小区配置数据管理、功率控制、定位和切换等，是个很强的业务控制点。

BTS：无线接口设备，它完全由BSC控制，主要负责无线传输，完成无线与有线的转换、无线分集、无线信道加密、跳频等功能。

3．移动台

移动台就是移动客户设备部分，它由两部分组成，移动终端（MS）和客户识别卡（SIM）。

移动终端就是“机”，它可完成话音编码、信道编码、信息加密、信息的调制和解调、信息发射和接收。

SIM卡就是“身份卡”，它类似于现在所用的IC卡，因此也称作智能卡，存有认证客户身份所需的所有信息，并能执行一些与安全保密有关的重要信息，以防止非法客户进入网路。SIM卡还存储与网络和客户有关的管理数据，只有插入SIM卡后移动终端才能接入进网，但SIM卡本身不是代金卡。

4．操作维护子系统

GSM系统还有个操作维护子系统（OMC），它可以是对整个GSM网路进行管理和监控。通过它实现对GSM网内各种部件功能的监视、状态报告、故障诊断等功能。OMC与MSC之间的接口目前还未开放，因为CCITT对电信网络管理的Q3接口标准化工作尚未完成。

在GSM网上还配有短信息业务中心（SC），即可开放点对点的短信息业务，类似数字寻呼业务，实现全国联网，又可开放广播式公共信息业务。另外配有语音信箱，可开放语音留言业务，当移动被叫客户暂不能接通时，可接到语音信箱留言，提高网路接通率，给运营部门增加收入。

5.4 移动区域定义

在小区制移动通信网中，基站设置很多，移动台又没有固定的位置，移动用户只要在服务区域内，无论移动到何处，移动通信网必须具有交换控制功能，以实现位置更新、越区切换和自动漫游等功能。

在由 GSM 系统组成的移动通信网路结构中，区域的定义如图 5-7 所示。

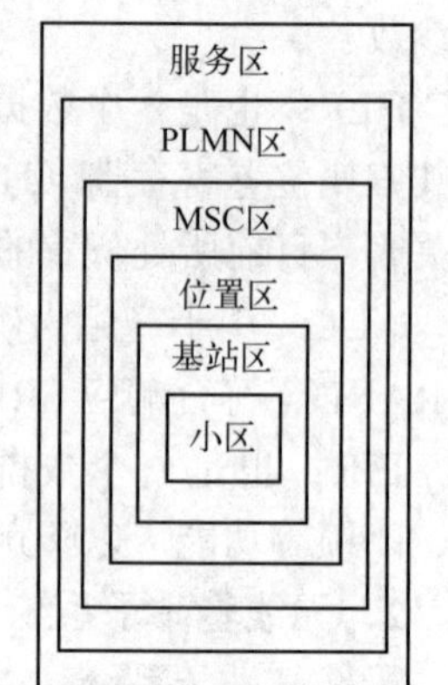

图 5-7　GSM 区域定义

1．服务区

服务区是指移动台可获得服务的区域，即不同通信网（如 PLMN、PSTN 或 ISDN）用户无需知道移动台的实际位置即可与之通信的区域。

一个服务区可由一个或若干个公用陆地移动通信网（PLMN）组成，可以是一个国家或一个国家的一部分，也可以是若干个国家。

2．公用陆地移动通信网（PLMN 区）

PLMN 是由一个公用陆地移动通信网（PLMN）提供通信业务的地理区域。PLMN 可以认为是网路（如 ISDN 网或 PSTN 网）的扩展，一个 PLMN 区可由一个或若干个移动业务交换中心（MSC）组成。在该区内具有共同的编号制度（比如相同的国内地区号）和共同的路由计划。MSC 构成固定网与 PLMN 之间的功能接口，用于呼叫接续等。

3．MSC 区

MSC 是由一个移动业务交换中心所控制的所有小区共同覆盖的区域构成 PLMN 网的一部分。一个 MSC 区可以由一个或若干个位置区组成。

4．位置区

位置区是指移动台可任意移动不需要进行位置更新的区域。位置区可由一个或若干个小区（或基站区）组成。为了呼叫移动台，可在一个位置区内所有基站同时发寻呼信号。

5．基站区

在同一基站点的一个或数个基站的收发信台（BTS）覆盖的所有小区，都属于基站区。

6．小区

采用基站识别码或全球小区识别码进行标识的无线覆盖区域。在采用全向天线结构时，小区即为基站区。

5.5　GSM 移动通信网

5.5.1　网络结构

GSM 移动通信网的组织情况视不同国家地区而定，地域大的国家可以分为三级，第一级为大区（或省级）汇接局，第二级为省级（地区）汇接局，第三级为各基本业务区的 MSC；中小型国家可以分为两级，一级为汇接中心，另一级为各基本业务区的 MSC 或无级。下面以中国的 GSM 组网情况作介绍。

1．移动业务本地网的网络结构

在中国，全国划分为若干个移动业务本地网，原则上长途编号区为一位、二位、三位的地区可建立移动业务本地网，它可归属于某长途编号区为一位、二位、三位地区的移动业务本地网。每个移动业务本地网中应相应设立 HLR，必要时可增设 HLR，用于存储归属该移动业务本地网的所有用户的有关数据。

每个移动业务本地网中可设一个或若干个移动业务交换中心 MSC（移动端局）。

在中国电信分营前，移动业务隶属于中国电信，移动网和固定网连接点较多。在移动业务本地网中，每个 MSC 与局所在本地的长途局相连，并与局所在地的市话汇接局相连。在长途局多局制地区，MSC 应与该地区的高一级长途局相连。在没有市话汇接局的地区，可与本地市话端局相连，如图 5-8 所示。

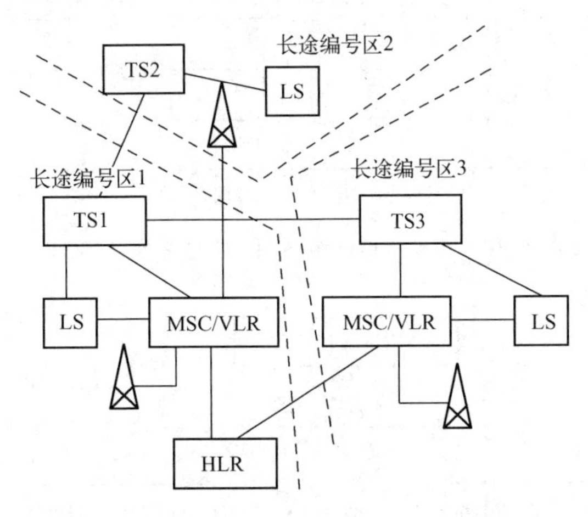

图 5-8　移动业务本地网由几个长途编号区组成的示意图

电信和移动分营后，移动网和固定网完成独立，在两网之间设有网关局。一个移动业务本地网可只设一个移动交换中心（局）MSC；当用户达到相当数量时也可设多个 MSC，各 MSC 间以高效直达路由相连，形成网状网结构，移动交换局通过网关局接入到固定网，同时它至少还应和省内两个二级移动汇接中心连接，当业务量比较大的时候，它还可直接与一级移动汇接中心相连，这时，二级移动汇接中心汇接省内移动业务，一级移动汇接中心汇接省级移动业务。典型的移动本地网组网方式如图 5-9 所示。

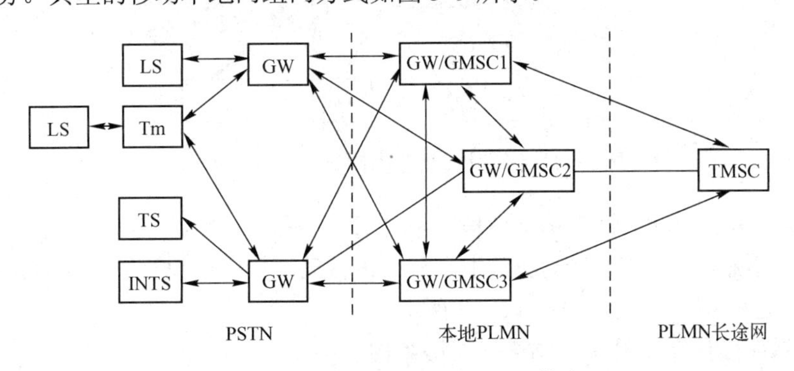

图 5-9　移动本地网组网图（MSC 较少）

根据各地方的不同情况，移动本地网还有其他组网方式，如图 5-10 和 5-11 所示。

2．省内数字公用陆地蜂窝移动通信网络结构

在中国，省内数字公用陆地蜂窝移动通信网由省内的各移动业务本地网构成，省内设有若干个二级移动业务汇接中心（或称为省级汇接中心）。二级汇接中心可以只作汇接中心，或者既作端局又作汇接中心的移动业务交换中心。二级汇接中心可以只设基站接口和 VLR，因此它不带用户。

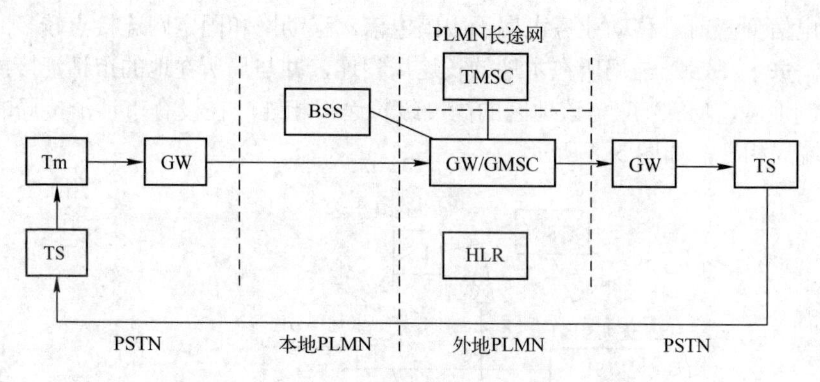

图 5-10　移动本地网组网图（本地未建 MSC）

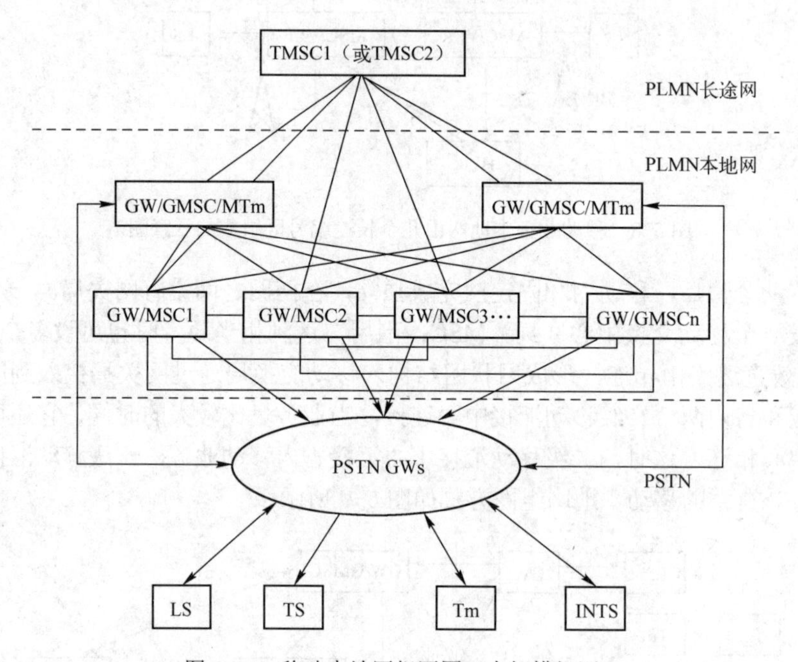

图 5-11　移动本地网组网图（大规模组网）

省内数字蜂窝公用陆地蜂窝移动通信网中的每一个移动端局，至少应与省内两个二级汇接中心相连，也就是说，本地移动交换中心和二级移动汇接中心以星型网连接，同时省内的二级汇接中心之间为网状连接，如图 5-12 所示。

3．全国数字公用陆地蜂窝移动通信网络结构

我国数字公用陆地蜂窝移动通信网采用三级组网结构。在各省或大区设有两个一级移动汇接中心，通常为单独设置的移动业务汇接中心，它们以网状网方式相连；每个省内至少设有两个二级移动汇接中心，并把它们置于省内主要城市，以网状网方式相连，同时它们还与相应的两个一级移动汇接中心连接。如图 5-13 所示。

假设每个用户忙时话务量为 0.03Erl，长途约占总业务量的 10%，其中省内长途约占 80%。中继负荷等于用户数×0.03Erl×80%N≥20Erl，用户分布在各 MSC 中（包括汇接

MSC），省际间业务量较小，它等于总用户数×0.03×2%，若采用网状（30 个省市链路达C_{30}^2条），就难以达到每条链路 20Erl 标准，因此考虑增加大区一级汇接中心，采用单星形结构。这样比较经济。表 5-1 给出了用户数与局数的对应关系。

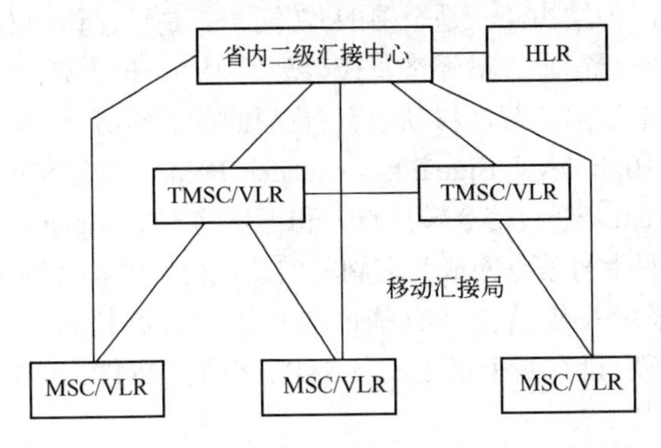

图 5-12　省内数字公用蜂窝移动通信网的网络结构

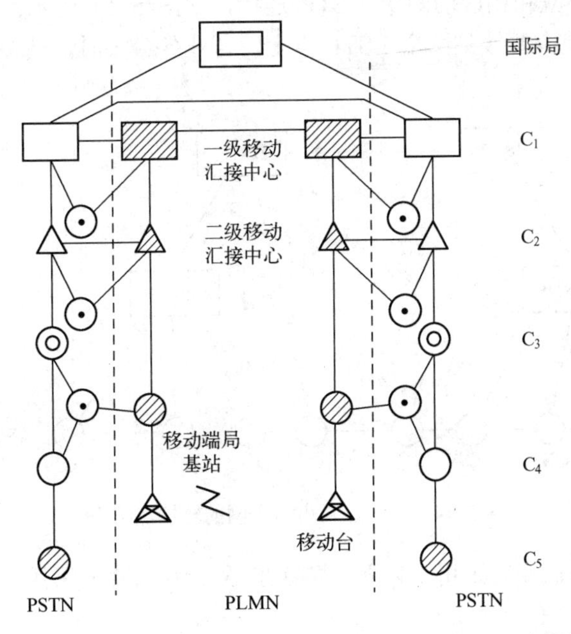

图 5-13　全国数字蜂窝 PLMN 的网络结构及其与 PSTN 连接的示意图

表 5-1　用户容量与局数

局数 N	5	10	15
省内用户数	4.7 万	8.3 万	12.5 万

5.5.2　中国移动信令网结构

七号信令网是电信网的三大支撑网之一，是电信网的重要组成部分，是发展综合业务、智能业务以及其他各种新业务的必备条件，其运行质量直接影响到电信网及其各种业务的运行稳定性和实际效益。七号信令网的组建也和国家地域大小有关，地域大的国家可以组建三级信令网（HSTP、LSTP和SP），地域偏小的国家可以组建二级网（STP和SP）或无级网，下面以中国GSM信令网为例来作介绍。

在中国，信令网有两种结构，一是全国No.7网；二是组建移动专用的No.7信令网，是全国信令网的一部分，它最简单、最经济、最合理，因为No.7信令网就是为多种业务共同服务的，但随着移动和电信的分营，移动建有自己独立的No.7信令网。到目前为止，我国已经组成了由HSTP（High-level Signaling Transfer Point，高级信令转接点）、低级LSTP（Low Signal Transfer Point，低级信令转接点）和大量的SP（Signaling Point，信令点）组成的三级七号信令网，使得七号信令网成为名副其实的电信网的神经网和支撑网。

我国移动信令网采用三级结构（有些地方采用二级结构），在各省或大区设有两个HSTP，同时省内至少还应设有两个以上的LSTP（少数HSTP和LSTP合一），移动网中其他功能实体作为信令点SP。

HSTP之间以网状网方式相连，分为A、B两个平面；在省内的LSTP之间也以网状网方式相连，同时它们还应和相应的两个HSTP连接，如图5-14所示；MSC、VLR、HLR、AUC、EIR等信令点至少要接到两个LSTP点上，若业务量大时，信令点还可直接与相应的HSTP连接。

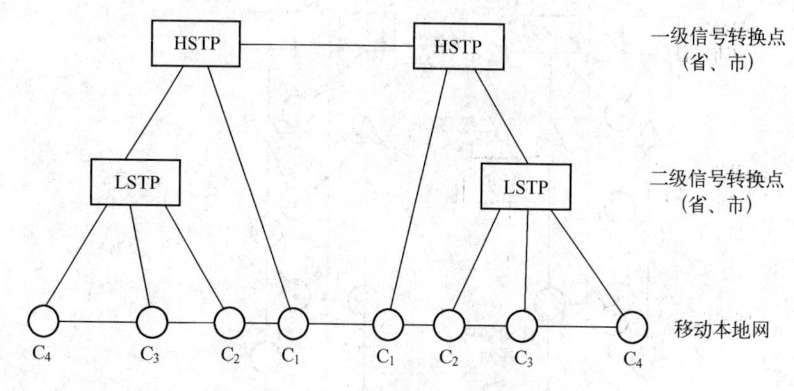

图5-14　大区、省市信令网的转接点结构

我国移动网中信令点编码采用24位，只有在A接口连接时采用14位的国内备用网信令点编码，见表5-2。

表5-2　国际信号点编码格式

NML	KJIHGFED	CBA
大区识别	区域网识别	信令点识别
信号区域网编码SANC		
国际信号点编码ISPC		

表中，

NML：识别世界编号大区；

K-D：识别世界编号大区内的地理区域或区域网；

CBA：识别地理区域或区域网内的信号点。

NML 和 K 至 D 两部分合起来的名称为信号区域网编号，每个国家都分配了一个或几个备用 SANC。如果一个不够用（SANC 中的 8 个编码不够用）可申请备用。我国被分配在第 4 个信号大区，其 NML 编码为 4，区域编码为 120，所以 SANC 编码是 4-120。我国国内网信号点编码见表 5-3。

表 5-3　我国国内信号网信号点编码

8	8	8	→首先发送的比特
主信号区	分信号区	信号点	
省自治区 直辖市	地区、地级市，直辖市内的汇接区、郊区	电信网中的交换局	

在国际电话连接中，国际接口局负责两个信号点编码的变换。

5.6　实训：家校通系统远程通信系统实训

家校通远程通信系统是家校通系统的一部分，如图 5-15 所示，远程通信系统在整个系统中所处的位置已由方框标记出。

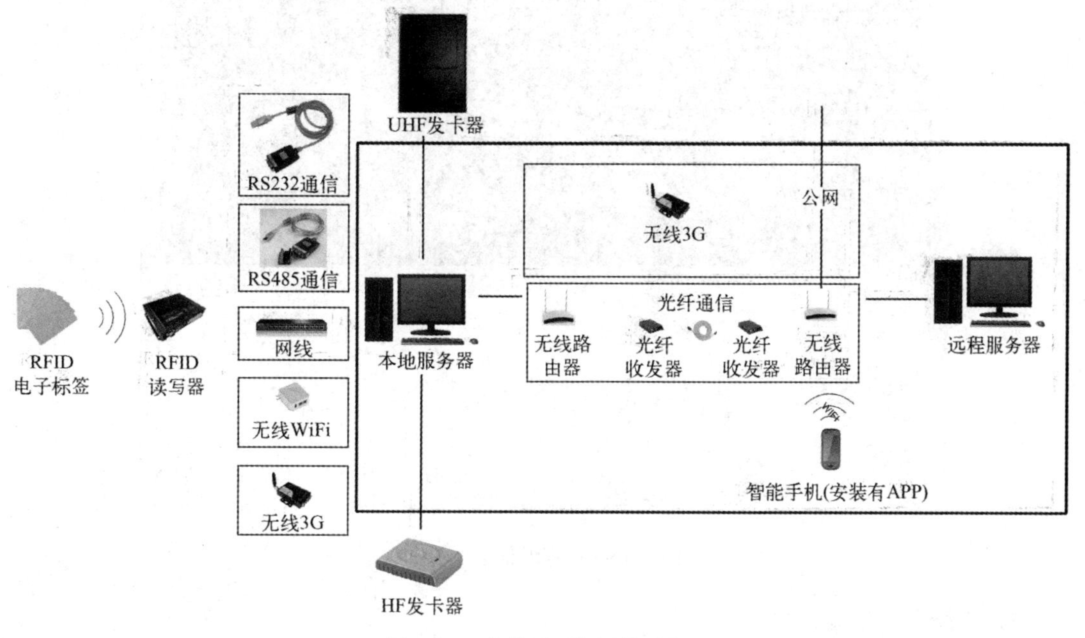

图 5-15　家校通远程通信系统

（一）任务目标

了解移动通信全程全网的概念；

掌握远程通信的串口通信指令。

（二）任务内容

搭建家校通系统远程通信子系统。

（三）提交文档

家校通系统远程通信系统实训《学生工作页》（工作页模板参照附件）。

（四）实训准备

通信沙盘，其作用是展示家校通系统在实际用中的通信原理，以山东聊城小学为例，本地服务器在山东聊城，远程服务器在山东济南，学生到校，系统会通过光纤、基站发送信息至家长手机。

（五）任务实施

1）打开服务器上的软件“远程通信演示程序”，界面如图 5-16 所示。

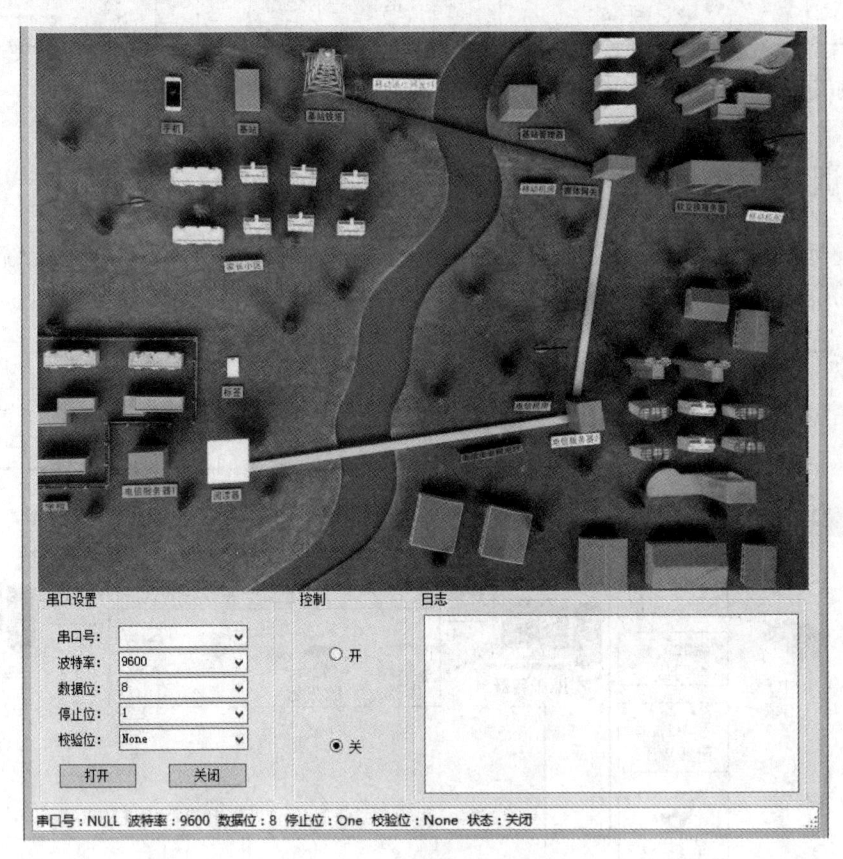

图 5-16　远程通信演示界面

2）软件串口连接。

单击串口号下拉列表，选择“COM7”，其他项保持默认，如图 5-17 所示。单击“打开”，日志返回串口打开的时间。

3）开/关。

串口选择完毕，单击控制栏“开”，日志返回打开指令及打开时间，如图 5-18 所示；打开后，单击控制栏“关”，如图 5-19 所示，日志返回关闭指令及关闭时间。

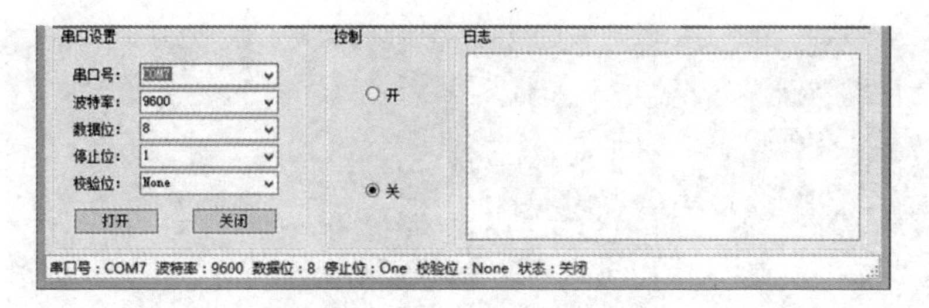

图 5-17　串口选择

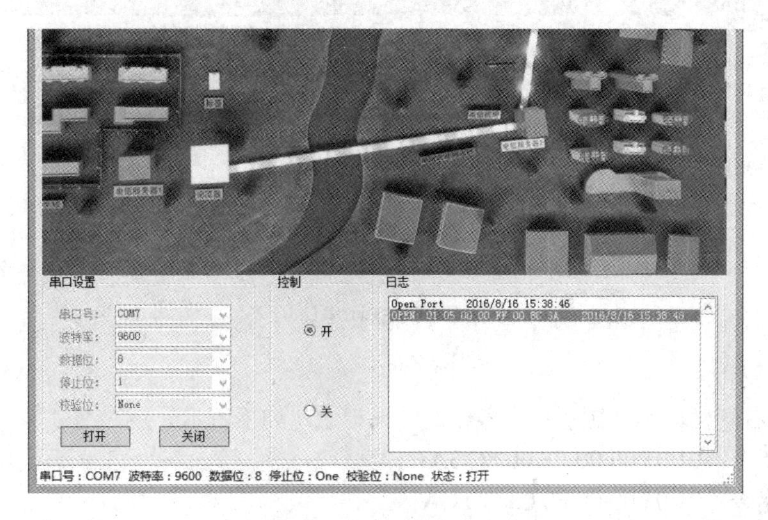

图 5-18　远程通信打开状态

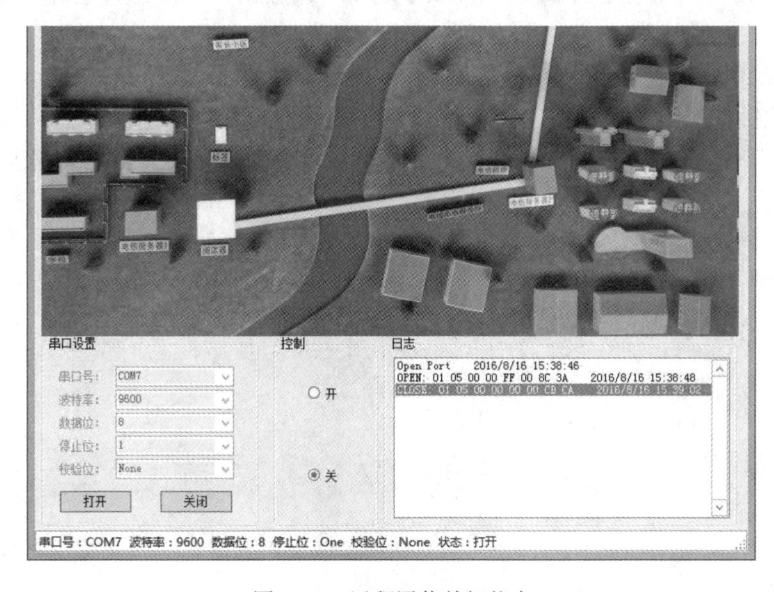

图 5-19　远程通信关闭状态

4）关闭串口。

单击“关闭”按钮，日志返回串口关闭的时间，如图 5-20 所示。

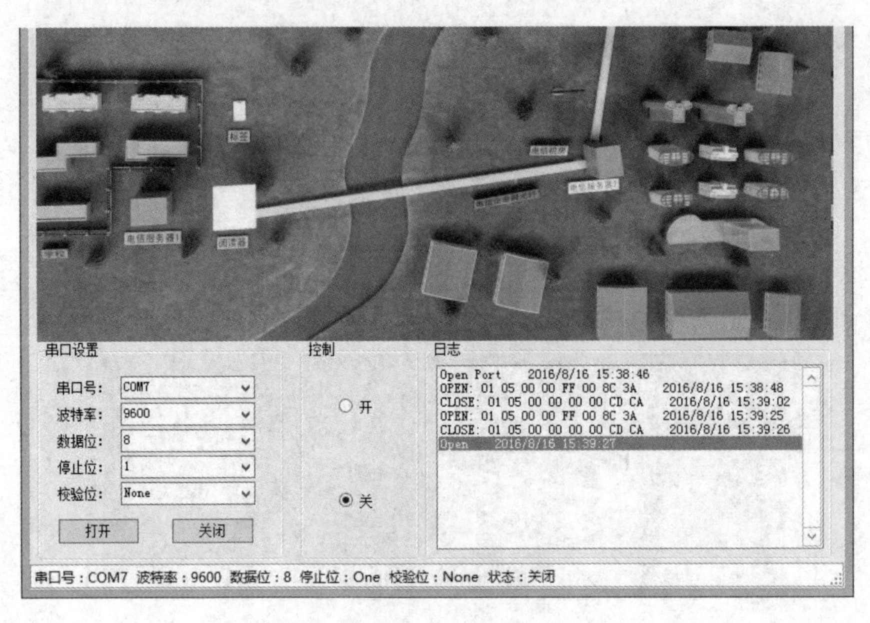

图 5-20 关闭串口

5）日志显示。

在软件的右侧栏，实时显示每次操作的结果记录，如下所示。

“开”的指令：01 05 00 00 FF 00 8C 3A；

“关”的指令：01 05 00 00 00 00 CD CA。

注意：本次演示，沙盘指示灯接到控制卡的第一路输出；若接到其他输出点，则相应的指令也会变化。

本模拟控制中，用到 Modbus 协议。

6）根据实际情况填写学生工作页，并上交给教师；

7）实训完毕，将所有系统的所有设备、连接线恢复到实训前的状态，整理干净实训台之后方可离开。

（六）相关网站资料

中国通信网：http://www.c114.net/；

通信人家园：http://bbs.c114.net/。

第6章 ZigBee通信技术应用

导学

在本章中，读者将通过环境监控系统学习：

- ZigBee 协议与网络结构；
- 基于 ZigBee 的无线传感器系统设计。

实训中能够安装部署环境监控系统，并通过网络调试助手进行系统调试，从而掌握 ZigBee 数据通信协议与格式。

6.1 环境监控系统

6.1.1 环境监控系统应用背景

近年来，随着无线传感器网络技术的迅猛发展，以及人们对环境保护和环境监督提出的更高要求，越来越多的企业和机构都致力于在环境监控系统中应用无线传感器网络技术的研究。通过在监控区域内部署大量的廉价微型传感器节点，经由无线通信方式形成一个多跳的网络系统，从而实现网络覆盖区域内感知对象的信息的采集量化、处理融合和传输应用。与传统的环境监控手段相比，使用传感器网络进行环境监控有三个显著的优势：一是网络的自组性提供了廉价而且快速部署网络的可能；二是现场采集的数据可通过中间节点进行（路由）传送，在不增加功耗和成本的前提下，可将系统性能提高一个数量级；三是网络的健壮性、抗毁性满足了某些特定应用的需求。

基于 ZigBee 的无线环境监控系统是通过安装各类无线传感器：温度传感器、湿度传感器、粉尘浓度传感器、烟雾浓度传感器、光照度传感器、二氧化碳浓度传感器，实时采集环境的温度、湿度、粉尘浓度、烟雾浓度、光照度、二氧化碳浓度等信息，并通过 ZigBee 无线通信技术，将采集到的环境信息实时地传输到服务器，从而调整和改善环境，保护健康、提高效率。更可实现环境数据与设备（如加热灯、加湿器、报警灯、LED 灯、排气扇等）的联动控制。

6.1.2 环境监控系统架构

在系统中，传感器节点可以对物理环境信息进行采集，然后将采集到的物理信息发送到网络中的终端节点 F8914，终端节点再通过无线通信设备将数据发送至智能路由器（智能路由器既有 ZigBee 协调器的功能，也有 WiFi 无线路由器的功能），智能路由器再将数据按照规定的格式以无线的方式发送至服务器，如图 6-1 所示。

为了让用户能够操作环境监控系统并显示环境信息，系统设计了 Web 以及手机 APP 两种方式，以完成数据采集、数据显示以及对执行器件的控制操作。

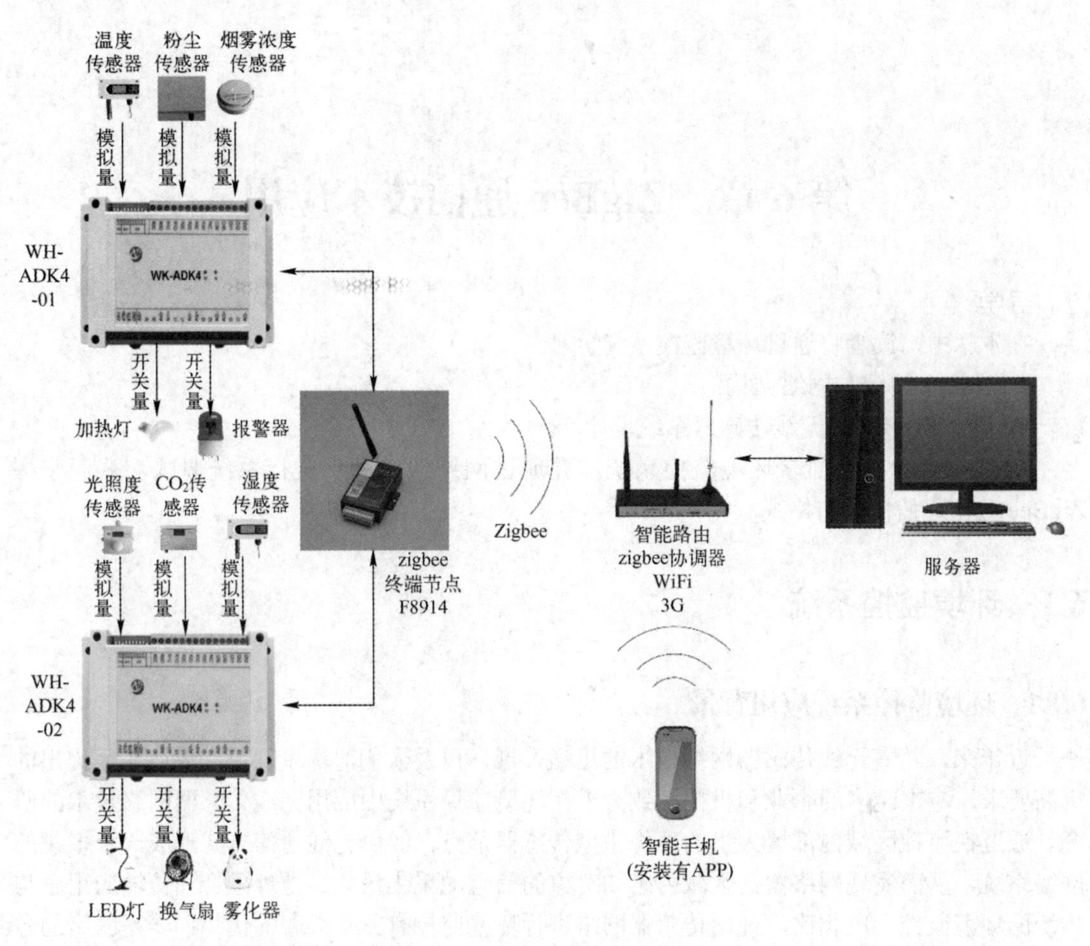

图 6-1　环境监控系统架构图

6.1.3　环境监控系统功能

环境监控系统的功能及其详细描述如表 6-1 所示。

表 6-1　环境监控系统功能描述

功能	详细功能描述
手机环境监控 APP	1．手机 APP 显示实时传感器信息 2．手机信息推送，了解和控制环境的各项数据指标（温度、湿度、光照度、二氧化碳浓度、烟雾浓度和粉尘浓度），并控制相应的执行器件，如换气扇、雾化器、加热灯、报警器、LED 灯等
环境监控 Web	1．环境参数的查看：对所要实现自动控制的参数（温度、湿度、光照度、二氧化碳浓度、烟雾浓度和粉尘浓度等）进行设置，以满足自动控制的要求 2．控制相应的执行器件，如换气扇、雾化器、加热灯、报警器、LED 灯等

6.2　ZigBee 简介

ZigBee 和 IEEE 802.15.4 是基于标准的协议，它们为无线传感器网络应用提供所需要的网络基础设施。802.15.4 定义了物理层（PHY）和媒体访问控制层（MAC），ZigBee 定义了网络层（NWK）和应用层（APL）。

对于传感器网络应用，关键的设计要求围绕着电池寿命长、成本低、占地面积小和网状网络等问题，以支持在一个互操作多应用环境中大量设备之间的通信。

6.2.1 典型应用

环境监控是典型的传感器网络应用，在实际的应用中还有很多关键技术，包括节点部署、远程控制、数据采样和通信机制等。由于传感器网络具有很强的应用相关性，在环境监控应用中的关键技术需要根据实际情况进行具体的研究。并且，ZigBee 无线网状网络的冗余、自配置和自愈能力对许多应用来说是理想的，主要包括：

能源管理和提高效率——提供更多的信息和控制能源使用，为用户提供更好的服务和更多的选择机会，从而更好地管理资源，帮助减少对环境的影响。

家居自动化——提供对照明、采暖、制冷、安全和家庭娱乐系统更灵活的管理。

楼宇自动化——整合并集中管理照明、采暖、制冷和安全。

工业自动化——提高现有的生产和过程控制系统的可靠性。

ZigBee 的互用性意味着这些应用可以一起工作，提供更大的好处。

可以预见，随着无线传感设备性价比的提高、相关研究的不断深入以及传感网络应用的不断普及，无线传感器网络将给人们的工作和生活带来更多的方便。

6.2.2 ZigBee 目标

ZigBee 的目标是解决以下需求：

- 低成本；
- 安全；
- 可靠和自愈；
- 灵活可扩展；
- 低功耗；
- 容易且不昂贵的部署；
- 使用全球无限制无线电频段；
- 智能化的网络建立和信息路由。

6.2.3 ZigBee 联盟

ZigBee 联盟（ZigBee Alliance）是一个由 285 家公司一起工作的联合体，以实现基于一个开放的全球标准的、可靠的、具有成本效益、低功耗、无线网络的、检测和控制产品。其重点是以下方面：

- 定义网络、安全及应用软件层；
- 提供互操作性和一致性测试规范；
- 在全球促进 ZigBee 品牌以建立市场意识；
- 管理该技术的发展。

6.2.4 产品认证

要使用 ZigBee 联盟标识的产品，它必须首先成功完成 ZigBee 认证项目，这就确保了该产品符合在 ZigBee 规范里的标准描述。

只有通过了 ZigBee 认证的产品才可以使用 ZigBee 标识，标识如图 6-2 所示。

图 6-2 ZigBee 标识

ZigBee 认证测试项目有以下两种：

- ZigBee 兼容平台（ZCP）

ZCP 适用于组件或平台，用来创建终端产品的模块。

- ZigBee 认证产品

该项目适用于建立在 ZigBee 兼容平台上的终端产品。顺利完成测试之后，这些产品可以使用 ZigBee 标识。

使用公共应用规范的产品测试，以保证与其他 ZigBee 终端产品的互操作性，如图 6-3 所示。

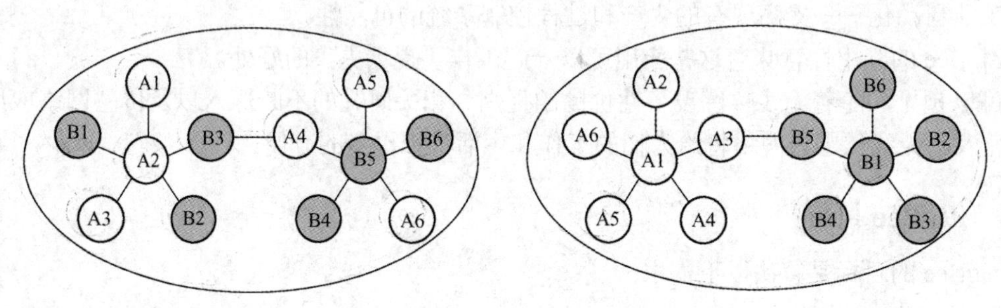

图 6-3 ZigBee 终端产品的互操作性（左）和共存性（右）

将运行为“封闭系统”的使用制造商专用应用规范的产品，被测试以保证它们能和其他 ZigBee 系统共存，也就是说，它们不影响到其他 ZigBee 认证产品和网络的运行。

6.3 ZigBee 协议栈

协议定义的是一系列的通信标准，通信双方需要共同按照这一标准进行正常的数据收发；协议栈是协议的具体实现形式，通俗地理解为用代码实现的函数库，以便开发人员调用。

ZigBee 的协议分为两部分，IEEE802.15.4 定义了物理层和媒体访问控制层的技术规范，ZigBee 联盟定义了网络层、安全层和应用技术规范，如图 6-4 所示。

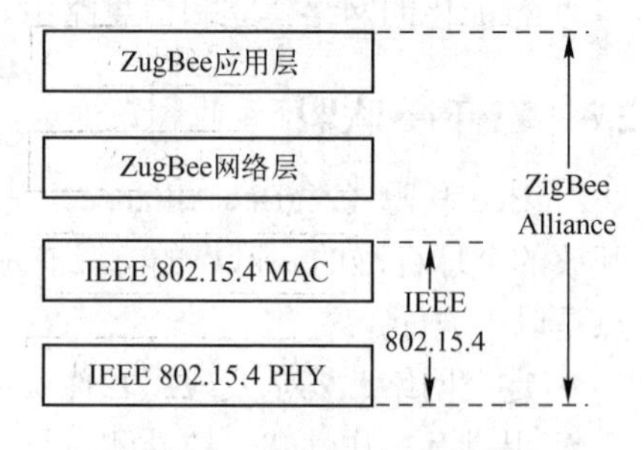

图 6-4 ZigBee 协议架构

2016 年 1 月，ZigBee 3.0 获批。ZigBee 3.0 基于 IEEE 802.15.4 标准，工作频率为 2.4 GHz（全球通用频率），使用 ZigBee PRO 网络，由 ZigBee 联盟的无线标准统一而来。

ZigBee 协议栈就是将各个层定义的协议都集合在一起，以函数的形式实现，并给用户提供一些应用层 API，供用户调用。在开发过程中，不需要关心 ZigBee 协议的具体实现细节，如：每个函数是怎么实现的，每条代码是什么意思等；只需关心一个核心问题：应用程序数据从哪里来到哪里去，需要知道协议栈提供的函数实现什么样的功能，会调用相应的函数来实现自己的应用需求。

6.4 ZigBee 网络结构

6.4.1 ZigBee 网络设备组成

对于网络中的设备，IEEE802.15.4 和 ZigBee 联盟所制定的标准有不同的定义方法和规范术语。在 IEEE802.15.4 中，根据设备的功能划分，网络中的设备可分为两类：全功能设备（Full-Function Device，FFD）和简化功能设备（Reduced-Function Device，RFD）。全功能设备实现了 IEEE802.15.4 协议的全集，而简化功能设备只实现了其中的一部分。根据节点在网络中承担的任务不同，网络中的设备又可以分为：个域网协调器（Personal Area Network Coordinator，PAN Coordinator）、协调器（Coordinator）和一般设备（Device）。PAN 协调器是网络的总控制器，一个 IEEE802.15.4 网络只能有一个 PAN 协调器，它是一种特殊的协调器，必须是全功能设备。协调器也是全功能设备，它通过发送信标提供同步服务。其他一般设备可以是全功能设备，也可以是简化功能设备。简化功能设备主要用于非常简单的应用，通常不需要传送大量的数据，往往同一时间只和一个全功能设备关联。全功能设备可以与简化功能设备或者其他全功能设备通信，而简化功能设备只能和全功能设备通信。ZigBee 标准在此基础上分别将这三种设备定义成 ZigBee 协调器（ZigBee Coordinator），ZigBee 路由器（ZigBee Router），ZigBee 终端设备（ZigBee End Device），它们的功能如下。

1．ZigBee 协调器

IEEE802.15.4 定义的个域网协调器，是 ZigBee 网络的建立者。负责 ZigBee 网络的初始化，确定个域网标识符（PAN Identifier）和网络工作的物理信道，并统筹分配短地址。ZigBee 协调器必须是全功能设备，并且一个 ZigBee 网络只有一个 ZigBee 协调器。

2．ZigBee 路由器

也是一个全功能设备，功能类似于 IEEE802.15.4 定义的协调器，但它不能建立网络。在它进入网络后，它能获得一定的 16 位短地址空间。在其通信范围内，它能允许其他节点加入或者离开网络，分配及收回短地址，以及路由和转发数据。

3．ZigBee 终端设备

可以是全功能设备，也可以是简化功能设备，它只能与其父节点通信，从其父节点处获得网络标识符、短地址等相关信息。

6.4.2 ZigBee 网络拓扑结构

在 ZigBee 协议规范中，定义了三种网络拓扑：星形结构（Star）、网状结构（Mesh）和簇树形结构（Cluster Tree），如图 6-5 所示。

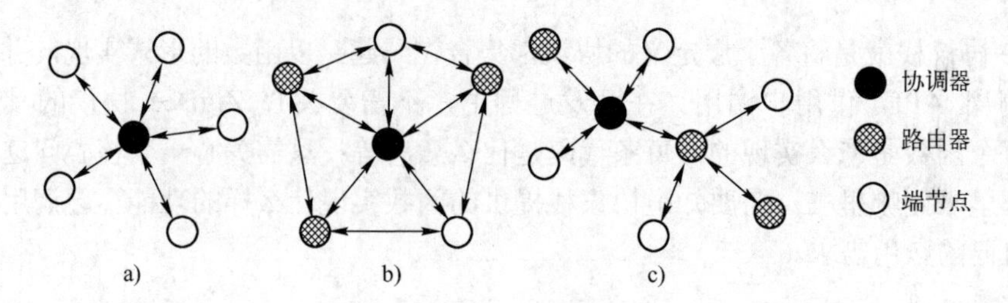

图 6-5　ZigBee 网络拓扑结构

在星形网络结构中，ZigBee 协调器负责整个网络初始化和维护，其他节点都作为 ZigBee 终端设备直接与 ZigBee 协调器通信，终端设备间的通信则需通过协调器转发。在网状网络和簇树形网络中，ZigBee 协调器负责网络的建立和初始参数设定，网络都可以通过 ZigBee 路由器进行扩展，但是在簇树形网络中，路由器采用分级路由策略传送数据和控制信息，并且通常是基于信标（Beacon）的通信模式。而在网状网中则是完全对等的点对点通信，路由器不会定期发送信标，仅在网内设备要求时对其单播信标。

6.4.3　加入一个 ZigBee 网络

当网络中的设备允许一个新设备加入网络时，这两个设备就构成了父子关系。新加入的设备是子设备，而第一个设备是父设备。一个子设备可以通过两种方式加入网络：一是通过 MAC 层关联过程加入网络；二是由先前指定的父设备直接加入网络。只有 ZigBee 协调器或 ZigBee 路由器能够允许设备加入网络，而 ZigBee 终端设备则不能。

6.4.4　路由功能

ZigBee 协调器和路由器应提供以下路由功能：代表上层转发数据帧；代表其他 ZigBee 路由器转发数据帧；为后面的数据帧建立路由而参与路由发现；代表终端设备参与路由发现；参与端到端路由修复；参与本地路由修复；使用路由发现和路由修复中指定的 ZigBee 路径成本度量。此外，ZigBee 协调器和路由器还可能提供下列路由功能：为记住最好的可用路由而维护路由表；代表上层启动路由发现；代表其他 ZigBee 路由器启动路由发现；启动端到端路由修复；代表其他 ZigBee 路由器启动本地路由修复。

6.5　ZigBee 安全

ZigBee 的安全是基于一个 128 位 AES 算法，它被加入到由 IEEE 802.15.4 提供的安全模式中。ZigBee 的安全服务包括密钥建立和传输、设备管理、帧保护。

ZigBee 规范定义了 MAC 层安全，网络层安全和 APS 层安全。应用安全通常由应用规范提供。

6.5.1　认证中心

认证中心决定是否允许新的设备加入它的网络。认证中心可周期性地更新并切换到一个新的网络密钥。它首先用正在使用的网络密钥加密一个即将使用的网络密钥，稍后通知所有设备切换到新的网络密钥。认证中心通常是网络协调器，但也可以是一个专用设备，负责如下的安全：

- 认证管理，验证设备加入网络的请求。
- 网络管理，维持并发布网络密钥。
- 配置管理，使能设备间端到端的安全。

6.5.2 安全密钥

ZigBee 使用三种类型的密钥来管理安全：万能密钥、网络密钥和链接密钥。

1．万能密钥

这些可选的密钥不是被用来加密帧的。当两个设备进行密钥建立过程（SKKE）来产生链接密钥时，这些可选的万能密钥被用作这两个设备间初始的密码。源于认证中心的密钥称为认证中心万能密钥，而所有其他的密钥称为应用层万能密钥。

2．网络密钥

这些密钥提供一个 ZigBee 网络中网络层的安全。一个 ZigBee 网络中的所有设备共享同一个密钥。

高级安全网络密钥必须总是加密后才能发送，而标准安全网络密钥可以选择是加密后发送还是不用加密后发送。注意：高级安全网络密钥只在 ZigBee PRO 中被支持。

3．链接密钥

这些可选的密钥在两个设备的应用层之间保护单播信息。

源于认证中心的密钥称为认证中心链接密钥，而所有其他的密钥称为应用层链接密钥。

6.5.3 安全模式

ZigBee PRO 提供了两种安全模式：标准和高级，不同安全模式所具备的特性见表 6-2。

表 6-2 ZigBee PRO 安全模式

特性	标准*	高级
网络层安全提供使用一个网络密钥	√	√
APS 层安全提供使用一个链接密钥**	√	√
密钥的集中控制和更新	√	√
从当前激活密钥切换到另一个密钥的能力	√	√
获得两个设备间链接密钥的能力	×	√
实体验证和许可表支持	×	√

*ZigBee 2006 保留

**ZigBee 2006 不支持

1．标准安全模式

在标准安全模式，设备列表、万能密钥、链接密钥和网络密钥可由认证中心维护也可以由设备自己维护。认证中心仍然负责维护一个网络密钥并控制加入网络的政策。在该模式下，认证中心的存储器需求远少于高级安全模式。

2．高级安全模式

在高级安全模式，认证中心维护一个设备列表、万能密钥、链接密钥和网络密钥，它需要控制和运行网络密钥更新和网络加入政策。随着网络中设备数量的增长，认证中心的存储器需求将会很大。

6.6　试运转

试运转是物理的部署，编址和节点的逻辑绑定以形成一个功能网络。试运转包含很多任务：无线电波和物理环境的测量、设备的安置、参数的配置、应用绑定、网络和设备参数的优化以及正确运行的测试和确认。

通常，需要考虑一些非技术问题，包括技巧和工作流程、安装实践、设备的简单标识和识别以及接入、与其他共存的无线或有线系统的互操作。

对于试运转的考虑通常是把焦点集中在安装和部署上。在开发、测试和制造阶段，配置和调试 ZigBee 系统的能力也是同等重要的。

在开发和测试过程中，开发者经常必须建立设备的一个系统来进行测试。使用基于标准的空中下载（OTA）技术来快速调试设备或一个网络，可以明显改善生产力。

在制造过程中，有可能必须修改设备的参数（也许是为不同的客户群体）来运行基本的制造测试甚至对设备的 ZigBee 设置参数进行实际的修改，无需通过固件下载方法就可以修改这些参数，给产品生产提供了明显的灵活性。

6.6.1　试运转工具

在理想状况下，设备应该自我试运转。一个安装者给设备上电，打开开关，然后观察设备。设备自己决定它们应加入哪一个网络，如何在网络中安全地工作，应该绑定到哪一个（哪一些）设备以及它们应该与哪些设备通信。

但在目前的实际情况下，这些工作要由安装者来完成。

当看到试运转中所涉及的大量任务时，你可能会意识到使用一个试运转工具的价值。因为安装者喜欢使用一个试运转工具并只需要有限的技术就可以完成这些任务。

这些工具，通常运行在一台 PC 上。它们提供了一个直观的用户接口，隐藏了底层复杂的技术细节，使得安装者可以可视化地、灵活地配置、调试和管理系统。

试运转工具通常不作为网络后续操作的一部分，它们只是简单地协助试运转、网络后续的维护和管理。

6.6.2　试运转举例

下面展示了一个典型的试运转情节：

1）一个新“开箱”设备具有最大的灵活性，它可以加入任何一个网络。

2）一个安装者使用一个专用工具来启动一个“试运转网络”，通过专用工具，设备可试运转和配置。

3）新设备加入试运转网络。

4）安装者使用工具来试运转设备，因此该设备可加入正确的网络，使用正确的安全和绑定。

5）如果需要，已存在的网络可以试运转，例如，合并几个较小的网络成为一个更大的网络。

6.7 ZigBee 信道和频率

ZigBee（802.15.4）可用的射频（RF）频谱和信道与 WiFi（802.11b/g）的重叠。可以通过选择 ZigBee 信道使用两个相邻 802.11 信道之间的空闲空间以及 25 和 26 号信道来避免冲突。

6.7.1 ZigBee、Wi-Fi 和蓝牙的信道

如图 6-6 所示，灰色表示 802.15.4 信道与 WiFi 的信道 1、6 和 11 重叠，而斜线表示 802.15.4 信道与 WiFi 的信道 1、6 和 11 基本不重叠。

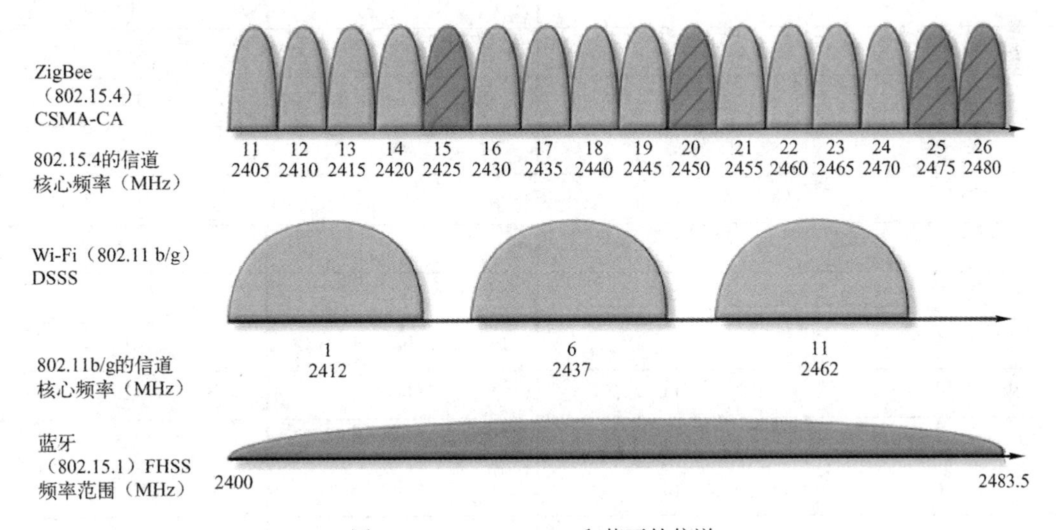

图 6-6　ZigBee、WiFi 和蓝牙的信道

信道 1、6 和 11 建议在美国使用。上图只显示了 2.4 GHz 的信道，不同国家有不同的 802.11 b/g 信道。

6.7.2 信道和频率

IEEE 802.15.4（ZigBee）工作在 ISM（Industrial，Scientific and Medical——工业、科学和医疗）频带，定义了两个频段，2.4 GHz 频段和 868/915 MHz 频带。在 IEEE 802.15.4 中共规定了 27 个信道，见表 6-3，其中：

2.4 GHz 频段共有 16 个信道，信道通信速率为 250 kbit/s；

915 MHz 频带共有 10 个信道，信道通信速率为 40 kbit/s；

868 MHz 频带有 1 个信道，信道通信速率为 20 kbit/s。

表 6-3 **ZigBee 信道和频率**

信道的逻辑序号	信道编号（十进制）	信道编号（十六进制）	频率（MHz）
868 MHz 频段			
1	0	0	868.3
915 MHz 频段			
1	1	01	906
2	2	02	908
3	3	03	910
4	4	04	912
5	5	05	914
6	6	06	916
7	7	07	918
8	8	08	920
9	9	09	922
10	10	0A	924
2.4 GHz 频段			
1	11	0B	2405
2	12	0C	2410
3	13	0D	2415
4	14	0E	2420
5	15	0F	2425
6	16	10	2430
7	17	11	2435
8	18	12	2440
9	19	13	2445
10	20	14	2450
11	21	15	2455
12	22	16	2460
13	23	17	2465
14	24	18	2470
15	25	19	2475
16	26	1A	2480

6.8 实训项目——环境监控系统

（一）任务目标

熟悉环境监控系统的运行流程；

熟悉环境监控系统各子系统并学会如何使用相关控制器。

（二）任务内容

搭建环境监控系统。

（三）提交文档

环境监控系统《学生工作页》（工作页模板参照附件）。

6.8.1 实训 1：光控子系统

（一）系统架构

本实训的系统架构如图 6-7 所示。

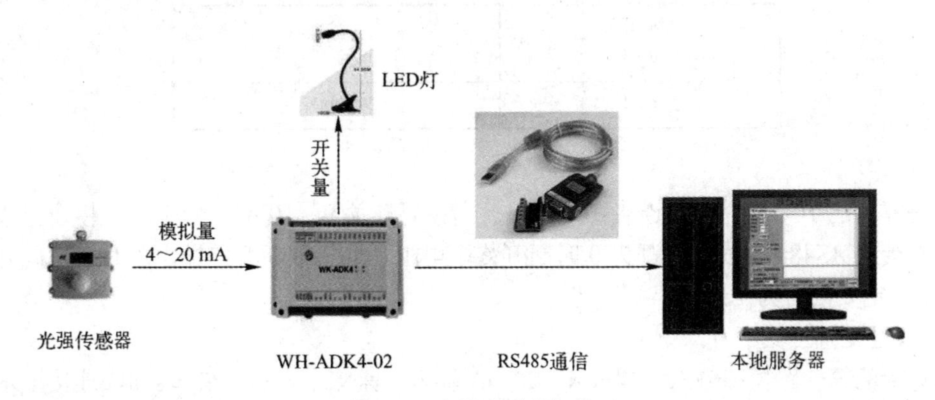

图 6-7　光控子系统架构

（二）实训准备

实训所需设备清单，见表 6-4。

表 6-4　实训设备清单

序号	名称	品牌	型号	数量
1	光照强度传感器	昆仑海岸	ZD-6	1
2	LED 灯	CANWIN	CY-JZTD1W001	1
3	采集板卡	为可	WK-ADK4	1
4	服务器	Dell	R220	1
5	24 V 开关电源	明韦电源	RS-100-24	1
6	5 V 开关电源	明韦电源	LRS-50-5	1
7	USB 转 485	UTEK	UT890	1
8	串口调试助手		常用工具	1
9	采集卡配置工具		常用工具	1

（三）任务实施

1）根据项目设备清单，把本项目的所有设备准备到位，置于实验台上；

2）设备接线，将本实训中用到的设备连接到系统中；

3）上电前的检查，仔细检查所有连接是否无误。若有错误，应及时更正；

4）系统上电，本地服务器开机；

5）配置采集卡，采集卡配置项如下。

① 通过拨码开关配置：

采集卡地址：02

拨码开关 5 4 3 2 1	地址
0 0 0 1 0	2

波特率：9600

拨码开关 8 7 6	波特率
0 1 1	9.6 kbit/s

备注：

拨码开关的10、9位用于连接终端电阻。当拨码开关9、10都拨到1时，模块集成的终端电阻连接到RS485总线上；都为0时断开终端电阻。连接或断开终端电阻时，拨码开关第9、10位一定要同时为1或0。

② 通过配置工具配置：

采集卡的第一路模拟输入配置成4～20 mA输入；采集卡通过USB转485连接至本地服务器；

在本地服务器上，打开工具，配置采集卡A10输入为4～20 mA，0～20000Lux。

6）串口调试工具查看光强值。

在本地服务器上，打开“串口调试工具”，选择合适的“串口”“波特率”，并勾选“十六进制”“十六进制发送”，然后单击“打开串口”；

在发送栏输入并发送获取光照强度值的指令：02 04 00 01 00 01 60 39，如图6-8所示，在接收区返回光强数值。

7）LED灯的控制。

在本地服务器上，打开“串口调试工具”，选择合适的“串口”“波特率”，并勾选“十六进制”“十六进制发送”，然后点击“打开串口”；

在发送栏输入打开LED灯的指令：02 05 00 01 FF 00 DD C9（十六进制发送），单击“手动发送”按钮，LED灯亮；

在发送栏输入关闭LED灯的指令：02 05 00 01 00 00 9C 39（十六进制发送），单击“手动发送”按钮，LED灯灭。

8）根据实际情况填写学生工作页，并上交给教师；

9）实训完毕，将所有设备、连接线恢复到实训前的状态，整理干净实训台之后方可离开。

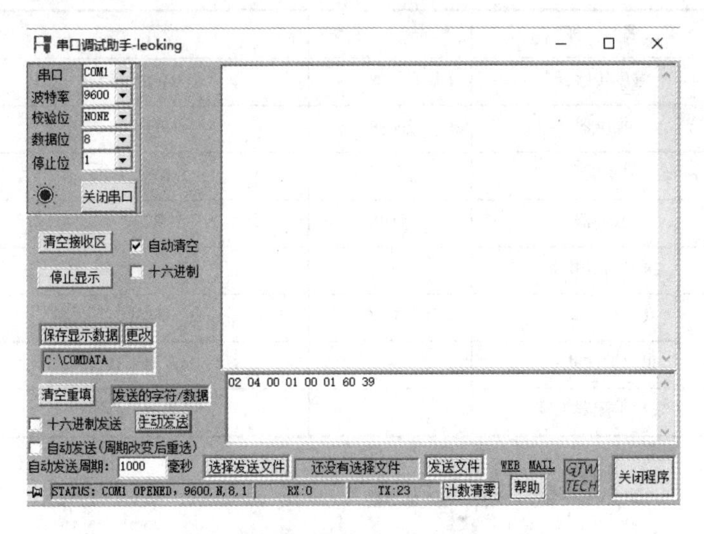

图 6-8　发送获取光照强度值的指令

备注：

本实训中光控传感器连接到了采集卡的 AI1 输入，LED 灯连接到了采集卡的 DO1 输出；若传感器接在了其他输入输出口，则指令也会随之改变。

6.8.2　实训 2：温湿度监控子系统

（一）系统架构

本实训的系统架构如图 6-9、图 6-10 所示。

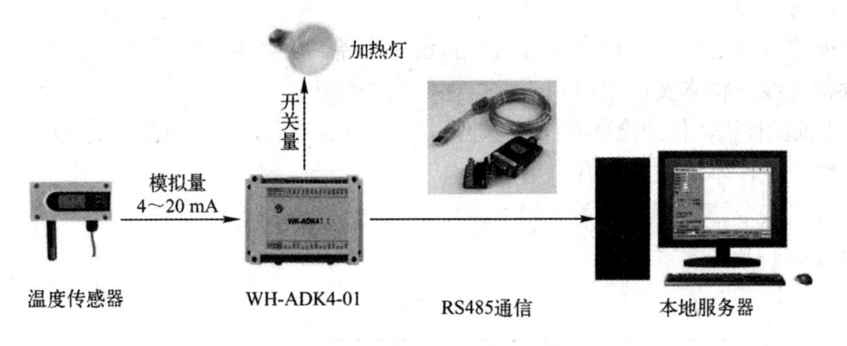

图 6-9　温度监控子系统架构

（二）实训准备

实训所需设备清单，见表 6-5。

表 6-5　实训设备清单

序　号	名　称	品　牌	型　号	数　量
1	温度传感器	昆仑海岸	JWSK-5	1
2	加热灯	花地水族	HD-G-909	1

（续）

序　号	名　称	品　牌	型　号	数　量
3	湿度传感器	昆仑海岸	JWSK-5	1
4	加湿器	自由星	LJH-003	1
5	采集板卡	为可	WK-ADK4	1
6	服务器	Dell	R220	1
7	24 V 开关电源	明韦电源	RS-100-24	1
8	USB 转 485	UTEK	UT890	1
9	串口调试助手		常用工具	1
10	采集卡配置工具		常用工具	1

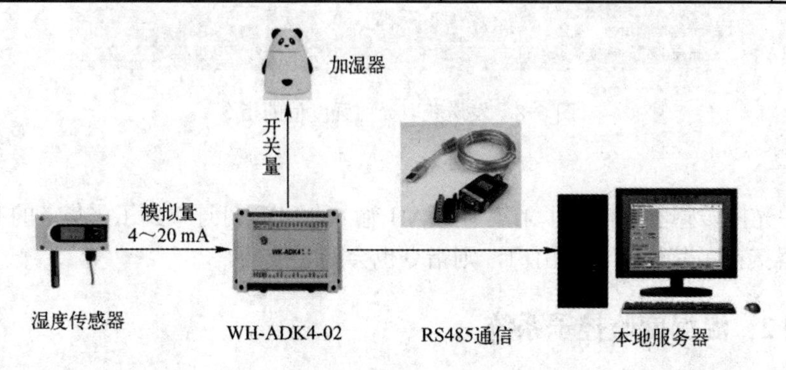

图 6-10　湿度监控子系统架构

（三）任务实施

1）根据项目设备清单，把本项目的所有设备准备到位，置于实验台上；

2）设备接线，将本实训中用到的设备连接到系统中；

3）上电前的检查，仔细检查所有设备连接是否无误。若有错误，应及时更正。

4）系统上电，本地服务器开机。

5）配置采集卡，采集卡配置项如下。

① 通过拨码开关配置。

采集卡地址：02

拨码开关 5 4 3 2 1	地址
0 0 0 1 0	2

波特率：9600

拨码开关 8 7 6	波特率
0 1 1	9.6 kbit/s

备注：

拨码开关的 10、9 位用于连接终端电阻。当拨码开关 9、10 都拨到 1 时，模块集成的终端电阻连接到 RS485 总线上；都为 0 时断开终端电阻。连接或断开终端电阻时，拨码开关第 9、10 位一定要同时为 1 或 0。

② 通过配置工具配置：

采集卡的第一路模拟输入配置成 4～20 mA 输入；采集卡通过 USB 转 485 连接至本地服务器；

在本地服务器上，打开工具；

温度配置采集卡 A10 输入为 4～20 mA，-20～60 ℃；

湿度配置采集卡 A10 输入为 4～20 mA，0～100%。

6）串口调试工具查看温度、湿度值。

在本地服务器上，打开“串口调试工具”，如图 6-11 所示。

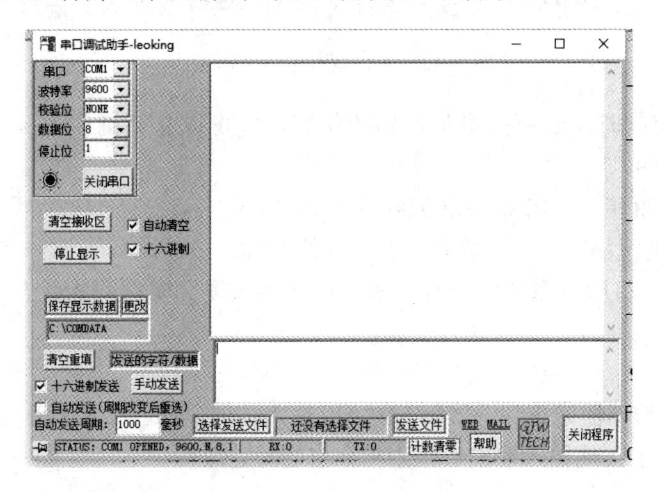

图 6-11　串口调试工具

选择合适的“串口”“波特率”，并勾选“十六进制”“十六进制发送”，然后单击“打开串口”；

在发送栏输入获取温度值的指令：01 04 00 00 00 01 31 CA，单击“手动发送”按钮，接收区返回此时的温度值；

在发送栏输入获取湿度值的指令：02 04 00 00 00 01 31 F9，单击“手动发送”按钮，接收区返回此时的湿度值。

7）加热灯、加湿器的控制。

在本地服务器上，打开工具“串口调试工具”，选择合适的“串口”“波特率”，并勾选“十六进制”“十六进制发送”，然后单击“打开串口”；

在发送栏输入打开加湿器的指令：02 05 00 00 FF 00 8C 09（十六进制发送），如图 6-12 所示，单击“手动发送”按钮，加湿器开始工作。

在发送栏输入关闭加湿器的指令：02 05 00 00 00 00 CD F9（十六进制发送），加湿器停止工作。

加热灯打开指令：01 05 00 00 FF 00 8C 3A（十六进制发送）；

加热灯关闭指令：01 05 00 00 00 00 CD CA（十六进制发送）。

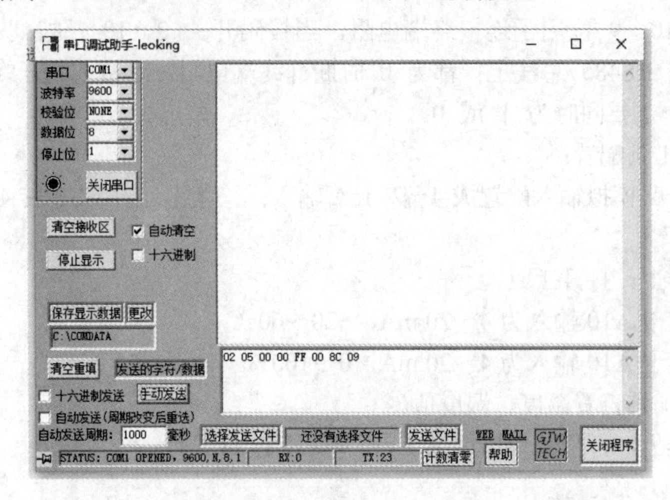

图 6-12　串口调试工具发送指令

在实际远程控制时，若不知道加湿器的状态，则可以先查询一下，输入查询指令：02 01 00 00 00 01 FD F9。

加热灯状态查询指令：01 01 00 00 00 01 FD CA。

8）根据实际情况填写学生工作页，并上交给教师；

9）实训完毕，将所有系统的所有设备、连接线恢复到实训前的状态，整理干净实训台之后方可离开。

备注：

本实训中湿度传感器连接到了采集卡的 AI0 输入，加湿器连接到了采集卡的 DO0 输出；若传感器接在了其他输入输出口，则指令也会随之改变。

6.8.3　实训 3：粉尘烟雾监控子系统

（一）系统架构

本实训的系统架构如图 6-13 所示。

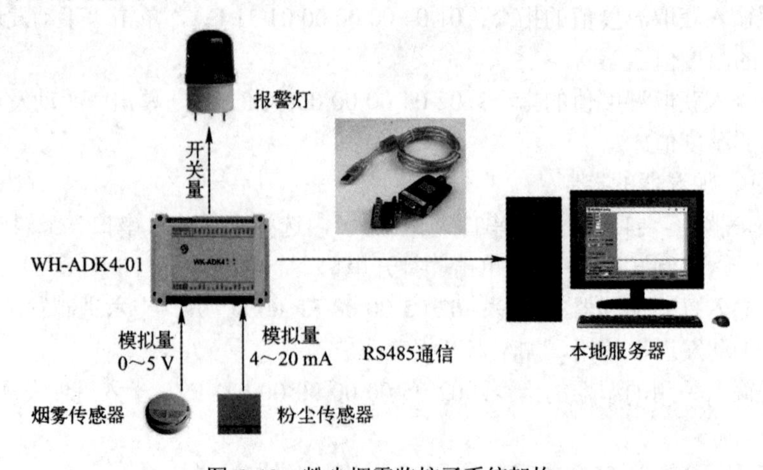

图 6-13　粉尘烟雾监控子系统架构

（二）实训准备

实训所需设备清单，见表 6-6。

表 6-6　实训设备清单

序　号	名　　称	品　　牌	型　　号	数　量
1	烟雾传感器	龙戈电子	MQ-2 A	1
2	粉尘传感器	无线联	KFC-R4-3.6	1
3	报警灯	vexg	VEXG-AC220-红色	1
4	采集板卡	为可	WK-ADK4	1
5	USB 转 485	UTEK	UT890	1
6	服务器	Dell	R220	1
7	24 V 开关电源	明韦电源	RS-100-24	1

（三）任务实施

1）根据项目设备清单，把本项目的所有设备准备到位，置于实验台；

2）设备接线，将本实训中用到的设备连接到系统中；

3）上电前的检查，仔细检查所有设备连接是否无误。若有错误，请及时更正。

4）系统上电，本地服务器开机；

5）配置采集卡，采集卡配置项如下。

① 通过拨码开关配置。

采集卡地址：01

拨码开关 5 4 3 2 1	地址
0 0 0 0 1	1

波特率：9600

拨码开关 8 7 6	波特率
0 1 1	9.6 kbit/s

备注：

拨码开关的 10、9 位用于连接终端电阻。当拨码开关 9、10 都拨到 1 时，模块集成的终端电阻连接到 RS485 总线上；都为 0 时断开终端电阻。连接或断开终端电阻时，拨码开关第 9、10 位一定要同时为 1 或 0。

② 通过配置工具配置。

采集卡的第二/三路模拟输入配置成 4～20 mA/0～5 V 输入；采集卡通过 USB 转 485 连接至本地服务器；

在本地服务器上，打开工具，配置采集卡 A11 输入为 4～20 mA，0～600ug/m^3；AI2 输入为 0～5 V，0～5000 ppm。

6）串口调试工具查看粉尘、烟雾值。

在本地服务器上，打开“串口调试工具”，选择合适的“串口”“波特率”，并勾选“十六进制”“十六进制发送”，然后单击“打开串口”；

获取粉尘值的指令：01 04 00 01 00 01 60 0A，输入指令，查看返回值并记录；

获取烟雾值的指令：01 04 00 02 00 01 90 0A，输入指令，查看返回值并记录。

7）报警灯的控制。

报警灯打开指令：01 05 00 01 FF 00 DD FA（十六进制发送）；

报警灯关闭指令：01 05 00 01 00 00 9C 0A（十六进制发送）；

在串口调试工具中输入指令来控制报警灯的打开与关闭。

8）根据实际情况填写学生工作页，并上交给教师；

9）实训完毕，将所有系统的所有设备、连接线恢复到实训前的状态，整理干净实训台之后方可离开。

备注：

本实训中粉尘传感器连接到了采集卡的 AI1 输入，烟雾传感器连接到了采集卡的 AI2 输入，报警灯连接到了采集卡的 DO1 输出；

若传感器接在了其他输入输出口，则指令也会随之改变。

6.8.4　实训 4：CO_2 监控子系统

（一）系统架构

本实训的系统架构如图 6-14 所示。

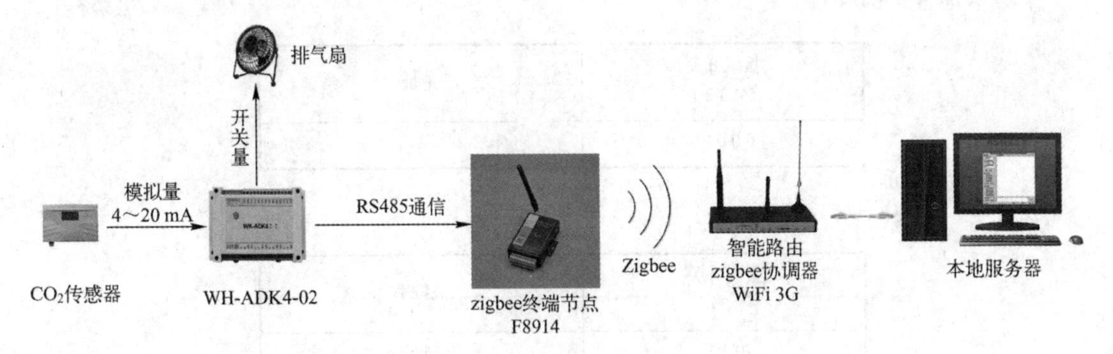

图 6-14　CO_2 监控子系统架构

（二）实训准备

实训所需设备清单，见表 6-7。

表 6-7　实训所需清单

序　号	名　称	品　牌	型　号	数　量
1	CO_2 传感器	昆仑海岸	JQAW-3AC-B	1
2	风扇	脉盛	大嘴猴	1

（续）

序　号	名　称	品　牌	型　号	数　量
3	采集板卡	为可	WK-ADK4	1
4	服务器	Dell	R220	1
5	24 V 开关电源	明韦电源	RS-100-24	1
6	5 V 开关电源	明韦电源	LRS-50-5	1
7	USB 转 485	UTEK	UT890	1
8	网络调试助手		常用工具	1
9	采集卡配置工具		常用工具	1
10	ZigBee 节点	四信	F8914-E	1
11	智能路由	四信	F8134	1
12	ZigBee 节点配置工具	四信	常用工具	1
13	ZigBee 节点配置工具	四信	常用工具	1
14	网线			若干
15	USB 转 232	UTEK	UT880	1

（三）任务实施

1）根据项目设备清单，把本项目的所有设备准备到位，置于实验台上；

2）设备接线，将本实训中用到的设备连接到系统中；

3）上电前的检查，仔细检查所有设备连接是否无误。若有错误，应及时更正；

4）系统上电，本地服务器开机；

5）配置采集卡，采集卡配置项如下。

① 通过拨码开关配置。

采集卡地址：02

拨码开关 5 4 3 2 1	地址
0 0 0 1 0	2

波特率：9600

拨码开关 8 7 6	波特率
0 1 1	9.6 kbit/s

备注：

拨码开关的 10、9 位用于连接终端电阻。当拨码开关 9、10 都拨到 1 时，模块集成的终端电阻连接到 RS485 总线上；都为 0 时断开终端电阻。连接或断开终端电阻时，拨码开关第 9、10 位一定要同时为 1 或 0。

② 通过配置工具配置：

采集卡的第三路模拟输入配置成 4～20 mA/0～5 V 输入；采集卡通过 USB 转 485 连接至本地服务器；

在本地服务器上，打开工具，配置采集卡 A12 输入为 4～20 mA，0～2000 ppm。

6）ZigBee 节点配置。

天线安装：ZigBee 数传终端天线接口为 SMA 阴头插座。将配套天线的 SMA 阳头旋到 ZigBee 数传终端天线接口上，并确保旋紧，以免影响信号质量。

天线放置如下：

- 尽量远离大面积的金属平面及地面；
- 天线尽量保证可对视状态；
- 尽量减少天线之间的障碍物；
- 尽量缩短天线与模块之间的馈线长度。

参数配置：

在对 ZigBee 数传终端进行配置前，需要通过出厂配置的 RS232 串口线或 RS232-485 转换线把 ZigBee 数传终端和用于配置的 PC 连接起来，如图 6-15 所示。

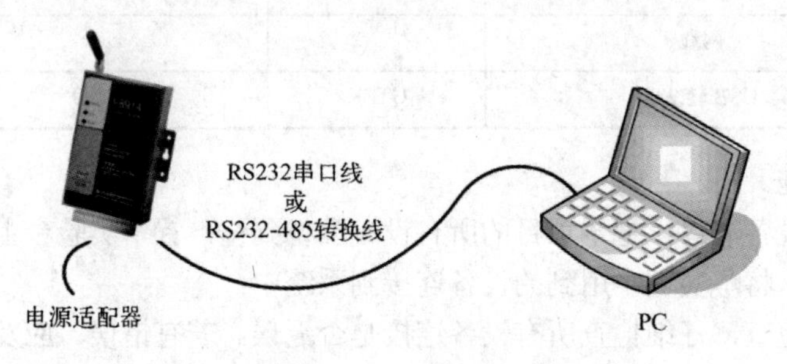

图 6-15　连接 ZigBee 数传终端和 PC

ZigBee 数传终端的参数配置如下。

- 通过专门的配置软件：所有的配置都通过软件界面的相应条目进行，这种配置方式只适合于用户方便使用 PC 进行配置的情况。
- 通过扩展 AT 命令（以下简称 AT 命令）的方式进行配置：在这种配置方式下，用户只需要有串口通信的程序就可以配置 ZigBee 数传终端的所有参数，例如 Windows 下的超级终端，Linux 下的 minicom、putty 等，或者直接由用户的单片机系统对节点进行配置。在运用扩展 AT 命令对 ZigBee 数传终端进行配置前，需要使 ZigBee 数传终端进入配置状态。

此处的配置方法为通过软件来配置，如图 6-16 所示。

在“通信设置”选项上选择当前连接设备使用的串口参数，然后打开串口。默认打开当前未占用串口，如果与用户连接设备的实际串口参数不相符，则应在此项配置中选择正确的值，同时打开串口。

选择正确串口后，单击“进入配置状态”按钮，并按照提示操作，节点进入配置状态。

F8914 支持三种操作模式：透传模式、AT 命令模式和 API 模式。此处为透传模式。

透传模式：设备加入网络后，数据通过串口输入，该数据将通过 ZigBee 网络发送到配置的透传地址的设备上。当接收到 ZigBee 网络数据时，数据将通过串口输出。上电默认进入透传模式。

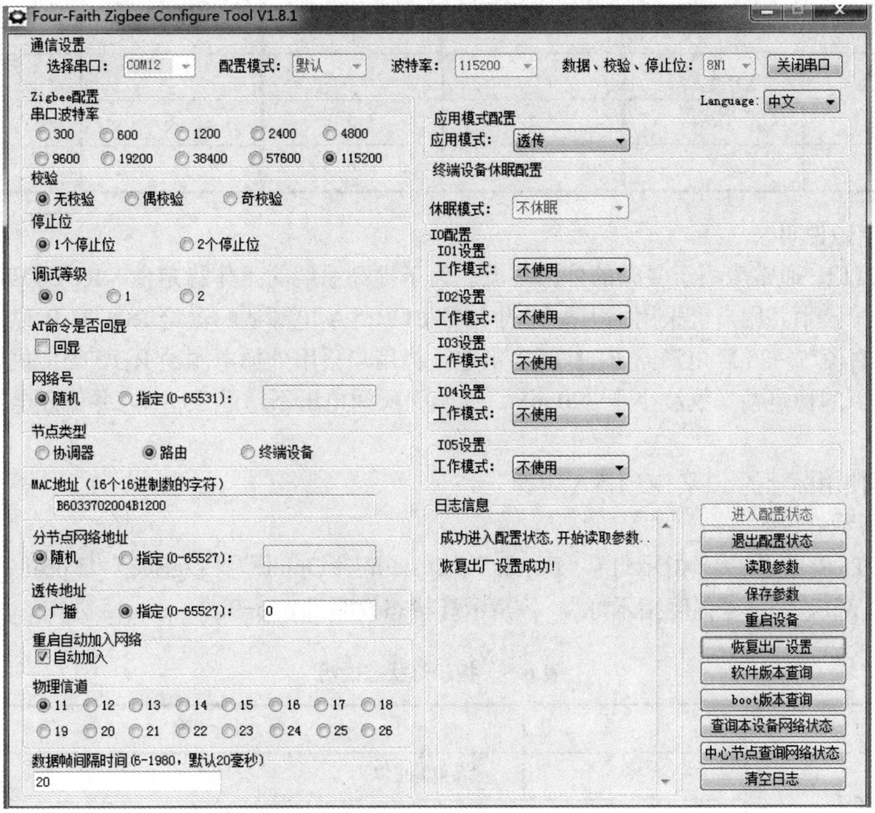

图 6-16　ZigBee 数传终端配置界面

重点配置的项目有串口波特率、网络号、节点类型、分节点网络地址、透传地址、物理信道。

配置项要和 ZigBee 协调器保持一致。

7）终端路由（ZigBee 协调器）配置如下。

注意：关于此设备配置项比较多，没用到的项目可以禁用，以保证最佳传输性能。

① 天线安装：

无线广域网天线接口为 SMA 阴头插座（标识为“ANT”），将配套的无线蜂窝天线的 SMA 阳头旋到该天线接口上，并确保旋紧，以免影响信号质量。

无线局域网天线接口为 SMA 阳头插座（标识为“WiFi”），将配套 WiFi 天线的 SMA 阴头旋到该天线接口上，并确保旋紧，以免影响信号质量。

ZigBee 天线安装：ROUTER 上的 ZigBee 天线接口标识为“ZigBee”。将 ZigBee 天线的 SMA 阳头旋到 ZigBee 天线接口上，并确保旋紧，以免影响信号质量。

注意：无线蜂窝天线、ZigBee 天线和 WiFi 天线不能接错，否则设备无法工作。

② 安装电缆：

将网络直连线的一端插到 ROUTER 的交换机接口上（标识为“Local Network”），另一端插到用户设备的以太网接口上。网络直连线信号连接见表 6-8。

表 6-8　网络直连线信号连接

RJ45-1	RJ45-2	RJ45-1	RJ45-2	RJ45-1	RJ45-2
1	1	4	4	7	7
2	2	5	5	8	8
3	3	6	6		

③ 电源说明。

ROUTER 通常应用于复杂的外部环境。为了提高系统的工作稳定性，ROUTER 采用了先进的电源技术。用户可采用标准配置的 12V DC/1.5 A 电源适配器给 ROUTER 供电，也可以直接用直流 5～35 V 电源给 ROUTER 供电。当用户采用外加电源给 ROUTER 供电时，必须保证电源的稳定性（纹波小于 300 mV，并确保瞬间电压不超过 35 V），并保证电源功率大于 7 W。

推荐使用标配的 12 V DC/1.5 A 电源。

④ 指示灯说明。

ROUTER 提供以下指示灯："Power""System""Online""ZigBee""Local Network""WAN""WiFi""信号强度指示灯"。各指示灯状态说明见表 6-9。

表 6-9　指示灯状态说明

指示灯	状态	说明
Power	亮	设备电源正常
	灭	设备未上电
System	闪烁	系统正常运行
	灭	系统不正常
Online	亮	设备已登录网络
	灭	设备未登录网络
ZigBee	亮	ZigBee 接口未连接
	灭	ZigBee 接口已连接/正在数据通信
Local Network	灭	相应交换机接口未连接
	亮/闪烁	相应交换机接口已连接/正在数据通信
WAN	灭	WAN 接口未连接
	亮/闪烁	WAN 接口已连接/正在数据通信
WiFi	灭	WiFi 未启动
	亮	WiFi 已启动
信号强度指示灯	亮 1 个灯	信号强度较弱
	亮 2 个灯	信号强度中等
	亮 3 个灯	信号强度极好

⑤ 配置连接图。

在对路由器进行配置前，需要将路由器和用于配置的 PC 通过出厂配置的网线或 WiFi 连接起来，如图 6-17 所示。用网线连接时，网线的一端连接路由器“Local Network”（以下简称 LAN 口）的任意一个以太网接口，另外一端连接到 PC 的以太网口。用 WiFi 连接时，路由器出厂默认的 SSID 为“Four-Faith”，无须密码验证。

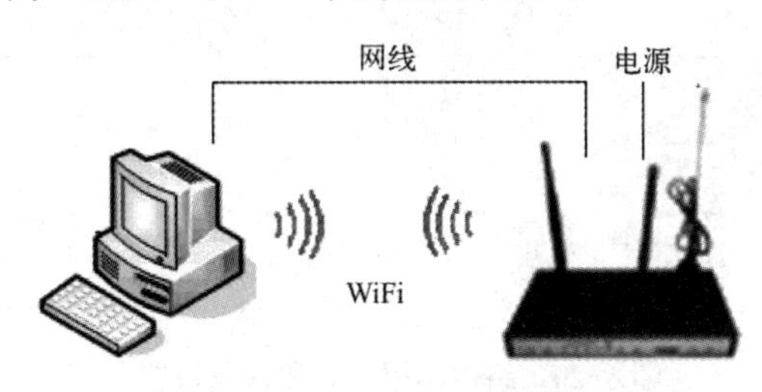

图 6-17　PC 连接路由器

⑥ 登录到配置页面。

首先，配置 PC 的 IP 地址（两种方式）。

第一种方式：自动获取 IP 地址，如图 6-18 所示。

第二种方式：指定 IP 地址，如图 6-19 所示。设置 PC 的 IP 地址为 192.168.1.9（或者其他 192.168.1 网段的 IP 地址），子网掩码设为 255.255.255.0，默认网关设为 192.168.1.1。DNS 设为当地可用的 DNS 服务器。

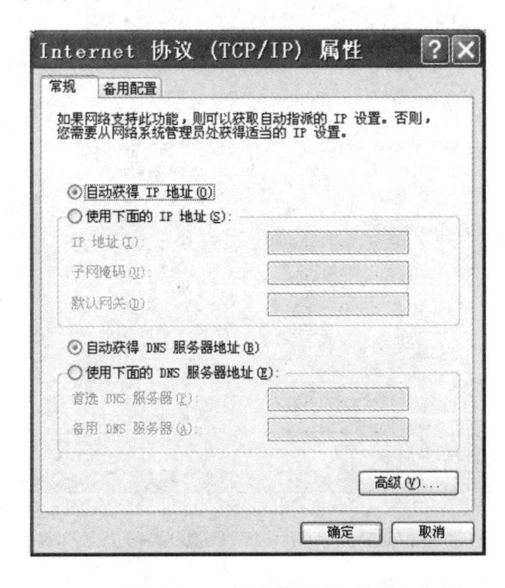

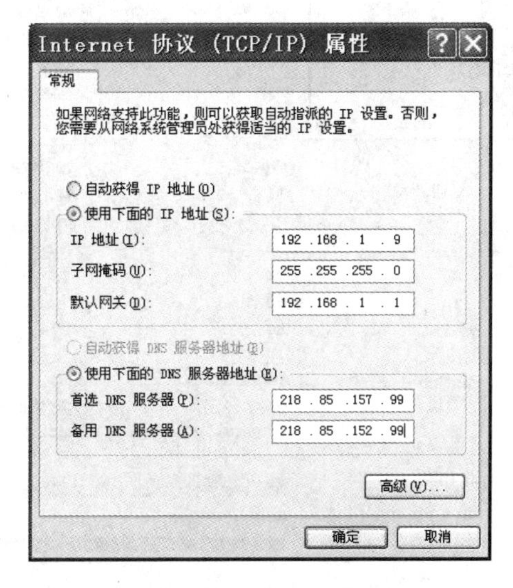

图 6-18　自动获取 IP 地址　　　　图 6-19　指定 IP 地址

然后登入到配置页面。

本章对每个页面的主要功能进行了描述。可以使用连接到路由器上的计算机通过网页浏览器来对网页工具进行访问。一共有 11 个主页面，即设置、无线、服务、VPN、安全、访问限制、NAT、QoS 设置、应用、管理以及状态。单击其中一个主页面，会出现更多的从页面。

为了访问路由器基于网页的 Web 管理工具，可启动 IE 或其他浏览器，并在“地址”栏输入路由器的默认 IP 地址 192.168.1.1 后按〈Enter〉键。若是首次登录到 Web 页面，网页会提示用户是否修改路由器的默认用户名和密码，用户可根据实际需要来修改，如图 6-20 所示。

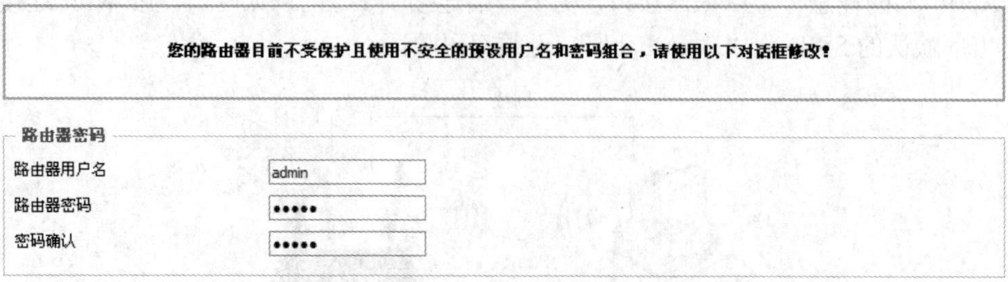

图 6-20　路由器用户名和密码设置

之后进入信息主页面，如图 6-21 所示。

图 6-21　路由器配置 Web 主页

若是第一次单击主菜单则需要输入相应的用户名和密码，如图 6-22 所示。

输入正确的用户名和密码即可以访问相应的菜单页面，默认用户名 admin，默认密码 admin（可以在管理页面更改用户名和密码）。然后单击“确定”按钮。

重点设置的参数有以下几个：

- IP 地址

自动配置-DHCP。

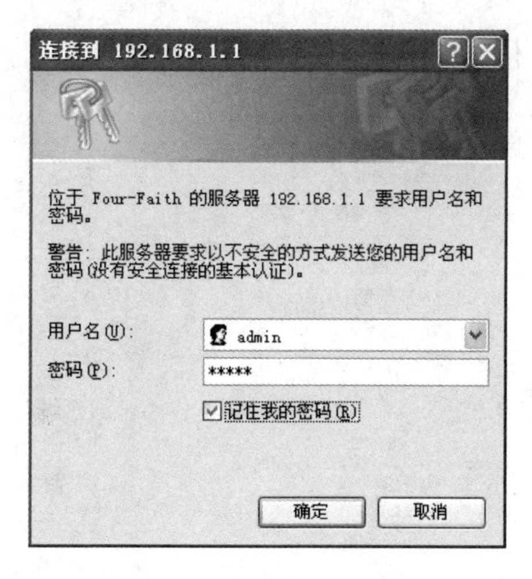

图 6-22　自动获取 IP 地址

路由器默认的 WAN 连接类型。有线电视（Cable）和部分小区宽带采用这种连接方式，如深圳天威视讯、上海有线通等，如图 6-23 所示。

DHCP 类型	DHCP 服务器
DHCP 服务器	◉启用 ○禁用
起始IP地址	192.168.1. 100
最大DHCP用户数	50
客户端租约时间	1440 分钟
静态DNS 1	0. 0. 0. 0
静态DNS 2	0. 0. 0. 0
静态DNS 3	0. 0. 0. 0
WINS	0. 0. 0. 0
为DHCP使用DNSMasq	☑
为DNS使用DNSMasq	☑
以DHCP为准	☑

图 6-23　自动获取 IP 地址

WAN 口的 IP 地址通过 DHCP 的方式自动获取。

● ZigBee 配置

启动 ZigBee 应用：是否启用 ZigBee 应用，此处启用，如图 6-24 所示。

ZigBee 波特率：ZigBee 模块通信波特率。

网络号（0～65535）：ZigBee 通信网络号，输入值范围 0～65535。

节点类型：共 3 种，协调器、路由、终端设备。

分节点网络地址：用于唯一识别设备自身的标识号；记住多台设备不能设置相同的值，以免发生冲突导致无法通信；输入值范围 0～65535。

工作模式：广播、主从、API。

透传地址：ZigBee 传输的目标设备节点号，工作模式为广播必须设置成 65535；工作模式为 API 时该设置项无效，传输目标地址根据自定义数据包确定。

ZigBee应用

ZigBee应用

ZigBee应用	◉ 启用 ○ 禁用
ZigBee波特率	115200
网络号(0-65535):	1000
节点类型	协调器
分节点网络地址(0-65527)	0
工作模式	广播
透传地址(0-65527)	65535
物理信道	26
数据帧时间间隔(单位:毫秒)	20
接收超时时间(单位:秒)	180
设备传输方式	ZigBee+串口+网络
协议类型	TCST
服务端地址	192.168.1.62
服务端端口	8899
心跳间隔(单位:秒)	60
自定义心跳包	
自定义注册包	

图 6-24　ZigBee 应用

物理信道：ZigBee 通信传输信道号，支持 11～26 共 16 个信道号。

数据帧时间间隔：ZigBee 每次接收同一个数据包的最长等待超时时间，单位为毫秒输入的值必须在 1～999。

接收超时时间：从 ZigBee 最后一次收到数据开始的时间。

设备传输方式：支持 ZigBee 与串口、网络之间的相互转发通信组合方式。

注意：当选择关于路由器串口参与通信时，串口的通信参数应在“串口应用”页面中设置。

协议类型如下。

UDP（DTU）：串口转 UDP 连接，添加自定义应用层协议，完全等同于一台四信 DTU 的功能。

纯 UDP：标准的串口转 UDP 连接。

TCP（DTU）：串口转 TCP 连接，添加自定义应用层协议，完全等同于一台四信 DTU 的功能。

纯 TCP：标准的串口转 TCP 连接。

TCP 服务器：标准的 TCP 服务器连接。

TCST：自定义的 TCP 连接。

服务器地址：与路由器串口转 TCP 程序进行通信的数据服务中心的 IP 地址或者域名。

服务器端口：数据服务中心程序监听的端口。

设备号码：设备的 ID 号，11 B 的数据字符串。只有当协议类型设置成“UDP

(DTU)”或者“TCP（DTU)”时这个配置项才有效。

设备 ID：8 B 的数据字符串，只有当协议类型设置成“UDP（DTU)”或者“TCP（DTU)”时这个配置项才有效。

心跳时间间隔：心跳包的时间间隔，只有当协议类型设置成“UDP（DTU)”“TCP（DTU)”时这个配置项才有效。

自定义心跳包：心跳包，只有当协议类型设置成“TCST”时这个配置项才有效。

自定义注册包：注册包，只有当协议类型设置成“TCST”时这个配置项才有效。

串口参数设置，如图 6-25 所示。

控制串口参数配置

波特率	115200
数据位	8
停止位	1
检验	无
流控	无

图 6-25　串口参数设置

波特率：表示设备每秒传送的字节数，常用的波特率有 115200、57600、38400、19200 等。

数据位：数据位的个数可以是 4、5、6、7、8 等，构成一个字符。通常采用 ASCII 码。从最低位开始传送，靠时钟定位。

停止位：它是一个字符数据的结束标志。可以是 1 位、1.5 位、2 位的高电平。

检验：表示一组数据所采用的数据差错校验方式，有奇、偶校验两种方式。

流控：包括硬件部分和软件部分两种方式。

8）串口调试工具查看二氧化碳浓度值。

在本地服务器上，打开“串口调试工具”，选择合适的“串口”“波特率”，并勾选“十六进制”“十六进制发送”，然后单击“打开串口”；

获取粉尘值的指令：02 04 00 02 00 01 90 39，输入指令，查看返回值并记录。

9）排气扇的控制。

排气扇打开指令：02 05 00 02 FF 00 2D C9（十六进制发送）；

排气扇关闭指令：02 05 00 02 00 00 6C 39（十六进制发送）。

在串口调试工具中输入指令来控制排气扇的打开与关闭。

10）根据实际情况填写学生工作页，并上交给教师。

11）实训完毕，将所有系统的所有设备、连接线恢复到实训前的状态，整理干净实训台之后方可离开。

备注：

本实训中 CO_2 传感器连接到采集卡的 AI2 输入，排气扇连接到采集卡的 DO2 输出；

若传感器接在了其他输入输出口，则指令也会随之改变。

第7章　移动终端通信技术应用

导学

在本章中，读者将通过手机终端蓝牙通信实训、WiFi 通信实训、红外通信实训和 NFC 通信实训项目，学习以下技术：

- 蓝牙通信技术；
- WiFi 通信技术；
- 红外通信技术；
- NFC 通信技术。

本章以手机为载体，围绕蓝牙技术、WiFi 技术、红外技术和 NFC 技术设计了 4 个实训，如图 7-1 所示，帮助读者掌握这些短距离无线通信技术的基本理论及研究方法，并为其应用提供技术参考。

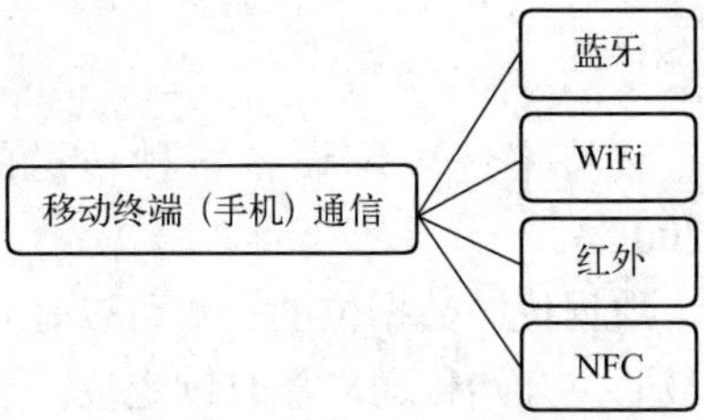

图 7-1　移动终端通信框架

7.1　移动终端通信概述

在信息技术、互联网技术、云计算技术、大数据技术及应用飞速发展的信息社会，信息和通信已成为经济、社会发展的动力。信息作为一种资源，通过传播与交流，产生经济效益和社会价值；通信作为传输信息的手段或方式，实现信息的价值。

移动终端通信，作为通信的一种形式，是指在像智能手机、平板等移动终端设备上进行的通信。

在实际的项目中，移动终端起到了非常重要的作用，特别是近年来非常火热的智能手机的大面积推广与流行。如手机可以通过蓝牙或者红外控制灯；如手机接收家校通系统自己孩子的实时平安短信；通过手机读取地铁月票内的余额和消费记录；两手机之间互传文件、分享照片等。

几种移动通信技术对比见表 7-1。

表 7-1　几种移动通信技术对比

特性 种类	工作频段	传输速率	最大功耗	最大功耗	终端连接数	安全性	主要用途
ZigBee	2.4 GHz	0.25 Mbit/s	1～3 mW	点到多点	65536	中等	家庭网络控制网络、传感器网络
红外	820 nm	16 Mbit/s	几 mW	点到点	2	高	近距离可见传输、智能家居

（续）

特性 / 种类	工作频段	传输速率	最大功耗	最大功耗	终端连接数	安全性	主要用途
HomeRF	2.4 GHz	2 Mbit/s	100 mW	点到多点	127	高	家庭无线局域网
蓝牙	2.4 GHz	732.2 kbit/s	1～100 mW	点到多点	7	高	个人网络、智能家居
WiFi	2.4 GHz	54 Mbit/s	10～500 mW	点到多点	256	中等	家庭、商用局域网

7.2 蓝牙通信技术

7.2.1 蓝牙通信技术概述

1．名称

蓝牙（Bluetooth®）：是一种无线技术标准，可实现固定设备、移动设备和楼宇个人域网之间的短距离数据交换。

2．图标

蓝牙图标，如图 7-2 所示。

图 7-2 蓝牙图标

蓝牙（Bluetooth）是一种低成本、低功率、短距离无线连接技术标准，最早在 1994 年由爱立信（Ericsson）公司提出，当时是作为 RS232 数据线的替代方案。1998 年 5 月，世界知名企业如爱立信、诺基亚（Nokia）、东芝（Toshiba）、国际商用机器公司（IBM）和英特尔（Intel）成立蓝牙特别兴趣小组，共同推出蓝牙计划。蓝牙可连接多个设备，克服了数据同步的难题。

3．蓝牙技术的管理

如今蓝牙技术由蓝牙技术联盟（Bluetooth Special Interest Group，简称 SIG）管理。蓝牙技术联盟在全球拥有超过 25000 家成员公司，它们分布在电信、计算机、网络和消费电子等多个领域。IEEE 将蓝牙技术列为 IEEE 802.15.1，但如今已不再维持该标准。蓝牙技术联盟负责监督蓝牙规范的开发、管理认证项目并维护商标权益。制造商的设备必须符合蓝牙技术联盟的标准才能以“蓝牙设备”的名义进入市场。蓝牙技术拥有一套专利网络，可发放给符合标准的设备。

4．蓝牙技术工作频段

蓝牙技术的波段为 2400～2483.5 MHz（包括防护频带）。这是全球范围内无需取得执照（但并非无管制的）的工业、科学和医疗用（ISM）波段的 2.4 GHz 短距离无线电频段。

蓝牙使用跳频技术，将传输的数据分割成数据包，通过 79 个指定的蓝牙频道分别传输数据包。每个频道的频宽为 1 MHz。蓝牙 4.0 使用 2 MHz 间距，可容纳 40 个频道。第一个频道始于 2402 MHz，每 1 MHz 一个频道，至 2480 MHz。有了适配跳频（Adaptive Frequency-Hopping，简称 AFH）功能，通常每秒跳 1600 次。

5. 常见的蓝牙模块的优缺点

（1）CSR（英国）

优点：最顶级的蓝牙模块，回放和麦克风音质是目前市面最优秀的，基本兼容所有蓝牙设备。

缺点：不支持收音机模式、使用存储卡模式等功能。

（2）创杰（中国台湾）

优点：有良好的音质表现，带语音提示，支持收音机模式、使用存储卡模式等功能。

缺点：麦克风效果不理想，兼容性一般。

（3）博通（中国上海）

优点：价格低廉，同样支持收音机模式、使用存储卡模式。

缺点：音质一般。

（4）建荣（中国深圳）

优点：价格低廉，功能强大。

缺点：兼容性一般。

（5）OVC（奥凯华科）

优点：价格低廉，音质尚可，功能丰富。

缺点：通话效果差，扩展性一般。

6. 蓝牙技术的应用

● 移动终端上的应用，如智能手机控制房间里的灯，无需跑到灯的开关处按一下开关。

在蓝牙灯里面内置蓝牙通信模块，并且该模块有一个唯一的地址，打开手机的蓝牙功能一般都能搜索到。

● 数字设备上的应用。

数字照相机、数字摄像机等设备装上蓝牙系统，既可免去使用电线的不便，又可不受存储器容量的困扰，随时随地可将所摄图片或影像通过同样装备蓝牙系统的手机或其他设备传回指定的计算机中，蓝牙技术还可以应用于投影机产品，实现投影机的无线连接。

● 蓝牙技术在传统家电中的应用。

蓝牙系统嵌入微波炉、洗衣机、电冰箱、空调等传统家用电器，使之智能化并具有网络信息终端的功能，能够主动地发布、获取和处理信息，赋予传统电器以新的内涵。

7. 蓝牙通信技术的使用

1）首先要进行设备配对，建立信任关系。

● 开启蓝牙设备的搜索/被搜索模式；

● 主动设备（项目中的手机）搜索到被动设备（项目中的蓝牙灯）；

● 根据提示输入密码（有些设备密码需要看说明书，本项目无需密码）。

2）然后开通支持的服务功能。

● 在成功建立配对后，主设备会提示选择开启哪些无线功能，根据自己的需要选择。

● 有些功能需要相关的软件支持，例如手机的同步通信，需要提前安装管理软件（项目中为 AmoRgbLight_V1.1 APP）。

3）最后，每次使用之前要建立连接。

一般蓝牙设备都会在启动之后自动搜索主设备，通过与已配对设备列表进行比较，自动连接配对成功的设备。

7.2.2 实训项目——移动终端无线蓝牙通信系统

（一）任务目标

熟悉无线蓝牙通信的应用；

熟悉无线蓝牙通信的操作方法。

（二）任务内容

搭建无线蓝牙控制系统。

（三）提交文档

移动终端无线蓝牙通信系统实训——学生工作页。

（四）实训准备

所需清单，见表 7-2。

表 7-2　实训所需清单

序号	设备名称	数量	厂家及型号
1	蓝牙灯	1	Amo
2	智能手机	1	华为，荣耀 6
3	蓝牙 APP AmoRgbLight_V1.1	1	Amo
4	5 V 电源	1	明韦电源

（五）实训实施

1）根据项目设备清单，把本项目的所有设备准备到位，置于实验台上；

2）设备接线，根据系统接线图（如图 7-3 所示），将本实训中用到的设备连接到系统中；

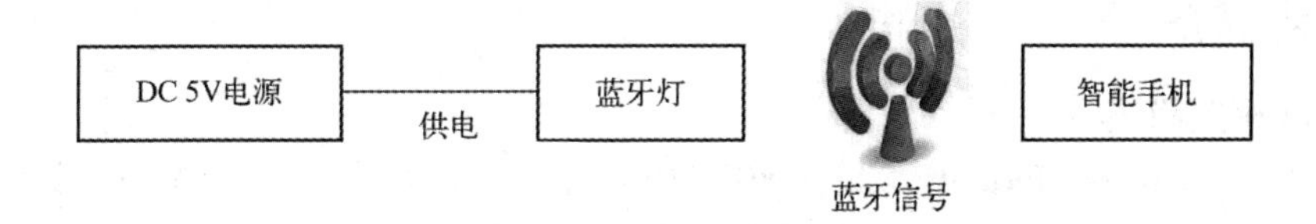

图 7-3　系统逻辑接线图

3）给灯配以 5 V 电源供电，刚刚上电后，灯的状态是开着的；

4）软件的安装。在手机上安装 APP：AmoRgbLight_V1.1；

5）打开 APP，界面如图 7-4 所示。

开启手机蓝牙功能并可见，界面如图 7-5 所示。

自动搜索区域内的蓝牙设备，搜索到之后进入如图 7-6 所示的界面。

单击界面的“开灯”按钮，手机就通过蓝牙传输将开灯信号传给灯，灯打开；再单击一下，则关闭；

单击界面的“律动开”按钮，手机就通过蓝牙传输将律动开的信号传给灯，灯律动开；再单击一下，则关闭。

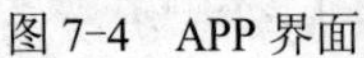
图 7-4　APP 界面

图 7-5　APP 自动搜索界面

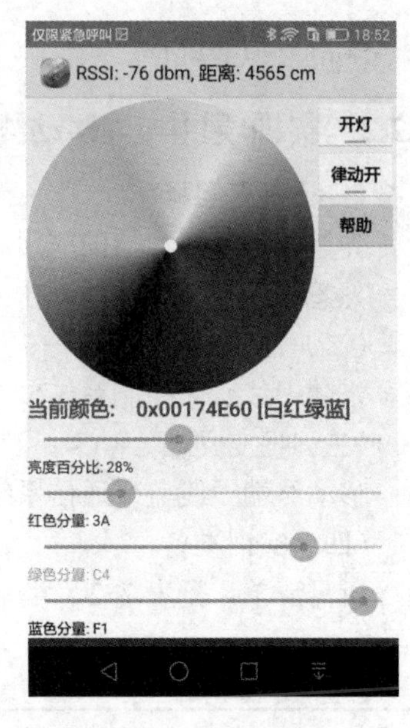

图 7-6　APP 控制界面

备注：

- AmoRgbLight_V1.1.apk 是专门针对蓝牙灯泡推出的 Android APP。
- 运行环境：Android 4.3、Android 4.4。

6）根据实际情况填写学生工作页，并随堂上交给教师；

7）实训完毕，将所有设备、连接线恢复成实训前的状态，整理完实训台方可离开。

7.3　WiFi 通信技术

7.3.1　WiFi 简介

1．WiFi 相关简述

WiFi，全称 Wireless Fidelity，又称 802.11b 标准，它的最大优点就是传输速度较高，可以达到 11 Mbit/s，另外它的有效距离也很长，同时也与已有的各种 802.11 DSSS 设备兼容。

IEEE 802.11b 无线网络规范是 IEEE 802.11 网络规范的变种，最高带宽为 11 Mbit/s，在信号较弱或有干扰的情况下，带宽可调整为 5.5 Mbit/s、2 Mbit/s 和 1 Mbit/s，带宽的自动调整，有效地保障了网络的稳定性和可靠性。其主要特性：速度快、可靠性高；在开放区域，通信距离可达 305 m；在封闭区域，通信距离为 76 m 到 122 m，方便与现有的有线以太网络整合，组网的成本更低。

WiFi（无线保真）技术与蓝牙技术一样，同属于在办公室和家庭中使用的短距离无线技术。该技术使用的是 2.4 GHz 附近的频段。其目前可使用的标准有两个，分别是 IEEE802.11a 和 IEEE802.11b。该技术由于有着自身的优点，因此受到厂商的青睐。

2．WiFi 突出优势

1）覆盖范围广，基于蓝牙技术的电波覆盖范围非常小，半径大约只有 50 英尺左右（约合 15 m），而 WiFi 的半径则可达 300 英尺左右（约合 100 m），不仅可以覆盖办公室，也可以覆盖整栋大楼。

2）传输速度非常快，可以达到 11 Mbit/s，符合个人和社会信息化的需求。

3）厂商进入该领域的门槛比较低。厂商只要在机场、车站、咖啡店、图书馆等人员较密集的地方设置"热点"，并通过高速线路将因特网接入上述场所。这样，"热点"所发射出的电波可以达到距接入点 10～100 m 的地方。

根据无线网卡使用的标准不同，WiFi 的速度也有所不同。其中 IEEE802.11b 为 11 Mbit/s（部分厂商在设备配套的情况下可以达到 22 Mbit/s），IEEE802.11a 为 54 Mbit/s、IEEE802.11g 也是 54 Mbit/s，具体如表 7-3 所示。

表 7-3　不同 WiFi 标准对比

标准版本	802.11a	802.11b	802.11g	802.11n	802.11ac	802.11ad
发布时间	1999	1999	2003	2009	2013	2013
工作频段	5 GHz	2.4 GHz	2.4 GHz	2.4、5 GHz	5 GHz	2.4/5 G/60 G
传输速率	54 Mbit/s	11 Mbit/s	54 Mbit/s	600 Mbit/s	433 Mbit/s 867 Mbit/s	4.6 G～7 G
编码类型	OFDM	DSSS	OFDM、DSSS	MIMO-OFDM	MIMO-OFDM	OFDM+单载波调制
信道宽度	20 MHz	22 MHz	20 MHz	20/40 MHz	20/40/80/160 MHz	--
天线数目	1x1	1x1	1x1	4x4	8x8	10x10
覆盖距离（室内）	30 m	30 m	30 m	70 m	30 m	<5 m

3．高速有线接入技术的补充

目前，有线接入技术主要包括以太网、xDSL 等。WiFi 技术作为高速有线接入技术的补充，具有可移动、价格低廉的优点，WiFi 技术广泛应用于有线接入需无线延伸的领域，如临时会场等。

4．蜂窝移动通信的补充

WiFi 技术的次要定位——蜂窝移动通信的补充。蜂窝移动通信可以提供广覆盖、高移动性和中低等数据传输速率，它可以利用 WiFi 高速数据传输的特点弥补自己数据传输速率受限的不足。而 WiFi 不仅可利用蜂窝移动通信网络完善的鉴权与计费机制，而且可结合蜂窝移动通信网络广覆盖的特点进行多接入切换功能。这样就可实现 WiFi 与蜂窝移动通信的融合，使蜂窝移动通信的运营锦上添花，进一步扩大其业务量。

5．2.4G 信道与频点对应关系（见表 7-4）

表 7-4　2.4 G 信道与频点对应关系

信　道	频点（MHz）	信　道	频点（MHz）	信　道	频点（MHz）
1	2412	3	2422	5	2432
2	2417	4	2427	6	2437

（续）

信　道	频点（MHz）	信　道	频点（MHz）	信　道	频点（MHz）
7	2442	10	2457	13	2472
8	2447	11	2462	14	2484
9	2452	12	2467		

6. WiFi 组建方法

一般架设无线网络的基本配备就是无线网卡及一台 AP（项目中采用 TP-link 路由器），如此便能以无线的模式，配合既有的有线架构来分享网络资源，架设费用和复杂程度远远低于传统的有线网络。

以家校通系统为例，其 WiFi 组网示意图，如图 7-7 所示。

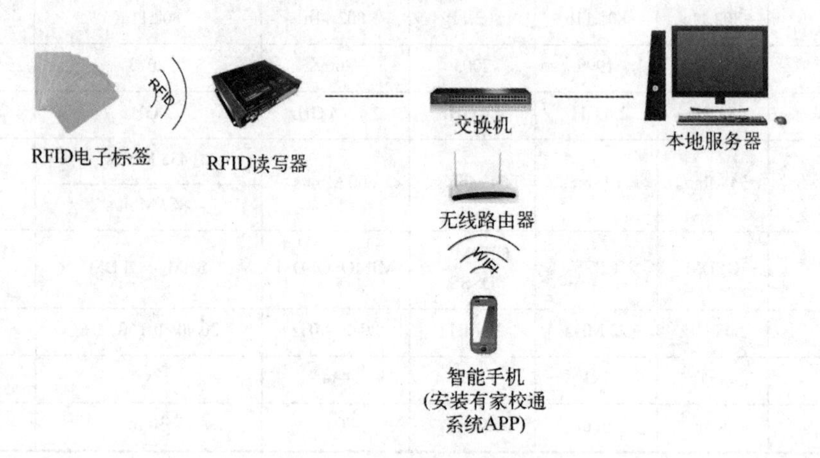

图 7-7　WiFi 组网示意图

使用 WiFi 路由器，首先要对其进行设置。路由器通过一根网线直连到计算机（计算机的 IP 地址和路由器在同一个网段）。

通过计算机 Web 页面进行配置：第一次登录路由器或 Reset 后登录路由器时，界面将自动显示设置向导页面，根据设置向导可实现上网，并设置无线网络供移动设备使用。

1）在计算机上打开浏览器，输入 tplogin.cn，进入路由器的登录页面。

2）在设置密码框填入要设置的管理员密码（6～32 个字符，最好是数字、字母、特殊字符的组合），在确认密码框再次输入，单击“确定”按钮，如图 7-8 所示。

提示：

若忘记了管理员密码请单击登录页面上的“忘记密码”并根据提示将路由器恢复到出厂设置。一旦将路由器恢复出厂设置，用户需要重新对路由器进行配置才能上网。

3）根据自动检测结果或手动选择上网方式，如图 7-9 所示，填写网络运营商提供的参数。这里选择的是自动获得 IP 地址。

如果上网方式为自动获得 IP 地址，则可以自动从网络运营商获取 IP 地址，单击“下一步”按钮进行无线参数的设置。

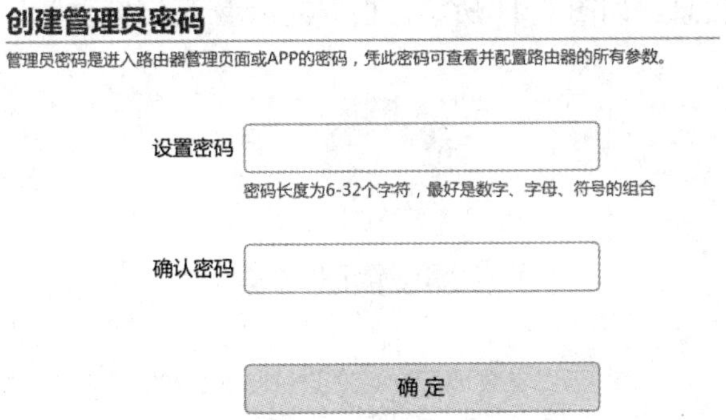
创建管理员密码
管理员密码是进入路由器管理页面或APP的密码，凭此密码可查看并配置路由器的所有参数。
设置密码
密码长度为6-32个字符，最好是数字、字母、符号的组合
确认密码
确 定

图 7-8　设置的管理员密码

上网设置
IP将自动从运营商处获取，请继续下一步
上网方式
自动获得IP地址
自动检测

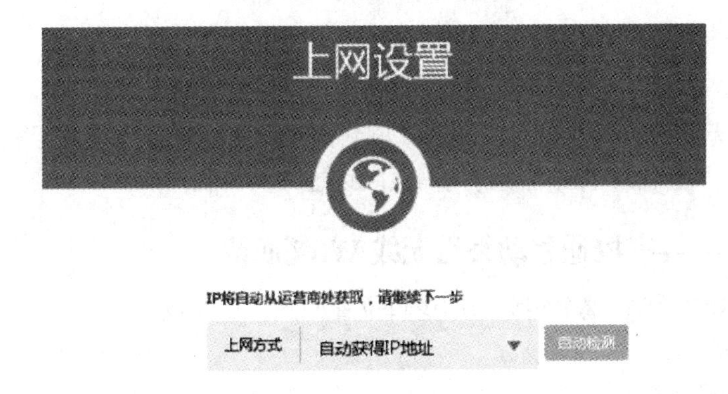

图 7-9　选择上网方式

4）设置无线名称和无线密码，如图 7-10 所示，设置无线路由器的名称为“TP-LINK_XXXX”，密码为空，单击“确定”按钮完成设置。

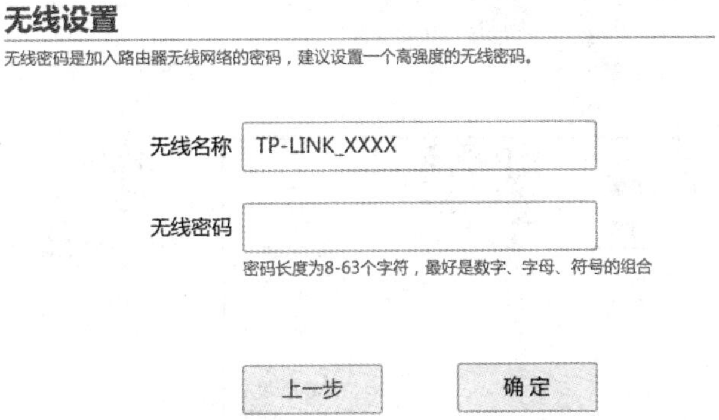
无线设置
无线密码是加入路由器无线网络的密码，建议设置一个高强度的无线密码。
无线名称
TP-LINK_XXXX
无线密码
密码长度为8-63个字符，最好是数字、字母、符号的组合
上一步
确 定

图 7-10　设置无线名称和无线密码

5）确认无线配置信息，如图 7-11 所示，根据提示重新连接无线。

图 7-11　确认无线配置信息

6）重新连接无线后，再次打开浏览器并刷新网页，页面会提示下载手机客户端 APP，请根据需要点击立即下载或单击继续访问网页版跳过。

7.3.2　实训项目——家校通移动终端无线 WiFi 通信

训前说明：本次实训在整个实训中的逻辑位置如图 7-12 所示。

（一）实训目标

熟悉家校通系统工程；

熟悉家校通系统移动终端操作方法。

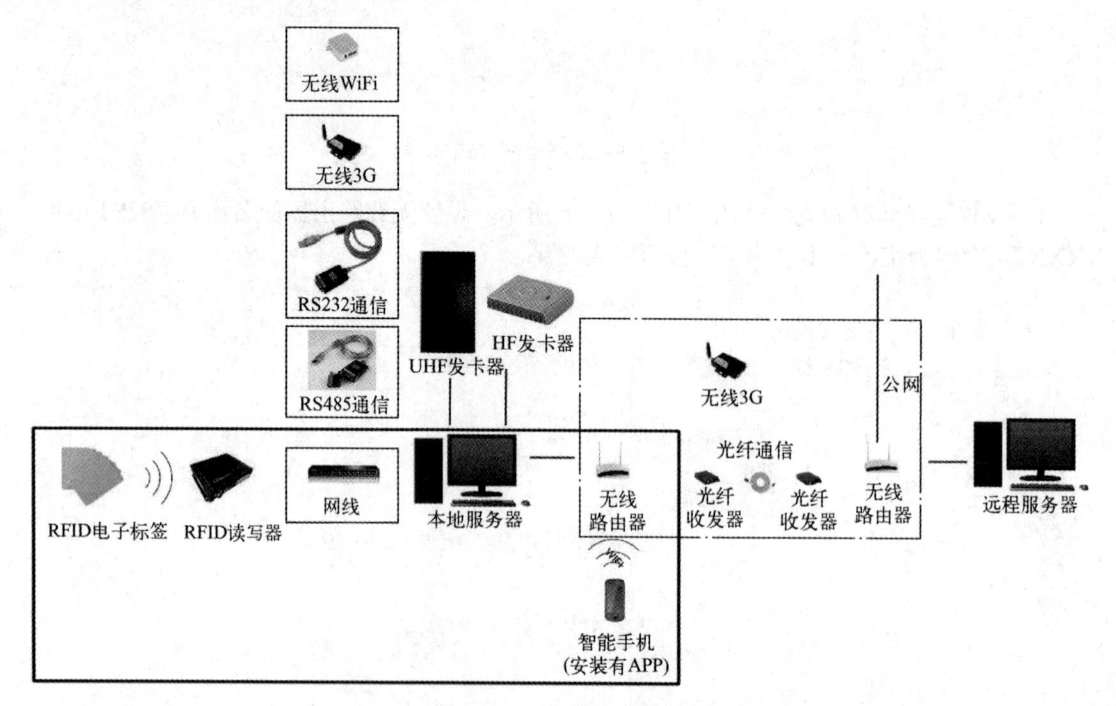

图 7-12　本次实训在整个实训中的逻辑位置

（二）实训内容

搭建家校通系统。

（三）提交资料

家校通系统移动终端实训——学生工作页。

（四）实训前准备（含硬件设备和软件）

实训所需清单，见表 7-5。

表 7-5　实训所需清单

序号	设 备 名 称	数　量	厂家及型号
1	家校通学生卡	2	6C 白卡
2	家校通学生卡读写器	1	Alien，ALR-9900
3	交换机	1	TP-LINK
4	无线路由器	1	TP-LINK
5	网线	若干	
6	本地服务器	1	DELL
7	智能手机	1	
8	家校通系统服务软件	1	Surmount
9	家校通系统学生卡读卡软件	1	Surmount
10	本地家校通系统考勤软件	1	Surmount
11	家校通 APP 软件	1	Surmount

（五）实训实施

1）根据项目设备清单，把本项目的所有设备准备到位，置于实验台上；

2）设备接线，根据系统接线图（见表 7-6），将本实训中用到的设备连接到系统中。读写器以网线通信为例。

表 7-6　设备接线表

<table>
<tr><th>序号</th><th>设备名称</th><th>通 信 方 式</th><th>接　口</th><th>所 接 设 备</th><th>接　口</th><th>线　规</th><th>备　注</th></tr>
<tr><td rowspan="5">1</td><td rowspan="5">RFID 读写器</td><td>电源</td><td>Power</td><td>220 V 电源</td><td>220 V 电源</td><td>RFID 读写器自带电源线</td><td>DC12V</td></tr>
<tr><td>1 有线通信：串口 232</td><td></td><td></td><td></td><td></td><td></td></tr>
<tr><td>2 有线通信：串口 485</td><td></td><td></td><td></td><td></td><td></td></tr>
<tr><td>3 有线通信：网口</td><td>LAN</td><td>交换机</td><td>LAN</td><td>超五类双绞网线</td><td>192.168.1.100:23</td></tr>
<tr><td>4 无线通信：WiFi 通信</td><td></td><td></td><td></td><td></td><td></td></tr>
</table>

（续）

序号	设备名称	通信方式	接口	所接设备	接口	线规	备注
1	RFID 读写器	5 无线通信：3G 通信					
		信号的接收与发送	Ant0	天线	馈线接头	产品自带馈线	
			Ant1	天线	馈线接头	产品自带馈线	
			Ant2	天线	馈线接头	产品自带馈线	
			Ant3	天线	馈线接头	产品自带馈线	
2	本地无线路由器	电源	Power	220 V 电源	220 V 电源	无线路由器自带电源线	DC 12 V
		WAN	WAN				
			LAN	交换机	LAN16	超五类双绞网线	
			LAN				
			LAN				
			LAN				
3	交换机	电源	Power	220 V 电源	220 V 电源	交换机自带电源线	
		网络通信	LAN1	UHF 读写器	LAN	超五类双绞网线	192.168.1.100
			LAN2				
			LAN3				
			LAN4				
			LAN5				
			LAN6				
			LAN7				
			LAN8				
			LAN9	本地服务器	LAN		192.168.1.150
			LAN10				
			LAN11				
			LAN12				
			LAN13				
			LAN14				
			LAN15				
			LAN16	本地无线路由器	LAN	超五类双绞网线	
4	本地服务器		220 V	220 V 电源	220 V 电源	自带电源线	
			VGA 接口	显示器	VGA 接口	显示器带 VGA 线	
			串口				
			USB 接口 1	鼠标	USB 接口		

（续）

序号	设备名称	通信方式	接口	所接设备	接口	线规	备注
4	本地服务器		USB 接口 2	键盘	USB 接口		
			USB 接口 3	USB 转 232	USB 接口		
			USB 接口 4	USB 转 232	USB 接口		
			网口 1	交换机	LAN9	超五类双绞网线	
			网口 2				
5	显示器		220 V	220 V 电源	220 V 电源	自带电源线	
			VGA 接口	本地服务器	VGA 接口	自带 VGA 线	
6	智能手机		无线 WiFi	路由器	无线		

3）上电前的检查，仔细检查所有设备连接是否无误。若有错误，应及时更正。

4）系统上电，由于本实训用到的设备在前面的实训中已经用到，无需再配置，故配制好的设备上电就可以直接使用了。若配置发生变更或者不正确，应根据前面实训配置步骤，重新进行设备配置。

5）开启本地服务器服务功能。

双击“本地服务程序.exe”，即可打开本程序，开启本地服务器的服务功能，界面如图 7-13 所示。

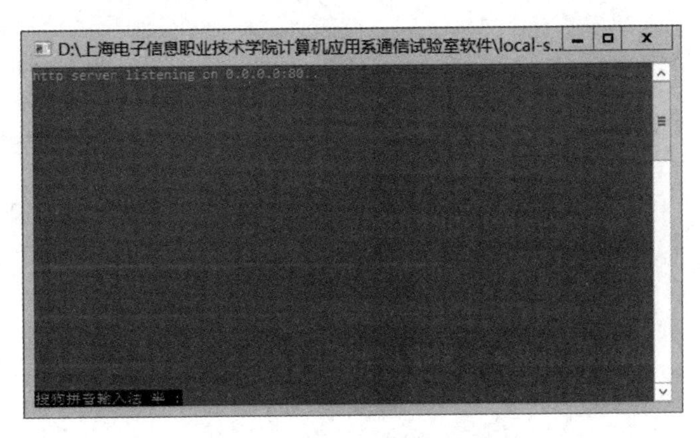

图 7-13　开启本地服务功能

说明：

① 开启之后，单击窗口最小化即可。本程序后台运行，切记不要关闭。

② 若在桌面上找不到快捷图标，可在本地服务器“D:\上海电子信息职业技术学院计算机应用系通信试验室软件\local-server”找到，界面如图 7-14 所示。

6）开启出勤设备服务功能。

打开桌面“家校通学生出勤管理程序”，如图 7-15 所示。

选择：有线，IP 地址：192.168.1.100；端口号：23，单击“连接”按钮，界面如图 7-16

所示。

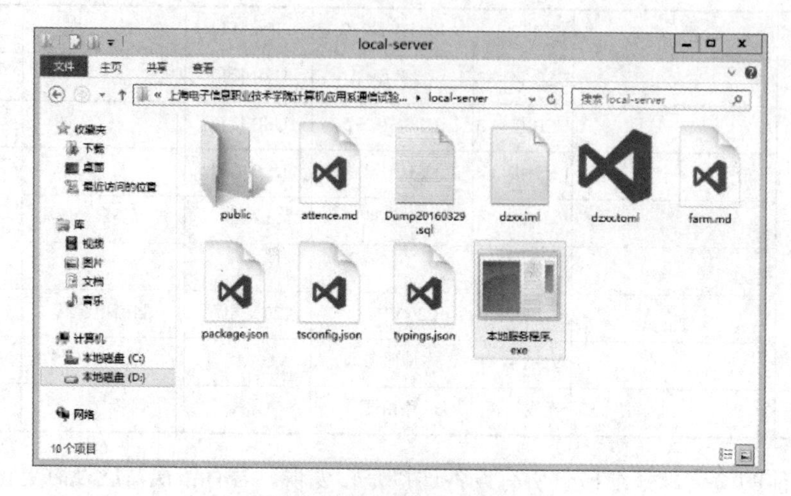

图 7-14　服务软件的位置

图 7-15　家校通学生出勤管理程序图标

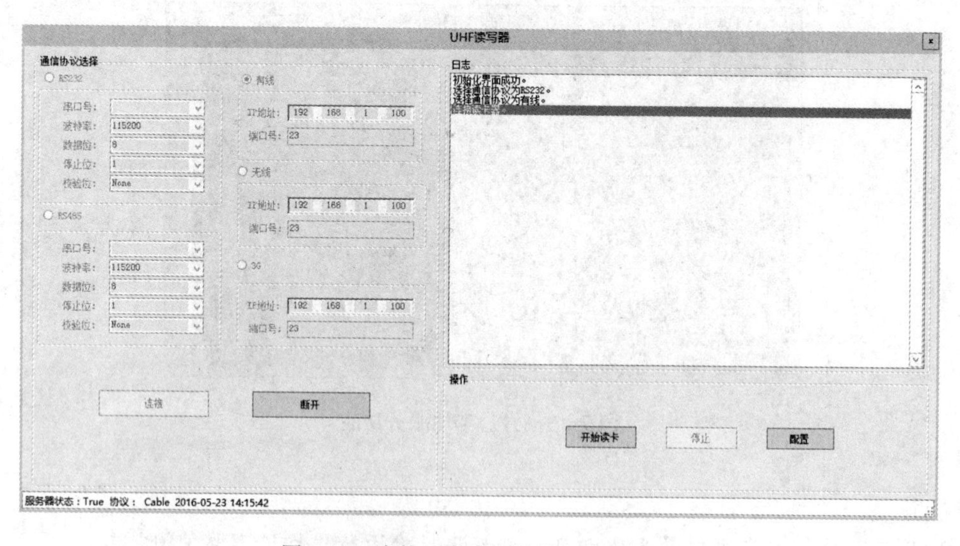

图 7-16　家校通学生出勤管理程序界面

至此，读写器已经可以与服务器进行通信。

7）情景模拟，手持家校通学生卡，在家校通学生卡读写器的天线读取范围内即可被读写器读取。

8）家长智能手机查看学生出勤信息。

在实际项目中，一般是运营商发短信到家长在学校预留的手机号码上，而且这个费用一般由家长承担。

在教学演示的本实训中，本项目中的手机通过 WiFi 接收服务器的推送信息。首先要确保家长智能手机连接到家校通系统，目前手机通过 WiFi 连接，连接方法如图 7-17 所示。

连接第一个“TP-LINK_5E8A”，连接好之后，单击右下角的“菜单”，单击“高级设置”，可查看手机的 IP 地址、MAC 地址等，如图 7-18 和图 7-19 所示。

图 7-17　家长智能手机连接无线 WiFi

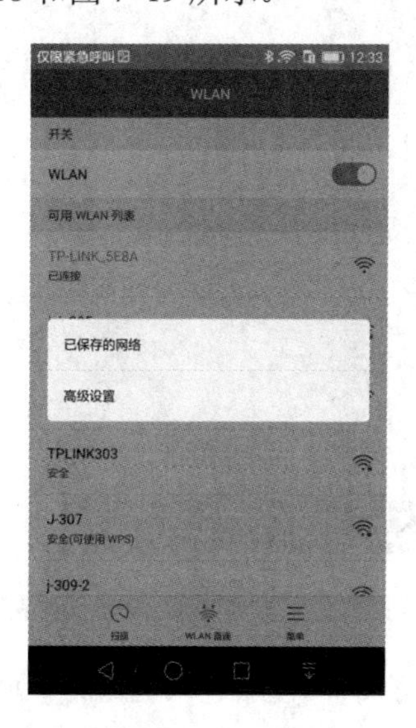

图 7-18　家长智能手机连接 WiFi 高级设置

网络连接好之后，单击手机家校通 APP，如图 7-20 所示。

图 7-19　家长智能手机连接 WiFi 信息

图 7-20　家长智能手机 APP 位置

单击“家校通”图标，单击“登录”按钮，如图 7-21 所示，程序默认进入“考勤记录”页，如图 7-22 所示。

信息也可删除，单击右上角的删除图标即可，

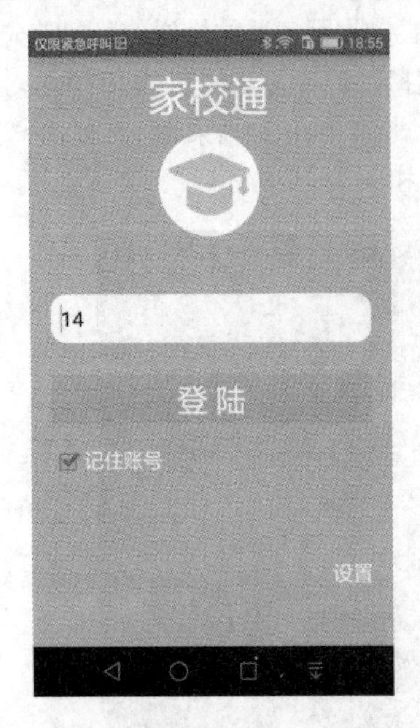

图 7-21　家长智能手机家校通系统登陆界面

图 7-22　家长智能手机家校通系统考勤记录界面

单击“订阅”，程序进入“订阅”页，如图 7-23 所示。

订阅好学生信息之后，系统就会自动推送信息至手机上，如图 7-24 所示。

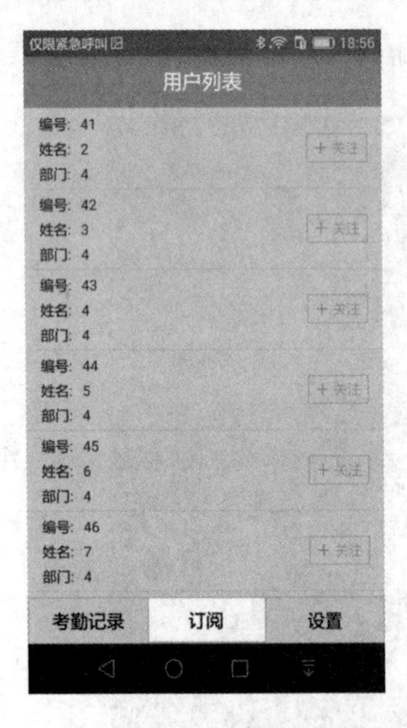

图 7-23　家长智能手机家校通系统订阅界面

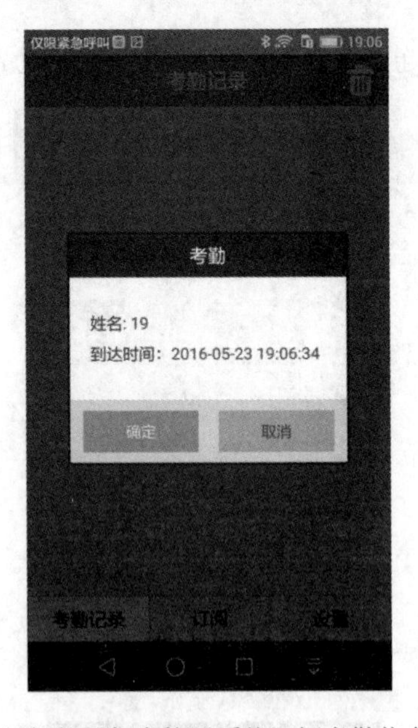

图 7-24　家长智能手机家校通系统订阅考勤信息推送界面

单击“设置”按钮，程序进入“设置”页，如图 7-25 所示。

设置好之后，单击“确定”按钮。

9）根据实际情况填写学生工作页，并随堂上交给教师。

10）实训完毕，将所有系统的所有设备、连接线恢复到实训前的状态，整理干净实训台之后方可离开。

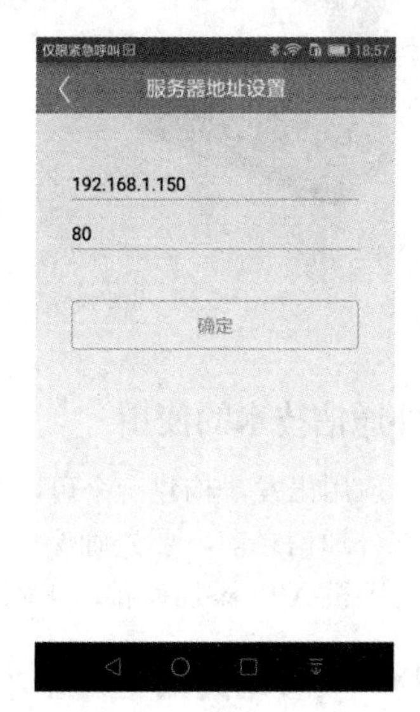

图 7-25　家长智能手机设置界面

7.4　红外通信技术

7.4.1　红外技术简介

红外通信技术（Infrared Communications Technologies）利用 760 nm 近红外波段的红外线作为传递信息的媒体，即通信信道，通信距离一般为 1 m 左右。其出现早于蓝牙通信技术，是一种比较早的无线通信技术，由红外数据协会（Infrared Data Association，IrDA）来建立统一的红外通信标准。其发送端将基带二进制信号调制为一系列的脉冲串信号，通过红外发射管发射红外信号。接收端将接收到的光脉冲转换成电信号，再经过放大、滤波等处理后送给解调电路进行解调，还原为二进制数字信号后输出。常用的有通过脉冲宽度来实现信号调制的脉宽调制（PWM）和通过脉冲串之间的时间间隔来实现信号调制的脉时调制（PPM）两种方法。

红外通信有保密性强、信息容量大、结构简单（可在室内使用，也可在野外使用）、设备体积小、成本低、功耗低、不需要频率申请等优点。但由于红外通信使用的波长较短，对障碍物的衍射较差，因此两个使用红外通信的设备之间必须互相可视。另外，红外射束易受尘埃、雨水等物质的吸收，影响通信质量。

红外通信技术在 20 世纪 90 年代比较流行，后来就慢慢被蓝牙和 WiFi 所取代。主要原因由于设备之间必须可见，通信距离相对蓝牙和其他协议也更加有限。此外，红外设备在通信过程中不能移动使得该技术很难用于外部设备，如鼠标、耳机上，而这些应用使用同属于短距离通信的蓝牙协议则特别合适。尽管如此，目前仍然有很多设备，如手机、笔记本计算机，保留了对红外协议的兼容性。如图 7-26 所示显示一些典型的红外设备。

图 7-26　典型的红外设备

7.4.2　无线红外通信技术的使用

本项目以实际应用出发，构建一个可以在实验室搭建红外通信的环境。

首先在使用红外通信之前，要先确保移动终端（本项目使用的是 HTC ONE）具有红外通信的功能。打开手机 APP 添加设备，正确添加好了之后就可以正常控制家电了。

7.4.3　实训项目——移动终端无线红外通信系统

（一）实训目标

熟悉无线红外通信的应用；

熟悉无线红外通信的操作方法。

（二）实训内容

搭建无线红外控制系统。

（三）提交资料

移动终端无线红外通信系统实训——学生工作页。

（四）实训前准备（含硬件设备和软件）

实训所需清单，见表 7-7。

表 7-7　实训所需清单

序　号	设 备 名 称	数　量	厂家及型号
1	LED 灯	1	
2	智能手机	1	HTC One
3	继电器	1	AC 220 V
4	安卓软件：控制精灵	1	

（五）实训设计

实训设计示意图如图 7-27 所示。

（六）实训实施步骤

1）根据项目设备清单，把本项目的所有设备准备到位，置于实验台上。

2）设备接线，根据系统接线图，将本实训中用到的设备连接到系统中。

接线表见表 7-8。

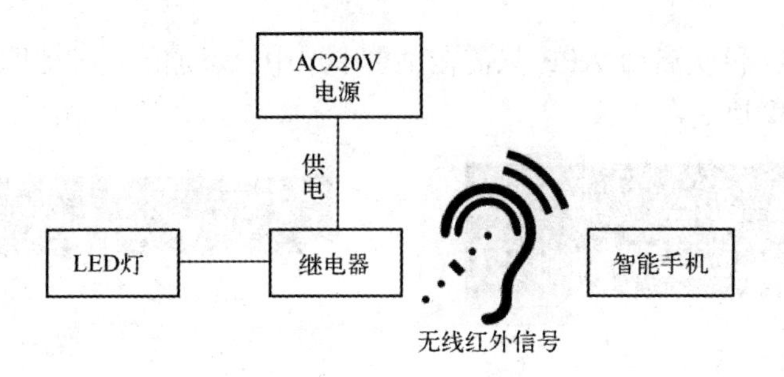

图 7-27　实训设计示意图

表 7-8　设备接线表

序号	设备名称	接口	所接设备	接口	线规	备注
1	继电器	N	AC 220 V	L		
		C	LED	L		
2	LED	L	继电器	C		
		N	AC 220 V	N		220 V

3）手机开机，系统上电。

4）拿起手机，单击手机中 APP 图标，如图 7-28 所示。

5）首次使用时需添加遥控器

方法如图 7-29～图 7-31 所示。单击菜单图标，弹出界面单击添加图标添加遥控器。在红外遥控界面选择-灯泡/开关遥控器。

图 7-28　手机 APP 图标

图 7-29　遥控灯界面

图 7-30　添加设备界面

种类选择其他，进行遥控器匹配。单击遥控器电源键控制红外开关，通过“上一个/确定可用/下一个”来选定遥控器。单击一下电源，可以控制灯的亮灭，则匹配成功。

6）匹配成功后，再次启动 APP 只需在菜单中选中已添加的遥控器即可直接对红外设备进行控制，如图 7-32 所示。

图 7-31 匹配遥控器界面

图 7-32 设备控制界面

7）根据实际情况填写学生工作页，并随堂上交给教师。

8）实训完毕，将所有系统的所有设备、连接线恢复到实训前的状态，整理干净实训台之后方可离开。

（七）思考问题

红外通信一般用在什么样的场合？和其他无线通信的区别是什么？

7.5 NFC 通信技术

7.5.1 NFC 技术介绍

1．认识 NFC

NFC 是 Near Field Communication 的缩写，即近距离无线通信技术，又称为近场通信。NFC 技术由非接触式射频识别（RFID）演变而来，由飞利浦半导体（现恩智浦半导体）、诺基亚和索尼共同研制开发，其基础是 RFID 及互连技术。近场通信，工作在 13.56 MHz 频率，运行距离 20 cm 内，传输速度有 106 kbit/s、212 kbit/s 和 424 kbit/s 共 3 种。近场通信已通过成为 ISO/IEC IS 18092 国际标准、EMCA-340 标准与 ETSI TS 102 190 标准。

2．NFC 的工作模式

NFC 的读取模式有卡模式、点对点模式和读卡模式。

- 卡模式（Card emulation）：该模式下手机相当于一张采用 RFID 技术的 IC 卡，可以替代大量的 IC 卡（包括信用卡）场合，如商场刷卡、公交卡、门禁、车票、门票等。

- 点对点模式（P2P mode）：该模式和红外线差不多，可用于不同手机之间的数据交换，只是传输距离较短，传输速率较快，功耗低（蓝牙也类似）。将两个具备 NFC 功能的设备连接，能实现数据点对点传输，如下载音乐、交换图片或者同步地址簿。因此通过 NFC，多个设备如数码相机、PDA、计算机和手机之间都可以交换资料或者服务。本项目中使用的是两部智能手机之间通过点对点模式进行通信。
- 读写模式：该模式在很多商业领域应用比较广泛，如某些广告上有一个 NFC 的感应区，把手机放上去就可以读取到相应的内容，包括商品的打折促销信息或一个网址等。本项目中使用的是手机读取公交卡和圆形 NFC 卡片信息。

3．NFC 的工作标准

NFC 标准兼容了索尼公司的 FeliCaTM 标准，以及 ISO 14443A，ISO 14443B，也就是使用飞利浦的 MIFARE 标准。在业界简称为 TypeA、TypeB 和 TypeF。

7.5.2 实训项目——移动终端无线 NFC 通信系统

（一）实训目标

熟悉无线 NFC 通信的应用；

熟悉无线 NFC 通信的操作方法。

（二）实训内容

搭建无线 NFC 控制系统。

（三）提交资料

移动终端无线 NFC 通信系统实训——学生工作页。

（四）实训前准备（含硬件设备和软件）

实训所需清单，见表 7-9。

表 7-9 实训所需清单

序　号	设 备 名 称	数量	厂家及型号
1	智能手机	1	坚果手机
2	智能手机	1	HTC One
3	NFC 标签自备	1	公共交通卡（上海紫色）、校园一卡通、其他 NFC 标签
4	NFC 读卡软件	2	

（五）实训设计

实训设计如图 7-33 所示的两种读取模式。

（六）实训实施步骤

1）根据项目设备清单，把本项目的所有设备准备到位，置于实验台上。

2）模式一：两手机之间互传文件，操作方法如下。

① 智能手机 1、2 分别开机，系统上电。

② 互传文件：文件以图片为例；

③ 坚果手机：进入“设置”→“NFC”就会看到如图 7-34 所示的界面。这时只需打开

“NFC”功能和“Android Beam”两个功能；

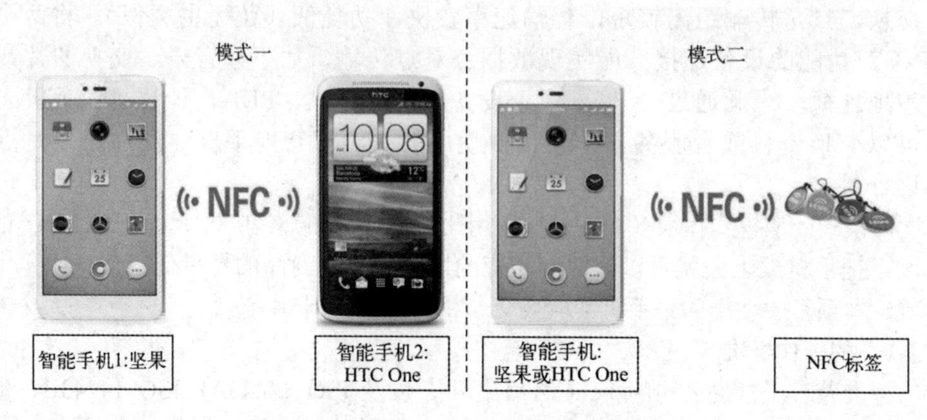

图 7-33　NFC 的主动和被动两种读取模式

④ HTC One：进入“设置”→“更多”就会看到如图 7-35 所示的界面。这时只需打开“NFC”功能和“Read and Write/P2P”两个功能；

图 7-34　坚果手机的 NFC 设置界面

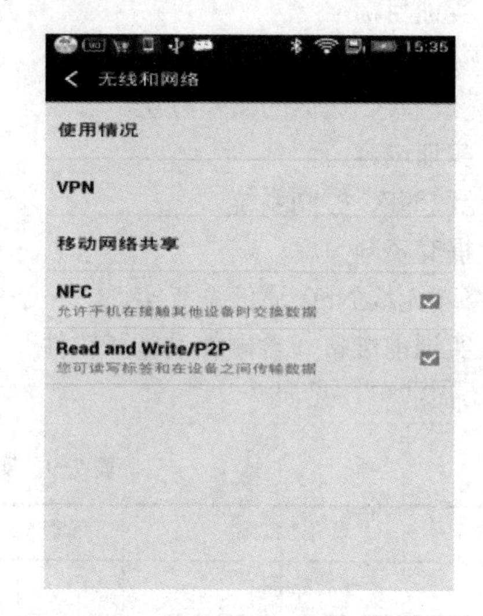

图 7-35　HTC One 的 NFC 设置界面

⑤ 两台手机进行蓝牙配对（配对方法比较简单，这里就不再赘述），如图 7-36 所示。

⑥ 双击手机中的 APP 图标，如图 7-37 所示；

⑦ 启动 APP 后，打开“图片库”选择一张图片，然后两部手机背对背，这时两部手机都会震动；

⑧ 屏幕会出现“触摸以进行无线收发”，这里只需单击屏幕中间一下即可发送文件；

⑨ 从手机上方拉下菜单即可看到“通过 Android Beam 正在接收”，接收完毕单击即可查看。

3）模式二：手机读写 NFC 标签信息，操作方法如下。

① 智能手机 1、2 分别开机，系统上电；

② 坚果手机：进入“设置”→“NFC”就会看到如图 7-34 所示的界面。这时只需打开

“NFC”功能和“Android Beam”两个功能；

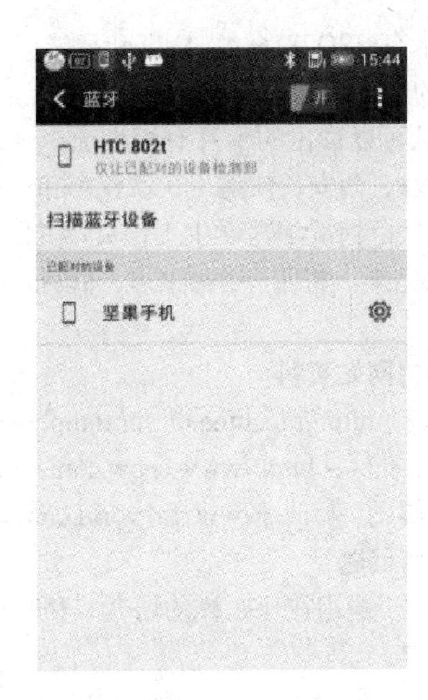

图 7-36　两台手机进行蓝牙配对

③ HTC One：进入“设置”→“更多”就会看到如图 7-35 所示的界面。这时只需打开“NFC”功能和“Read and Write/P2P”两个功能；

④ 双击两个手机中的 APP 图标，如图 7-37 和图 7-38 所示；

图 7-37　APP 图标

图 7-38　APP 图标

⑤ 启动 APP 后将非接触式 IC 卡片靠近手机后盖上的 NFC 天线进行读卡，如图 7-39 所示；

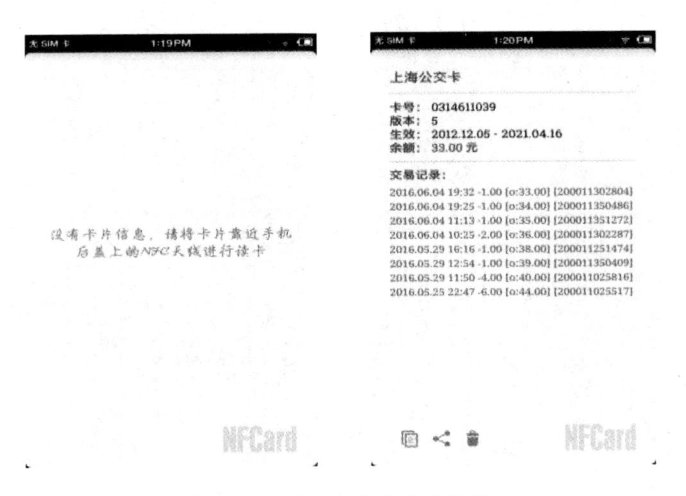

图 7-39　读取上海公交卡信息

备注：

支持的卡有 ISO7816-4、Felica 智能卡，用来读取电子钱包（主要是公交卡）中没有设置读取权限的余额、交易记录。

已经确认可以读出的卡片有深圳通卡（新版）、上海公交卡、香港八达通卡、北京市政一卡通（新版）、西安长安通卡、武汉城市一卡通、银联闪付卡。

4）根据实际情况填写学生工作页，并随堂上交给教师。

5）实训完毕，将所有系统的所有设备、连接线恢复到实训前的状态，整理干净实训台之后方可离开。

（七）相关网站资料

NFC 中国：http://nfcchina.org/portal.php；

NFC 技术社区：http://www.eepw.com.cn/tech/s/k/NFC；

RFID 世界网：http://www.rfidworld.com.cn/。

（八）思考问题

NFC 通信一般用在什么样的场合？和其他无线通信的区别是什么？

附录A　学生工作页

课程名称		课程代码		班级	
专业名称		课程类型	☐ 专业基础　☐ 专业核心　☐ 职业拓展		
项目名称					
项目类型	☐ 实验　☐ 实习　☐ 实训	起止日期			
小组成员					
	姓名	学号		姓名	学号
组长：			组员：		
组员：			组员：		
组员：			组员：		
项目报告	（报告必须包含以下几点：一、项目目的；二、项目计划；三、项目实施过程；四、项目总结；五、体会；可附页。）				

日期：	年　月　日	
项目成员签名：		

成绩	项目 姓名	实验项目	实习项目		实训项目			总分
		指导教师 （100分）	指导教师 （40分）	校外专家 （60分）	学生互评 （30）	指导教师 （40）	校外专家 （30分）	合计得分

学生签名：

日期：

教师签名：

日期：

校外专家签名：

日期：

对项目的改进建议：

指导教师签名：　　　　日期：

校外专家签名：　　　　日期：

附录B　蓝牙通信技术实训原理图/PCB

原理图

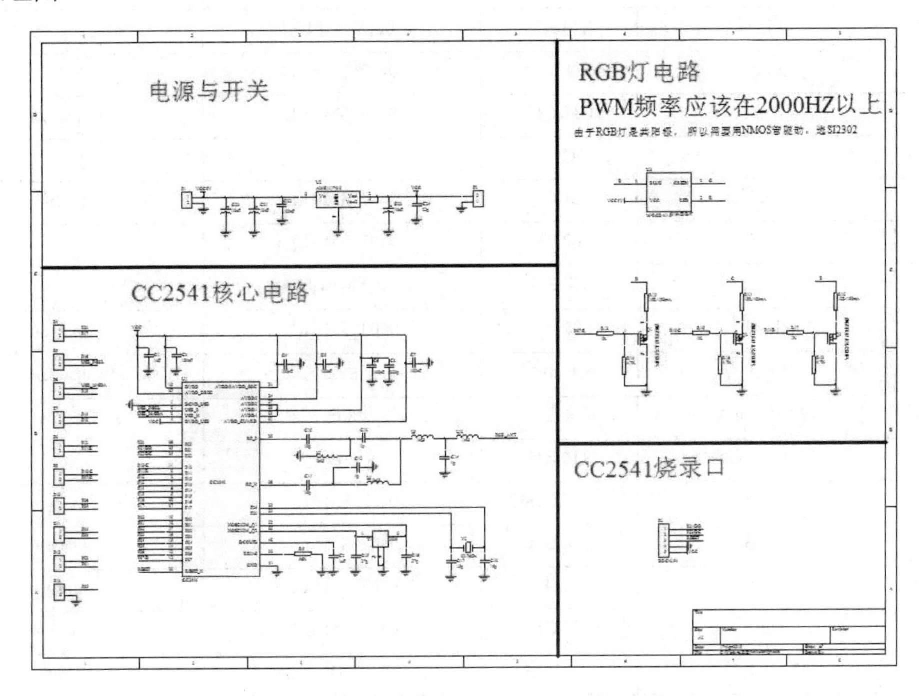

PCB

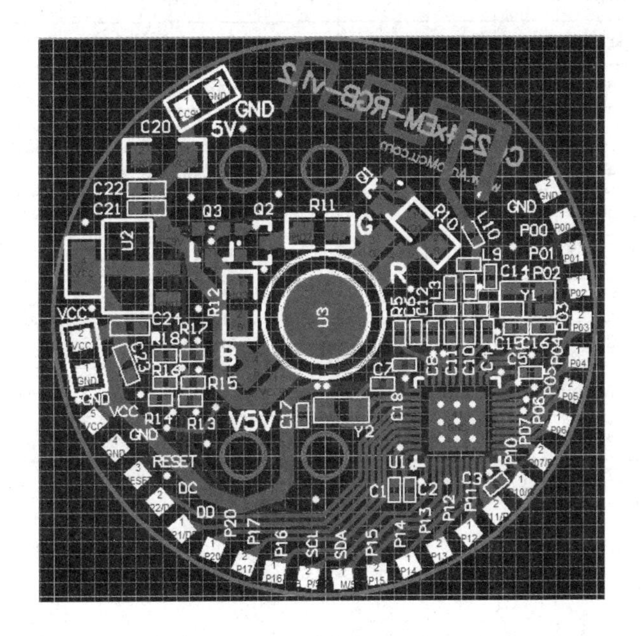

附录C　蓝牙通信技术实训BOM表

Used	Part Type	Designator	Footprint	Description
3	1 kΩ	R13 R15	0402_SMALLR17	
2	1 nH	L9 L10	0402_SMALL	
3	1 pF	C12 C13	0402_SMALL	Capacitor
C14		C14		
2	1 uF	C1 C2	0402_SMALL	Capacitor
2	2 nH	L2 L3	0402_SMALL	
3	4.7 kΩ	R14 R16	0402_SMALLR18	
2	10 μF	C21 C23	0603_SMALL	Capacitor
1	10 μF	C20	1206	Capacitor
1	12 R/150 mA	R12	805	
2	15 R/150 mA	R10 R11	805	
2	15 pF	C17 C18	0402_SMALL	Capacitor
2	18 pF	C10 C11	0402_SMALL	Capacitor
1	22 pF	C24	0603_SMALL	Capacitor
2	27 pF	C15 C16	0402_SMALL	Capacitor
1	32.768 kHz	Y2	CRYSTAL_3215	Crystal
1	32 MHz	Y1	CY_3225	
1	56 kΩ	R5	0402_SMALL	Capacitor
5	100 nF	C3 C4 C5	0402_SMALL	Capacitor
		C6 C7		
1	100 nF	C22	0603_SMALL	Capacitor
1	220 pF	C8	0402_SMALL	Capacitor
1	AMS1117-3.3	U2	SPX1117	
1	CC2540	U1		
1	DBG-2.54	P3	M-SIP5E	Connector
1	M-RGB4/1.5 W 的三色灯	U3	M-RGB4	RGB LIGHT
3	MOSFET N SI2302	Q1 Q2 Q3	SOT-23	

参 考 文 献

[1] 王一平, 郭宏福. 电磁波——传输•辐射•传播[M]. 西安：西安电子科技大学出版社, 2006.

[2] 邬春明. 电磁场与电磁波[M]. 北京: 北京大学出版社, 2012.

[3] 蒋挺, 赵成林. 紫蜂技术及其应用[M]]. 北京: 北京邮电大学出版社, 2006.

[4] 瞿雷, 胡咸斌. ZigBee 技术及应用[M]. 北京: 北京航空航天大学出版社, 2007.

[5] 原羿. 基于 ZigBee 技术的无线网络应用研究[J]. 计算机应用与软件, 2004, 21(6): 89-92.

[6] 虞志飞, 邬家炜. ZigBee 技术及其安全性研究[J]. 计算机技术与发展, 2008, 18(8): 144-47.

[7] 任秀丽, 于海斌. 基于 ZigBee 技术的无线传感网的安全分析[J]. 计算机科学, 2006, 33(10): 111-113.

[8] 任秀丽, 于海斌. ZigBee 技术的无线传感器网络的安全性研究[J]. 仪器仪表学报, 2007, 28(12): 2132-2137.

[9] 耿萌. ZigBee 路由协议分析与性能评估[J]. 计算机工程与应用, 2007, 26:116-120.

[10] 王权平, 王莉. ZigBee 技术及其应用[J]. 现代电信科技, 2004, I: 33-37.

[11] 胡仕萍, 李思敏. 浅谈基于 ZigBee 技术的无线传感器网络的应用[J]. 中国科技信息, 2008, 3: 84-85.

[12] 张长森, 董鹏友, 徐景涛. 基于 ZigBee 技术的矿井人员定位系统的设计[J]. 工矿自动化, 2008, 3: 48-85.

[13] 赵芸, 张浩, 彭道刚. ZigBee 无线网络技术的应用[J].机电一体化, 2007, 4: 34-38.

[14] 齐丽娜, 干宗良. 一种新的无线技术 ZigBee[J]. 电信快报, 2004, 9: 12-14.

[15] 胡柯, 郭壮辉, 汪镭. 无线通信技术研究 ZigBee[J]. 电脑知识与技术, 2008, 1(6): 1049-1051.

[16] 凌志浩, 周怡颋, 郑丽国. ZigBee 通信技术及其应用研究[J]. 华东理工大学学报（社会科学版）, 2006. 7:801-805

[17] 盛超华, 陈章龙. 无线传感器网络及应用[J]. 微型电脑应用, 2005, 6: 10-13.

[18] 王健, 刘忱. ZigBee 组网技术的研究[J]. 仪表技术, 2008, 4: 10-12.

[19] 李皓. 基于 ZigBee 的无线网络技术及应用[J].信息技术, 2008(1):12-14.

[20] 夏益民, 梅顺良, 江亿. 基于 ZigBee 的无线传感器网络[J]. 微计算机信息, 2007(4): 129-130.

[21] 工东, 张金荣, 魏延, 等. 利用 ZigBee 技术构建无线传感器网络[J]. 重庆大学学报, 2006, 29(8): 95-98.

[22] 沈大伟, 李长征, 贾中宁. 基于 ZigBee 技术的无线传感器网络设计研究[J]. 江苏技术师范学院学报, 2007.4: 20-25.

[23] 柯建华, 中红军, 魏学业. 基于 ZigBee 技术的煤矿井下人员定位系统研究[J]. 现代电子技术, 2006, 23: 12-14.

[24] 刘瑞强, 冯长安, 蒋延, 等. 基于 ZigBee 的无线传感器网络[J]. 遥测遥控, 2006(5).

[25] 樊昌信, 曹丽娜. 通信原理[M]. 北京: 国防工业出版社, 2012.

[26] 杨波, 周亚宁. 大话通信[M]. 北京: 人民邮电出版社, 2012.

[27] 康东, 石喜勤, 李勇鹏. 射频识别（RFID）核心技术与典型应用开发案例[M]. 北京: 人民邮电出

版社, 2008.
[28] 冯克勤. 通信纠错中的数学[M]. 北京：科学出版社, 2015.
[29] 方龙雄. RFID 技术与应用[M]. 北京: 机械工业出版社, 2013.
[30] 刘岩. RFID 通信测试技术及应用[M]. 北京: 人民邮电出版社, 2010.
[31] 宁焕生. RFID 重大工程与国家物联网[M]. 北京: 机械工业出版社, 2009.
[32] 王小强, 欧阳骏, 黄宁淋. ZigBee 无线传感器网络设计与实现[M]. 北京: 化学工业出版社, 2012.
[33] 罗汉江, 束遵国. 智能家居概论[M]. 北京: 机械工业出版社, 2017.
[34] 希玉久. 无线电频谱资源[J]. 全球定位系统，2002.
[35] 王一平，郭宏福. 电磁波——传输・辐射・传播[M]. 西安：西安电子科技大学出版社，2006.
[36] 开槽天线[EB/OL]. http://baike.baidu.com/view/141224.html.
[37] 半波辐射器[EB/OL]. http://baike.baidu.com/view/8329763.html.
[38] 光纤通信系统[EB/OL]. http://baike.baidu.com/view/565769.html.
[39] 张亚荣. 某酒店数字对讲机室内分布系统项目技术与经济可行性研究[D]. 天津：河北工业大学，2013.
[40] 陈樱子. 基于 Labview 的射频信号生成系统[D]. 南京：东南大学，2013.
[41] 谢谦. 自适应电压调节电路的设计与实现[D]. 成都：电子科技大学，2012.
[42] 刘洪沛. DQ PSK 测试系统的设计[D]. 天津：天津大学，2010.